应用型本科信息大类专业"十三五"规划教材

机器人编程设计与实现

obot Programming Design and Implementation

主　编　曹琳琳　王绍锋

副主编　李喜文　崔金香　芦关山

华中科技大学出版社
http://www.hustp.com
中国·武汉

内 容 简 介

本书以目前流行的机器人编程语言 roboBASIC 为基础，主要介绍 roboBASIC 软件、roboBASIC 语言语法，以及 MF 机器人编程设计等相关知识。

本书共 7 章，主要包括概论、仿人机器人发展概况、roboBASIC 软件介绍、roboBASIC 语言语法介绍、MF 机器人基本动作程序设计、机器人编程语言、未来机器人。本书通俗易懂、程序设计丰富，能助读者独立完成程序编写。

为了方便教学，本书还配有电子课件等教学资源包，任课教师和学生可以登录"我们爱读书"网（www.ibook4us.com）在线浏览，或者发邮件至 hustpeiit@163.com 免费索取。

本书可作为普通高等院校计算机、软件、电信、电子、电气、机械、信息工程和机器人相关专业的教材，也可以作为机器人爱好者的参考书。

图书在版编目(CIP)数据

机器人编程设计与实现/曹琳琳，王绍锋主编. —武汉：华中科技大学出版社，2017.3
应用型本科信息大类专业"十三五"规划教材
ISBN 978-7-5680-2682-6

Ⅰ.①机… Ⅱ.①曹… ②王… Ⅲ.①机器人-程序设计-高等学校-教材 Ⅳ.①TP242

中国版本图书馆 CIP 数据核字(2017)第 054917 号

机器人编程设计与实现
Jiqiren Biancheng Sheji yu Shixian

曹琳琳 王绍锋 主编

策划编辑：康 序
责任编辑：张 琼
封面设计：孢 子
责任监印：朱 玢
出版发行：华中科技大学出版社（中国·武汉） 电话：(027)81321913
武汉市东湖新技术开发区华工科技园 邮编：430223
录 排：武汉楚海文化传播有限公司
印 刷：武汉鑫昶文化有限公司
开 本：787mm×1092mm 1/16
印 张：11.25
字 数：278 千字
版 次：2017 年 3 月第 1 版第 1 次印刷
定 价：35.00 元

机器人产业涉及机器人研发、结构件生产、机器人单体制造、系统集成和售后服务及应用领域等多维度内容，且全球机器人产业发展迅速，我国机器人产业发展也呈现出强劲态势，迫切需要大量综合素质高的专业人才。为顺应市场发展要求，近年来很多高等院校的不同专业纷纷开设机器人的相关课程，培养适应产业发展需求的人才。相应地，机器人技术及编程等相关教材建设也同步推进。

本书共 7 章，主要包括概论、仿人机器人发展概况、roboBASIC 软件介绍、roboBASIC 语言语法介绍、MF 机器人基本动作程序设计、机器人编程语言、未来机器人等。

roboBASIC 语言是用于控制机器人动作的专门语言，相对于其他类型的语言更简单，因此机器人编程爱好者和普通高等院校初学机器人技术及编程的学生特别适合选用 roboBASIC 软件来编程。本书采用由浅入深、循序渐进的方法，结合大量实例，详细介绍 roboBASIC 软件、roboBASIC 语言语法及 MF 机器人基本动作程序设计，让读者能够直观、系统地了解相关知识，并将所学的知识尽快地运用于实践。

本书由哈尔滨远东理工学院曹琳琳、王绍锋任主编，由黑龙江省民政职业技术学校李喜文、哈尔滨远东理工学院崔金香及芦关山任副主编，具体分工如下：第 1 章由李喜文编写，第 2 章和第 7 章由崔金香编写，第 3 章由芦关山编写，第 4 章由王绍锋编写，第 5 章和第 6 章由曹琳琳编写，马丽华、郑立平、刘丽娜也参与了本书的编写工作。全书由曹琳琳统稿。

为了方便教学，本书还配有电子课件等教学资源包，任课教师和学生可以登录“我们爱读书”网（www.ibook4us.com）在线浏览，或者发邮件至 hustpeiit@163.com 免费索取。

由于水平有限，书中难免有错误和不妥之处，恳请广大读者批评指正，特此为谢。

编　者

2016 年 12 月

目录 CONTENTS

第1章 概论 …… (1)
1.1 机器人的发展历史 …… (1)
1.1.1 机器人名字的由来 …… (1)
1.1.2 国内机器人发展历史 …… (2)
1.1.3 国外机器人发展历史 …… (5)
1.2 机器人的定义 …… (18)
1.2.1 机器人的概念 …… (18)
1.2.2 新一代机器人的特征 …… (19)
1.3 机器人的分类 …… (20)
1.3.1 按国家标准分类 …… (20)
1.3.2 按机器人发展时期分类 …… (20)
1.3.3 按几何结构分类 …… (21)
1.3.4 按机器人的控制方式分类 …… (21)
1.3.5 按机器人的驱动方式分类 …… (22)
1.3.6 按机器人的用途分类 …… (22)
第2章 仿人机器人发展概况 …… (26)
2.1 仿人机器人的定义 …… (26)
2.1.1 仿人机器人的概念 …… (26)
2.1.2 仿人机器人的研究重点 …… (27)
2.2 仿人机器人发展概述 …… (28)
2.2.1 国外仿人机器人的发展现状 …… (28)
2.2.2 国内仿人机器人的发展现状 …… (32)
2.2.3 仿人型竞技娱乐机器人的研究现状 …… (33)
第3章 roboBASIC 软件介绍 …… (38)
3.1 软件安装及操作界面 …… (38)
3.1.1 在 Windows 7 系统下安装软件 …… (38)
3.1.2 在 Windows 10 系统下安装软件 …… (41)
3.2 roboBASIC v2.80 介绍 …… (43)
3.2.1 标题栏 …… (43)
3.2.2 菜单栏 …… (44)

3.2.3 工具栏 …… (58)
3.2.4 辅助窗口 …… (59)
3.2.5 状态栏 …… (59)
第4章 roboBASIC 语言语法介绍 …… (60)
4.1 roboBASIC 语法概述 …… (60)
4.2 roboBASIC 基本语法 …… (60)
4.2.1 标识符集 …… (60)
4.2.2 表达式和运算符 …… (60)
4.2.3 数据变量和常量 …… (62)
4.2.4 其他语法 …… (63)
4.3 roboBASIC 命令指令 …… (64)
4.3.1 roboBASIC 命令声明 …… (64)
4.3.2 roboBASIC 控制流指令 …… (65)
4.4 roboBASIC 电机控制指令 …… (69)
4.5 roboBASIC 语音控制指令 …… (77)
4.6 roboBASIC 外部通信指令 …… (80)
第5章 MF 机器人基本动作程序设计 …… (83)
5.1 MF 仿人机器人介绍 …… (83)
5.1.1 MF 机器人简介 …… (83)
5.1.2 MF 机器人硬件结构 …… (83)
5.1.3 MF 机器人组装步骤 …… (87)
5.2 仿人机器人基本动作 …… (97)
5.2.1 站立欢呼的程序设计 …… (97)
5.2.2 弯腰欢呼的程序设计 …… (98)
5.2.3 获胜礼仪动作的程序设计 …… (100)
5.2.4 敬礼动作的程序设计 …… (101)
5.2.5 倒地后站立的程序设计 …… (101)
5.2.6 机器人抱抱的程序设计 …… (103)
5.3 仿人机器人行走动作的程序设计 …… (105)
5.3.1 向前一步动作的程序设计 …… (105)
5.3.2 后退一步动作的程序设计 …… (108)
5.3.3 连续行走的程序设计 …… (110)
5.4 仿人机器人原地动作的程序设计 …… (113)
5.4.1 原地踏步动作的程序设计 …… (113)
5.4.2 向左跨步的程序设计 …… (115)
5.4.3 向右跨步的程序设计 …… (116)
5.4.4 原地向左右转动作的程序设计 …… (117)
5.4.5 飞翔动作的程序设计 …… (118)
5.4.6 单脚抬起独立动作的程序设计 …… (121)
5.5 仿人机器人翻滚动作的程序设计 …… (123)
5.5.1 倒立动作的程序设计 …… (123)
5.5.2 左右翻滚动作的程序设计 …… (126)
5.5.3 前后翻滚动作的程序设计 …… (130)
5.6 复杂动作的程序设计 …… (134)

5.6.1 单杠运动的程序设计 …………………………………………………… (134)
5.6.2 斜坡运动的程序设计 …………………………………………………… (136)
5.6.3 阶梯运动的程序设计 …………………………………………………… (140)
第6章 机器人编程语言 …………………………………………………… (146)
6.1 机器人语言系统概述 …………………………………………………… (146)
6.1.1 机器人语言的特点 …………………………………………………… (146)
6.1.2 机器人语言系统的结构 …………………………………………………… (147)
6.1.3 机器人的控制方式 …………………………………………………… (147)
6.2 机器人编程要求与语言类型 …………………………………………………… (150)
6.2.1 机器人编程要求 …………………………………………………… (150)
6.2.2 机器人编程语言类型 …………………………………………………… (150)
6.3 机器人编程语言的基本功能和发展 …………………………………………………… (152)
6.3.1 机器人编程语言的基本功能 …………………………………………………… (152)
6.3.2 机器人编程语言的发展 …………………………………………………… (153)
6.4 常用机器人编程语言 …………………………………………………… (153)
6.4.1 AL 语言 …………………………………………………… (154)
6.4.2 VAL 语言 …………………………………………………… (156)
6.4.3 IML 语言 …………………………………………………… (158)
第7章 未来机器人 …………………………………………………… (159)
7.1 发展趋势 …………………………………………………… (159)
7.2 仿生机器人 …………………………………………………… (159)
7.2.1 兽型机器人 …………………………………………………… (160)
7.2.2 蛇形机器人 …………………………………………………… (160)
7.2.3 昆虫机器人 …………………………………………………… (161)
7.2.4 蝎子机器人 …………………………………………………… (162)
7.2.5 蜗牛机器人 …………………………………………………… (162)
7.2.6 壁虎机器人 …………………………………………………… (163)
7.2.7 爬树机器人 …………………………………………………… (163)
7.3 未来机器人 …………………………………………………… (164)
7.3.1 自适应机器人 …………………………………………………… (164)
7.3.2 球形机器人 …………………………………………………… (165)
7.3.3 微型机器人 …………………………………………………… (166)
7.3.4 纳米机器人 …………………………………………………… (167)
7.3.5 无线机器人 …………………………………………………… (168)
7.4 其他机器人 …………………………………………………… (169)
7.4.1 太阳能飞机 …………………………………………………… (169)
7.4.2 超级机器人 …………………………………………………… (170)
7.4.3 智能广域机器人 …………………………………………………… (170)
参考文献 …………………………………………………… (172)

第1章 概 论

1.1 机器人的发展历史

1.1.1 机器人名字的由来

1920年捷克作家卡雷尔·卡佩克发表了科幻剧本《罗萨姆的万能机器人》。该剧预告了机器人的发展对人类社会的悲剧性影响，引起了大家的广泛关注，卡佩克把捷克语"robota"写成了"robot"，被当成了机器人一词的起源。在该剧中，机器人按照其主人的命令默默地工作，没有感觉和感情，以呆板的方式从事繁重的劳动。后来，罗萨姆公司取得了成功，使机器人具有了感情，因而机器人的应用部门迅速增加，在工厂生产和家务劳动中，机器人必不可少。机器人发觉人类十分自私和不公正，造反了，并凭借非常优异的体能和智能消灭了人类，但是机器人不知道如何制造它们自己，认为它们自己很快就会灭绝，所以它们开始寻找人类的幸存者，却没能找到。最后，一对感知能力优于其他机器人的男女机器人相爱了，机器人进化为人类，世界又恢复了生机。

卡佩克提出的是机器人的安全、感知和自我繁殖问题。虽然科幻世界只是一种想象，但科学技术的进步很可能引发人类不希望出现的问题，人类社会将可能面临这种现实。

为了防止机器人伤害人类，1942年美国科幻作家艾萨克·阿西莫夫(Isaac Asimov，见图1-1)发表了一篇名为《环舞》(*Runaround*)的短篇小说，其中提出了"机器人三定律"：

(1)机器人不应伤害人类；

(2)机器人应遵守人类的命令，与第一条违背的命令除外；

(3)机器人应能保护自己，与第一条相抵触者除外。

图1-1 科幻作家艾萨克·阿西莫夫

机器人学术界一直将这三定律作为机器人开发的准则。

1.1.2　国内机器人发展历史

在大约 3000 年前,中国就发明并制造了极其精巧的机器人。中国古代制造出的各式各样的机器人不仅奇妙精巧,而且用途也很广泛。

据《列子·汤问》记载,周穆王在位时,中国有一位能工巧匠,面见周穆王,说愿意把自己的技艺献给周穆王。周穆王问:“你有什么技艺?”这位能工巧匠说:“这么说吧,您想要什么,我就能给您做出来什么。不过,我今天已经做出一件东西了。您不妨先看看。”周穆王说:“好吧。”过了一会,这位能工巧匠就带着一个“人”来见周穆王。周穆王问他:“你带来的是什么人?”他回答:“禀大王,这不是人,是我做的一个会唱歌跳舞的机器人。”周穆王惊奇地看着它,行走俯仰,和真人一样。摇它的头,它便唱出了符合乐律的歌;捧它的手,它便跳起了符合节拍的舞。你想叫它干什么它就能干什么。这就是这位工匠制造出的逼真的机器人,它能做和人一模一样的动作,如图 1-2 所示。

图 1-2　西周机器人

据《墨子·鲁问》记载“公输子(鲁班)削竹木以为鹊”“三日不下”。鲁班还造了能载人的大木鸢,在战争中担任侦察的任务,木鸢(见图 1-3)的出现充分体现了我国劳动人民的智慧。

图 1-3　木鸢

汉代大科学家张衡发明了记里鼓车(见图 1-4)。据记载,记里鼓车分上下两层,上层设一钟,下层设一鼓,小木人头戴峨冠、身穿锦袍高坐车上。车走十里,木人击鼓一次,当击鼓十次,就击钟一次。

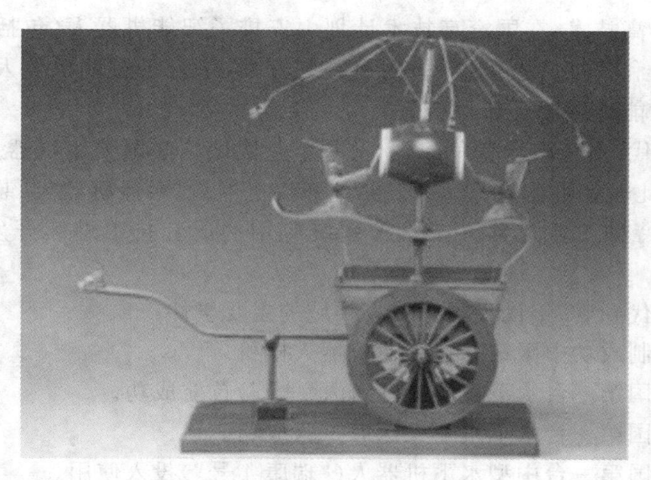

图 1-4　记里鼓车

蜀汉丞相诸葛亮发明了能替人搬东西的机器人——木牛流马(见图 1-5),也就是现代的机器人——步行机。它在结构和功能上相当于今天运输用的工业机器人。

图 1-5　木牛流马

我国工业机器人经历了 20 世纪 70 年代的萌芽期、80 年代的开发期、90 年代的实用化期,后来在步行机器人、精密装配机器人、多自由度关节机器人的研制等国际前沿领域逐步缩小了与世界先进水平的差距。

我国于 1972 年开始研制工业机器人,数十家研究单位和院校分别开发了固定程序、组合式、液压伺服型通用机器人,并开始了机构学、计算机控制和应用技术的研究。

20 世纪 80 年代,国外机器人专家到我国访问和做学术报告,使我国当时的领导人等认识到:机器人不仅能为我国带来巨大的经济效益,促进生产力发展,而且能为我国的宇宙开发、海洋开发、核能利用等新兴领域的发展做出卓越的贡献。为了培养人才和加强国际学术交流,我国当时的领导人安排人员去国外参加机器人年会和进行各种考察活动,积极促进我国机器人技术的发展。20 世纪 80 年代,我国进行了工业机器人基础技术、基础元器件、几类工业机器人整机及应用工程的开发研究,完成了示教再现式工业及其成套技术的开发,研制出喷涂、弧焊、点焊和搬运等作业机器人整机，开发了几类专用和通用控制系统，制造了几类关键零部件，并经过实际应用考核，其性能指标达到了20世纪80年代初国外同类产品的水平。

为了跟踪国外高技术，在国家高技术计划中安排了智能机器人(包括水下无缆机器人、多功能装配机器人和各类特种机器人)的研究与开发，进行了智能机器人体系结构、人工智能、机器视觉、高性能传感器及新材料等的应用研究。

20世纪90年代，由于市场竞争加剧，一些企业认识到必须要用机器人等自动化设备来改造传统产业，因此喷涂机器人、点焊机器人、弧焊机器人、搬运机器人、装配机器人及矿山、建筑、管道作业的特种工业机器人技术和系统应用的成套技术继续开发、完善，应用领域扩大。

20世纪80年代到90年代我国机器人领域的主要事件：

(1)1980年研制成功中国第一台工业机器人样机。

(2)1985年中国第一台水下机器人("海人一号")首航成功。

(3)1986年中国第一台水下机器人深海试验成功。

(4)1988年中国第一台中型水下机器人("瑞康4号")投入使用。

(5)1989年水下机器人首次出口美国。

(6)1990年中国第一台工业机器人通用控制器研制成功。

(7)1992年国产AGV第一次应用于柔性生产线。

(8)1993年机器人技术国家工程研究中心成立。

(9)1994年中国第一台五自由度高压水切割机器人投入使用。

(10)1994年中国第一台1 000 m水下机器人("探索者")海试成功。

(11)1995年中国第一台6 000 m水下机器人("CR-01")海试成功。

(12)1995年中国首台四自由度点焊机器人开发成功，第一条点焊机器人生产线投入使用。

(13)1995年自主开发的机器人技术——AGV技术，出口韩国。

(14)1997年具有自主版权的高性能机器人控制器小批量生产。

(15)1997年自主开发的国内第一条机器人冲压自动化线用于一汽大众生产线。

(16)1998年国内首台激光加工机器人开发成功。

(17)1998年国内首台浇注机器人用于生产。

我国机器人在各行业中得到了很好的应用。在医学上，大连理工大学张永顺带领团队研制胶囊医疗微型机器人，并实现了机器人在肠道内的垂直游动，实现在肠道内进退自如，实施窥视、诊断，甚至施药、取样，并且不会对肠胃造成损伤，能减轻患者痛苦，缩短患者康复时间，降低医疗费用。在工业中，机器人主要用于汽车及工程机械的喷涂及焊接。据统计，近几年国内厂家所生产的工业机器人有超过一半提供给了汽车行业。其中，焊接机器人在汽车制造业中发挥着不可替代的作用。

目前，我国已经研发出的代表性成果有工业机器人、水下机器人、仿人机器人、空间机器人、飞行机器人、家政机器人等，它们都具有国际先进水平。我国机器人发展水平与发达国家的相比，目前还存在着很大的差距，主要表现为机器人拥有量远远不能满足社会的需求，产业化方面还没有固定和成熟的产品。当前我国的机器人生产和应用都是应用户的要求，"一个客户，一次重新设计"，具有规格多、批量小、零部件通用化程度低、供货周期长、成本高，且质量和可靠性不稳定等特点。

1.1.3 国外机器人发展历史

公元前1400年巴比伦人发明了漏壶，这是一种利用水流计量时间的计时器。在后来的好几百年，发明家们不断对漏壶进行改进。在公元前270年左右，古希腊发明了一种采用活灵活现的人物造型指针指示时间的水钟（见图1-6）。

古希腊哲学家亚里士多德（见图1-7）曾想象过机器人的功用，“如果每一件工具被安排好甚或是自然而然地做那些适合于它们的工作，那么就没必要再有师徒或主奴了”。

图1-6 水钟

图1-7 亚里士多德

1495年莱昂纳多·达·芬奇（Leonardo da Vinci）设计了一种发条骑士（见图1-8），试图让它能够坐直身子、挥动手臂及移动头部和下巴，但这个机器人是否曾被造出来并不能确定。

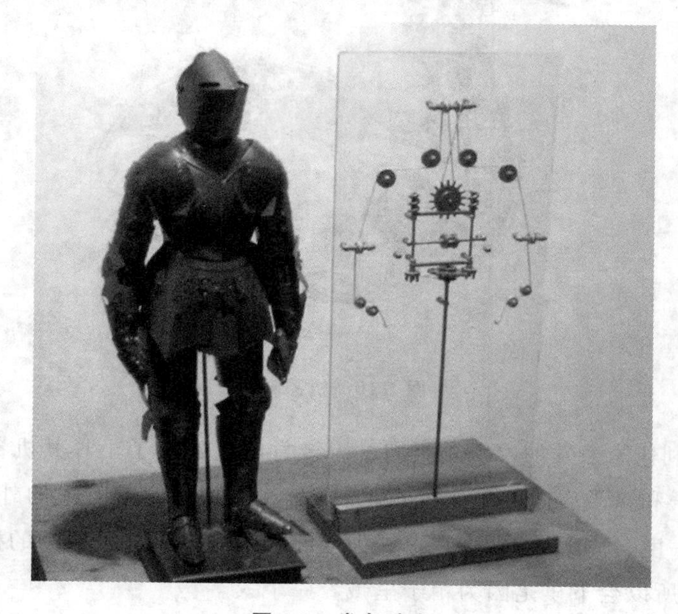

图1-8 发条骑士

1662 年，日本的竹田近江利用钟表技术发明了自动机器玩偶，并在大阪演出。18 世纪末通过改进，制造出了端茶玩偶（见图 1-9），它是木质的，发条和弹簧则是用鲸鱼须制成的。端茶玩偶双手捧着茶盘，如果把茶杯放在茶盘上，它便会向前走，把茶端给客人，客人取走茶杯后，它会自动停止行走，客人喝完茶后，把茶杯放回茶盘上，它就又转回原来的地方。

图 1-9　端茶玩偶

1738 年，法国天才技师杰克·戴·瓦克逊发明了机器鸭，如图 1-10 所示。它会嘎嘎叫，会游泳和喝水，还会进食和排泄。瓦克逊的本意是把生物的功能加以机械化而进行医学上的分析。

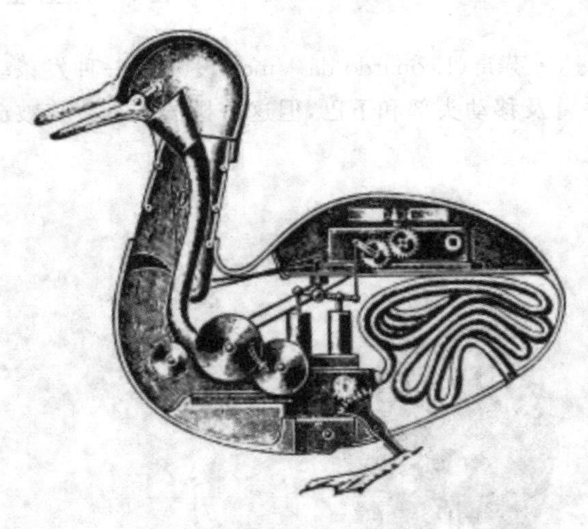

图 1-10　机器鸭

1769 年匈牙利作家兼发明家沃尔夫冈·冯·肯佩伦建造了土耳其机器人（见图 1-11），它由一个枫木箱子和箱子后面伸出来的人形傀儡组成，傀儡穿着宽大的外衣，并戴着头巾。这台装置诞生后一度名声大噪，因为它被视为能够跟国际象棋高手对弈的机器人，但最终谜底揭开，机器人之所以会下棋是因为箱子里藏着一个人。

图 1-11　土耳其机器人

杰出的自动玩偶制造者——瑞士的钟表匠杰克·道罗斯和他的儿子利·路易·道罗斯连续推出了自动书写玩偶(见图 1-12)、弹琴机器人(见图 1-13)等。他们创造的自动玩偶是利用齿轮和发条原理而制成的。自动书写玩偶有的拿着画笔绘画,有的拿着鹅毛蘸墨水写字,结构巧妙,服装华丽,在欧洲风靡一时。

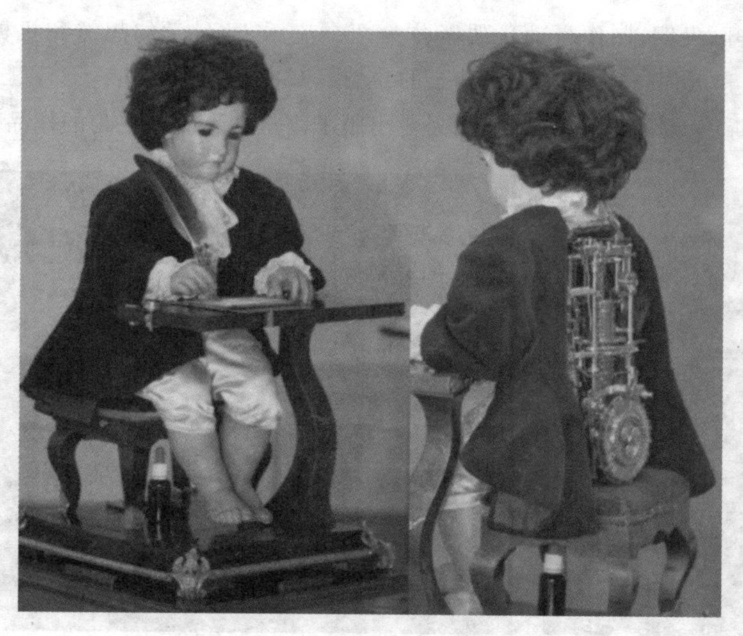

图 1-12　自动书写玩偶

现在保留下来的最早的机器人是瑞士努萨蒂尔历史博物馆里的少女玩偶,它的手指可以按动琴键而弹奏音乐,现在还能定期让它演奏以供参观者欣赏,展示了古代人的智慧。

图 1-13　自动书写玩偶和弹琴机器人

1801 年法国丝绸织工兼发明家约瑟夫・雅卡尔发明了可以通过穿孔卡片控制的自动织机(见图 1-14)。在后来十年之内,这种织机被大规模生产出来,整个欧洲有数千台投入使用。

19 世纪中叶,发明、制作自动玩偶者分为两个流派,即科学幻想派和机械制作派,并各自在文学、艺术和近代技术中找到了自己的位置。1831 年歌德发表了《浮士德》,塑造了人造人荷蒙克鲁斯(见图 1-15);1870 年霍夫曼出版了以自动玩偶为主角的作品《葛蓓莉娅》。

图 1-14　自动织机

图 1-15　荷蒙克鲁斯

1881 年意大利作家卡洛・科洛迪(Carlo Collodi)创作的提线木偶匹诺曹(见图 1-16)的故事[最后形成了作品《匹诺曹》(《木偶奇遇记》)]开始在杂志上连载。

1886 年维里耶德利尔·亚当的《未来夏娃》问世。

在机械实物制造方面，1893 年摩尔制造了蒸汽人（见图 1-17），蒸汽人靠蒸汽驱动双腿沿圆周运动。

图 1-16　匹诺曹

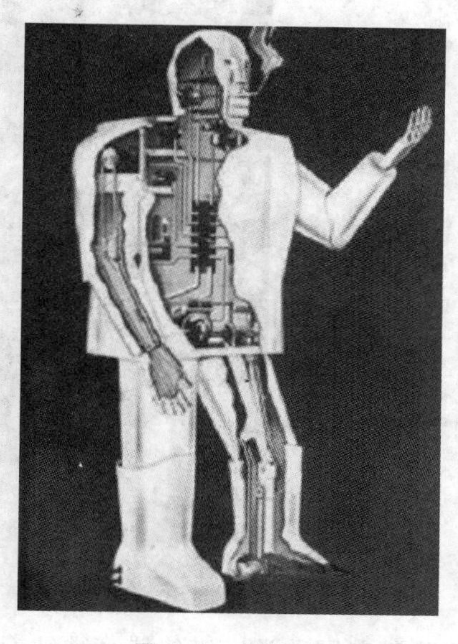

图 1-17　蒸汽人

1898 年尼古拉·特斯拉（Nikola Tesla）在纽约的麦迪逊广场花园向观众演示了一项新发明，他称之为“teleautomation”（远程自动操作装置），即一艘无线电遥控船（见图 1-18）。当时的观众认为那是一种把戏，而遥控技术直到数十年后才得到普及。

进入 20 世纪后，机器人的研究与开发得到了更多人的关心、支持。

1926 年导演弗里茨·朗拍摄了电影《大都会》，这部无声电影将场景设置在一个反乌托邦的未来城市中。影片中的机器人（见图 1-19）——这是机器人第一次出现在大银幕上——采用了人类女性的外形。

1927 年美国西屋公司工程师温兹利制造了第一个机器人“电报箱”，并在纽约举行的世界博览会上展出。它是一个电动机器人，装有无线电发报机，可以回答一些问题，但该机器人不能走动。

现代机器人的研究始于 20 世纪中期，其技术背景是计算机和自动化的发展，以及原子能的开发利用。自 1946 年第一台数字电子计算机问世以来，计算机技术不断取得进步，向高速度、大容量、低价格的方向发展。

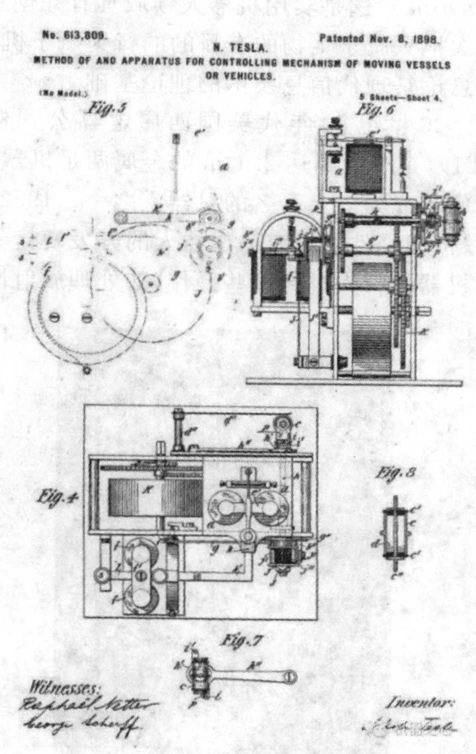

图 1-18　无线电遥控船

图 1-19 《大都会》中的机器人

1948 年美国数学家诺伯特·维纳(见图 1-20)发表了《控制论:或关于在动物和机器中控制和通信的科学》(*Cybernetics: Or Control and Communication in the Animal and the Machine*),这是实用机器人领域具有开创意义的著作。他首先提出了"控制论"这个概念,第一次把只属于生物的有目的的行为赋予机器,阐明了控制论的基本思想。控制论、系统论和信息论是现代信息技术的理论基础。

20 世纪 50 年代美国西屋电器公司制造的机器人,如"电镀"线控金属机器人(见图 1-21),是一个高达 2.1 m 的金属两足机器人,不仅能走路,还能说出 77 个词语,其形象的设计使它成为史上著名的机器人之一。1952 年数控机床诞生。一方面,与数控机床相关的控制、机械零件的研究为机器人的开发奠定了基础;另一方面,原子能实验室的恶劣环境要求由机器代替人进行某些操作,如处理放射性物质。

图 1-20 数学家诺伯特·维纳

图 1-21 "电镀"线控金属机器人

1954 年美国德沃尔提出了工业机器人的概念，并申请了专利。该专利的要点是借助伺服技术控制机器人的关节，利用人手对机器人进行动作示教，机器人能实现动作的记录和再现。这就是所谓的示教再现机器人，现有的机器人差不多都采用这种控制方式。

1959 年美国英格伯格和德沃尔（见图 1-22）制造出世界上第一台工业机器人。由英格伯格负责设计机器人的“手”“脚”“躯干”等，即机器人的机械部分；由德沃尔设计机器人的“头脑”“神经系统”“肌肉系统”，即机器人的控制装置和驱动装置。它成为世界上第一台真正的实用工业机器人。这种机器人外形有点像坦克炮塔，基座上有一个大机械臂，大臂可绕轴在基座上转动，大臂上又伸出一个小机械臂，它相对大臂可以伸出或缩回。小臂顶的腕可绕小臂转动，进行俯仰和侧摇。腕前端是手，即操作器。这个机器人的功能和人手臂的功能相似。

图 1-22　英格伯格和德沃尔

此后英格伯格和德沃尔成立了 Unimation 公司，兴办了世界上第一家机器人制造工厂。英格伯格和德沃尔因此被称为机器人之父。第一批工业机器人被称为“尤尼梅特”(unimate)，如图 1-23 至图 1-25 所示。

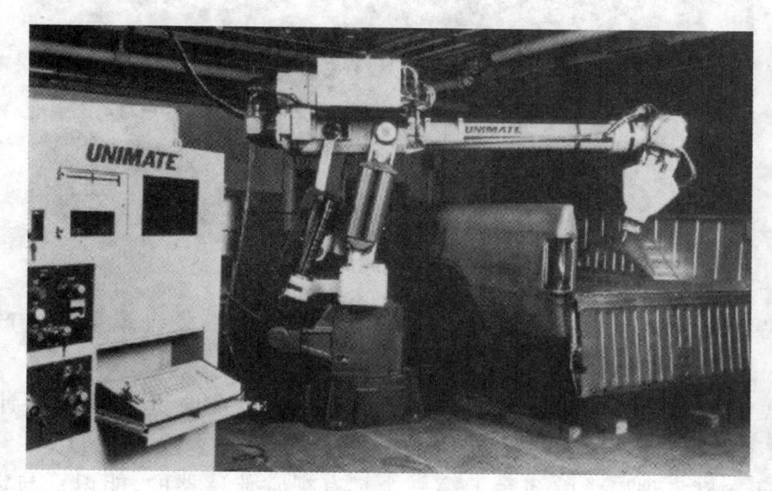

图 1-23　unimate 1

图 1-24　unimate 2

图 1-25　unimate 3

“尤尼梅特”在 1961 年被投入通用汽车公司(GM)的一条汽车装配生产线正式开始工作。

1959 年美国麻省理工学院(MIT)的伺服机构实验室向世人展示了计算机辅助制造——一台铣床机器人为每位与会者制造了一个纪念烟灰缸(见图 1-26)。

1965 年,美国麻省理工学院演示了第一个具有视觉传感器的、能识别与定位简单积木的机器人系统。

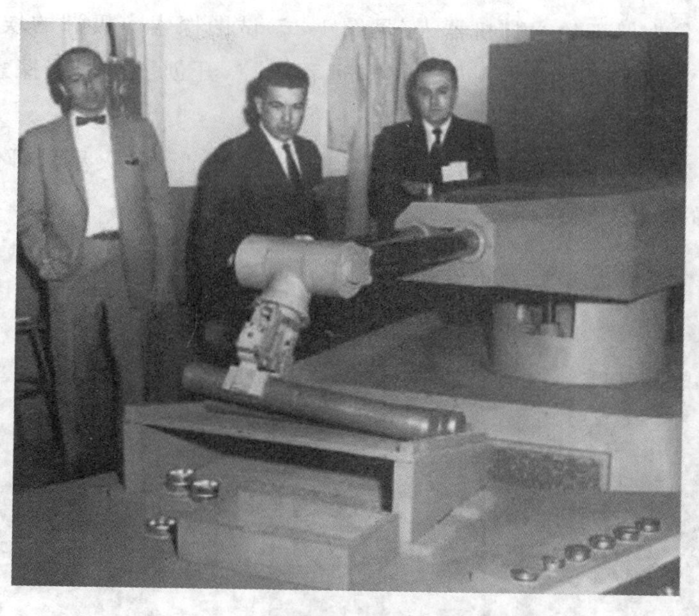

图 1-26 铣床机器人制造纪念烟灰缸

1966 年斯坦福大学人工智能研究中心开始了谢克机器人(见图 1-27)的研发工作。它是第一台移动机器人,被赋予了有限的观察和环境建模能力,控制它的计算机要布满整个房间。

1967 年日本成立了人工手研究会(现改名为仿生机构研究会),同年召开了日本首届机器人学术会。

1970 年在美国召开了第一届国际工业机器人学术会议。

1973 年,辛辛那提·米拉克隆公司的理查德·豪恩制造了第一台由小型计算机控制的工业机器人,它是由液压驱动的。到了 1980 年,工业机器人才真正在日本普及。随后,工业机器人在日本得到了巨大发展,日本也因此而赢得了“机器人王国”的美称。

1979 年斯坦福推车诞生。它是一辆四轮漫游者(见图 1-28),它的眼睛是摄像头,通过分析以及对自己的路线进行编程,能够在一个满是椅子的房间里绕开障碍物行进。

图 1-27 谢克机器人

图 1-28 四轮漫游者

1993年一台名为但丁的八脚机器人(见图1-29)试图探索南极洲的埃里伯斯火山,这一具有里程碑意义的行动由研究人员在美国远程操控,开创了机器人探索危险环境的新纪元。

1997年小个头的"旅居者"探测器(见图1-30)开始了自己的火星科研任务。它探索了自己着陆点附近的区域,并在之后三个月中拍摄了550张照片。

图1-29　八脚机器人

图1-30　"旅居者"探测器

1998年一款毛茸茸的类蝙蝠机器人(见图1-31)成为当时年末购物旺季最抢手的玩具,它的名字是菲比娃娃。这款玩具会随着时间的推移而"进化",它一开始只能胡言乱语,但很快就能学会使用预编程的英语短句。

图1-31　类蝙蝠机器人

1999年索尼公司(Sony)的机器狗"爱宝"(见图1-32)让科技产品爱好者一见倾心。这款机器狗能够自由地在房间里走动,并且能够对有限的一组命令做出反应。

2000 年本田汽车公司出品的人形机器人阿西莫(见图 1-33)走上了舞台,它能够以接近人类的姿态走路和奔跑。

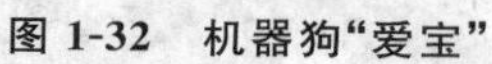

图 1-32 机器狗"爱宝"

图 1-33 阿西莫

2002 年 iRobot 公司发布了 Roomba(见图 1-34)——真空保洁机器人。这款造型类似飞盘的产品售出了 600 多万台,从商业角度来看,它是史上最成功的家用机器人。

图 1-34 Roomba

2004 年美国宇航局的"勇气号"探测器(见图 1-35)登陆火星,开始了探索这颗星球的任务。这台探测器在原先预定的 90 天任务结束后继续运行了 6 年时间,总旅程超过 7.7 km。

图 1-35 “勇气号”探测器

2005 年斯坦利自动驾驶汽车(见图 1-36)成功越野行驶 212 km。它由斯坦福大学的一个小组研发。在无人驾驶机器人挑战赛中,斯坦利自动驾驶汽车第一个到达终点,最终赢得 200 万美元大奖。

图 1-36 斯坦利自动驾驶汽车

2012 年“发现号”航天飞机的最后一项太空任务是将首台人形机器人送入国际空间站。这台机器人被命名为“R2”(见图 1-37),其活动范围接近于人类的活动范围,并可以执行那些对人类宇航员来说太过危险的任务。

图 1-37 R2

2014 年，社会机器人的奠基人之一 Cynthia Breazeal（辛西娅·布雷齐尔）女神出手，在 INDIEGOGO 众筹平台上推出一款家用机器人（见图 1-38），想要做一款每家每户都用得起的机器人瓦力，最终筹款 228 万美元。

图 1-38 家用机器人

2015 年 11 月 Google 收购九家机器人公司，收购的这九家公司各有所长，例如：Boston Dynamics 公司曾经开发出军事机器人 BigDog（应用于战场上运送弹药及食物等）；Holomni 是研究加速器的，能将加速器应用于机器人身上；Industrial Perception 公司主要研究机器人的感知系统，公司最新的 3D Vision Systems（3D 视觉系统）让机器人可以分辨出物体形状从而了解障碍；Meka 公司能做出跟人眼相近的系统；Redwood Robotics 以研究、生产廉价的机械臂为主；Schaft 是家日本公司，其产品在参加机器人挑战赛中以翻过高墙而获胜。

Baxter 工业机器人（见图 1-39）由 Rethink Robotics 公司研发，是一款与传统工业机器人不同的人机互动机器人，而且成本远低于工业机器人，具有无可比拟的适应性和安全性。

图 1-39　Baxter 工业机器人

智能机器人作为新一代生产和服务工具，在制造领域和非制造领域具有重要的位置，如核工业、农业、救灾、排险、军事、服务、娱乐等方面，可代替人完成各种工作。同时，智能机器人作为自动化、信息化的装置与设备，完全可以进入网络世界，发挥更多、更大的作用，这对人类开辟新的产业，提高生产水平与提高人类生活水平具有十分现实的意义。

1.2　机器人的定义

1.2.1　机器人的概念

目前，虽然机器人已被广泛应用，但是世界上对机器人还没有一个统一、严格、准确的定义，不同国家、不同研究领域给出的定义不尽相同。尽管定义的基本原则大体一致，但是仍然有较大区别。国际上主要有以下几种定义。

1. 美国机器人协会(RIA)的定义

机器人是“一种用于移动各种材料、零件、工具或专用装置的，通过可编程的动作来执行种种任务的并具有编程能力的多功能机械手”。这个定义叙述具体，更适用于对工业机器人的定义。

2. 美国国家标准局(NBS)的定义

机器人是“一种能够进行编程并在自动控制下执行某些操作和移动作业任务的机械装置”。这也是一种比较广义的工业机器人的定义。

3. 日本工业机器人协会(JIRA)的定义

第一类：人工操作机器人——由操作员操作的多自由度装置。

第二类：固定顺序机器人——按预定的不变方法有步骤地执行任务的设备，其执行顺序难以修改。

第三类：可变顺序机器人——同第二类，但其执行顺序易于修改。

第四类：示教再现机器人——操作员引导机器人手动执行任务，记录下这些动作并由机器人再现执行，即机器人按照记录下的信息重复执行同样的动作。

第五类：数控机器人——操作员为机器人提供运动程序，并不是手动示教执行任务。

第六类：智能机器人——机器人具有感知外部环境的能力，即使其工作环境发生变化，也能够成功地完成任务。

4. 英国简明牛津字典的定义

机器人是"貌似人的自动机，具有智力的和顺从于人但不具有人格的机器"。这是一种对理想机器人的描述，到目前为止，尚未有与人类在智能上相似的机器人。

5. 国际标准化组织(ISO)的定义

该定义较为全面和准确，涵盖如下内容：

(1)机器人的动作机构具有类似于人或其他生物体某些器官(肢体、感官等)的功能；

(2)机器人具有通用性，工作种类多样，动作程序灵活易变；

(3)机器人具有不同程度的智能性，如记忆、感知、推理、决策、学习等；

(4)机器人具有独立性，完整的机器人系统在工作中可以不依赖于人的干预。

6. 我国科学家对机器人下的定义

"机器人是一种自动化的机器，所不同的是这种机器具备一些与人或生物相似的智能能力，如感知能力、规划能力、动作能力和协同能力，是一种具有高度灵活性的自动化机器。"在研究和开发未知及不确定环境下作业的机器人的过程中，人们逐步认识到机器人技术的本质是感知、决策、行动和交互技术的结合。

随着人们对机器人技术智能化本质认识的加深，机器人技术开始应用于人类活动的各个领域。结合这些领域的应用特点，人们发展了各式各样的具有感知、决策、行动、交互能力的特种机器人和各种智能机器人，如移动机器人、水下机器人、医疗机器人、军用机器人、娱乐机器人等。对不同任务和特殊环境的适应性，也是机器人与一般自动化装备的重要区别。这些机器人的外观与最初仿人型机器人和工业机器人的外观不同，这些机器人更能满足各种不同应用领域的特殊要求，其功能和智能程度也大大增强。

以往，机器人主要是指具备传感器、智能控制系统、驱动系统等要素的机械。然而，随着数字化的进展、云计算等网络平台的充实及人工智能技术的进步，一些机器人即便没有驱动系统，也能通过独立的智能控制系统驱动，来实现联网访问。未来，随着物联网的发展，机器人仅仅通过智能控制系统，就能够应用于社会的各个场景之中。如此一来，兼具传感器、智能控制系统、驱动系统等要素的机械才能称为机器人的定义，将有可能发生改变，下一代机器人将会涵盖更广泛的内容。以往并未定义成机器人的物体也将机器人化。例如，无人驾驶汽车、智能家电、智能手机、智能住宅等也将成为机器人。

1.2.2　新一代机器人的特征

第一，智能化成为新一代机器人的核心特征。装配传感器和具备人工智能的机器人能自动识别环境变化，从而减少对人的依赖。未来的无人工厂能根据订单要求自动规划生产流程和工艺，在无人参与的情况下完成生产。

第二，高速网络、云存储使机器人成为物联网的终端和结点。随着信息技术的进步，工业机器人将更有效地接入网络，组成更大的生产系统，多台机器人协同实现一套生产解决方案成为可能；服务机器人和家庭机器人也能通过网络实现远程监控；多台机器人之间的协作能提供流程更多、操作更复杂的服务。

第三，机器人生产成本快速下降。在工业领域，机器人的技术和工艺日益成熟，机器人性价比不断提高，机器人初期投资相对于传统专用设备的价格差不断缩小。机器人在精细化、柔性化、智能化和信息化方面具有显著优势，因此在个性化程度较高、工艺和流程烦琐的产品制造中能替代传统专用设备，且具有更高的经济效益。

第四，机器人应用领域不断扩展。机器人最初应用于模块化程度较高的汽车、电子产业，随着机器人智能化水平的提高，以及机器人能完成更多的复杂动作，机器人大量应用于纺织、化工、食品行业。随着机器人技术的不断成熟和劳动力成本的提高，工业机器人的应用将扩展至整个工业领域。

第五，人机关系发生深刻转变。一方面，计算机的操作系统、控制系统将实现标准化和平台化，未来可以通过包括手机在内的不同端口对机器人发送指令。另一方面，人与机器人相互协作完成某一目标成为趋势。技术成熟将增强人对机器人的信任，人与机器人之间的协作关系将进一步增强。

1.3 机器人的分类

1.3.1 按国家标准分类

(1)按照日本工业机器人协会的标准，可将机器人进行如下分类。

第一类：人工操作机器人。

第二类：固定顺序机器人。

第三类：可变顺序机器人。

第四类：示教再现机器人。

第五类：数控机器人。

第六类：智能机器人。

(2)按美国机器人协会的标准，机器人可分为四类，即以上第三类至第六类。

(3)中国的机器人专家从应用环境出发，将机器人分为两大类，即工业机器人和特种机器人。所谓工业机器人就是面向工业领域的多关节机械手或多自由度机器人。而特种机器人则是除工业机器人之外的、用于非制造业并服务于人类的各种先进机器人。

1.3.2 按机器人发展时期分类

1. 第一代：示教再现型机器人

示教再现型机器人由人操纵机械手做一遍应当完成的动作或通过控制器发出指令让机械手动作，在动作过程中机器人会自动将这一过程存入记忆装置。当机器人工作时，能再现人教给它的动作，并能自动重复执行。

2. 第二代：有感觉的机器人

有感觉的机器人对外界环境有一定感知能力，工作时，根据“感觉器官”(传感器)获得的信息，灵活调整自己的工作状态，保证在适应环境的情况下完成工作。

3. 第三代：具有智能的机器人

具有智能的机器人不仅具有感觉能力，而且还具有独立判断和行动的能力，并具有记忆、推理和决策的能力，因而能够完成更加复杂的动作。智能机器人的"智能"特征就在于它具有与外部世界——对象、环境和人相适应、相协调的工作机能。从控制方式看，智能机器人以一种"认知-适应"的方式自律地进行操作。

1.3.3 按几何结构分类

1. 直角坐标机器人

直角坐标机器人由三个线性关节组成，这三个关节可确定末端执行器的位置，通常还带有附加的旋转关节，用来确定末端执行器的状态。

2. 圆柱坐标机器人

圆柱坐标机器人由两个滑动关节和一个旋转关节来确定末端执行器的位置。

3. 球坐标机器人

球坐标机器人采用球坐标系，用一个滑动关节和两个旋转关节来确定部件的位置。

4. 关节型机器人

关节型机器人类同人的手臂，由几个转动轴、摆动轴和手爪等组成。

1.3.4 按机器人的控制方式分类

1. 伺服控制机器人

伺服控制机器人通过传感器取得的反馈信号与来自给定装置的综合信号比较后，得到误差信号，经过放大后用以激发机器人的驱动装置，进而带动执行装置以一定规律运动，到达规定的位置等，这是一个反馈控制系统。

伺服控制机器人比非伺服控制机器人有更强的工作能力。伺服控制机器人按照控制的空间位置不同，可以分为点位伺服控制机器人、连续轨迹伺服控制机器人。

1）点位伺服控制机器人

点位伺服控制机器人的受控运动方式为从一个点位目标移向另一个点位目标，只在目标点上完成操作。机器人可以以最快的和最直接的路径从一个端点移到另一端点。

点位伺服控制机器人的运动为空间点到点之间的直线运动，在作业过程中只控制几个特定工作点的位置，不对点与点之间的运动过程进行控制。

在点位伺服控制机器人中，所能控制的点数取决于控制系统的复杂程度。通常，点位伺服控制机器人能用于只有终端位置重要而对编程点之间的路径和速度不做主要考虑的场合。点位伺服控制装置主要用于点焊机器人、搬运机器人。

2）连续轨迹伺服控制机器人

连续轨迹伺服控制机器人能够平滑地跟随某条规定的路径移动。连续轨迹伺服控制机器人的运动轨迹可以是空间的任意连续曲线。

连续轨迹伺服控制机器人具有良好的控制和运行特性，由于数据是依时间采样的，而不是依预先规定的空间采样的，因此机器人的运行速度高、功率较小、负载能力较弱。

连续轨迹伺服控制机器人主要用于弧焊、喷涂和检测等场合。

2. 非伺服控制机器人

非伺服控制机器人按照预先编好的程序顺序进行工作，使用限位开关、制动器、插销板和定序器来控制机器人的运动。插销板用来预先规定机器人的工作顺序，而且往往是可调的。定序器是一种按照预定的正确顺序接通驱动装置的能源。驱动装置接通能源后，就带动机器人的手臂、腕部和手部等装置运动。非伺服控制机器人工作能力比较有限。当它们移动到由限位开关所规定的位置时，限位开关切换工作状态，给定序器送去一个工作任务已经完成的信号，并使终端制动器动作，切断驱动能源，使机器人停止运动。

1.3.5　按机器人的驱动方式分类

1. 电力驱动

电力驱动是指利用各种电动机产生的力或力矩，直接或经过减速机构驱动机器人，以获得所需的速度、加速度等。电力驱动可分为步进电动机驱动、直流伺服电动机驱动、无刷伺服电动机驱动等。

2. 液压驱动

液压驱动机器人以液压来驱动执行机构。液压驱动机器人具有较强的抓举能力。

3. 气压驱动

气压驱动机器人通过压缩空气的方式来驱动执行机构。此类机器人适用于对抓举能力要求较低的场合。

4. 新型驱动

新型驱动器有静电驱动器、压电驱动器、形状记忆合金驱动器、人工肌肉及光驱动器等。

1.3.6　按机器人的用途分类

1. 工业机器人

工业机器人是指面向工业领域的多关节机械手或多自由度的机器装置，它能自动执行工作任务，是靠自身动力和控制能力来实现各种功能的一种机器人。它可以接收人类命令，也可以按照预先编排的程序运行，现代的工业机器人还可以根据人工智能技术制定的原则纲领行动。工业机器人主要应用于汽车制造、机械制造、电子器件、集成电路、塑料加工等规模较大的生产企业。

工业机器人有以下几个显著的特点。

(1)可编程。工业机器人可随其工作环境变化的需要而再编程，因此它是柔性制造系统中的重要组成部分。

(2)拟人化。工业机器人在机械结构上有类似人的腿、大臂、小臂、手腕等部分，在控制上有电脑。此外，智能化工业机器人还有许多类似人类的“生物传感器”，如皮肤型接触传感器、力传感器、负载传感器、视觉传感器、声觉传感器、语言功能等。传感器提高了工业机器人对周围环境的自适应能力。

(3)通用性。除了专门设计的专用的工业机器人外，一般工业机器人在执行不同的作业任务时具有较好的通用性。比如，更换工业机器人手部末端操作器(手爪、工具等)便可执行不同的作业任务。

(4)工业机器人技术涉及的学科相当广泛，归纳起来是机械学和微电子学的结合——机电一体化技术。第三代智能机器人不仅具有获取外部环境信息的各种传感器，而且还具有记忆能力、语言理解能力、图像识别能力、推理判断能力等人工智能，这些都是微电子技术等的应用。因此，机器人技术的发展必将带动其他技术的发展，机器人技术的发展和应用水平也可以验证一个国家科学技术、工业技术的发展水平。

图 1-40 所示为 ABB YuMi 双臂机器人。

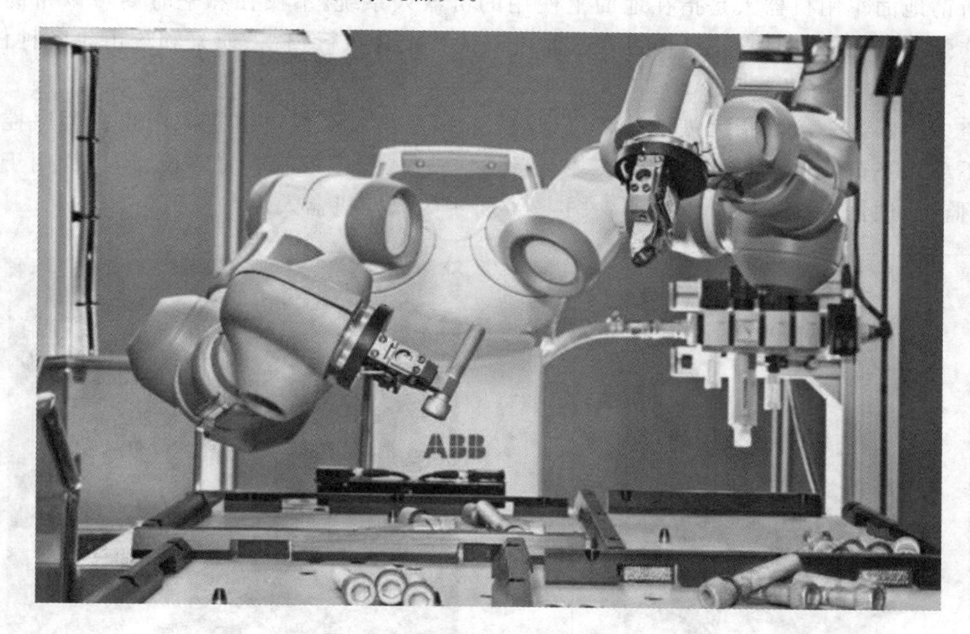

图 1-40　ABB YuMi 双臂机器人

2. 农业机器人

农业机器人是指可由不同程序软件控制，以适应各种作业，能感觉并适应作物种类或环境变化，有检测（如视觉等）和演算等人工智能的新一代无人自动操作机械。区别于工业机器人，农业机器人是一种新型多功能农业机械。农业机器人的广泛应用，改变了传统的农业劳动方式，降低了农民的劳动强度，促进了现代农业的发展。图 1-41 所示为采摘机器人。

图 1-41　采摘机器人

3. 军用机器人

军用机器人是指用于军事领域的具有某种仿人功能的自动机。从物资运输到搜寻勘探以及实战进攻,军用机器人的使用范围广泛。军用机器人按应用的环境又分为地面军用机器人、空中军用机器人、水下军用机器人和空间军用机器人几类。

所谓地面军用机器人是指在地面上使用的机器人系统,不仅在和平时期可以帮助民警排除炸弹、完成要地安保任务,而且在战时可以代替士兵执行扫雷、侦察和攻击等各种任务。图 1-42 所示为扫雷机器人。

空中机器人一般是指无人驾驶飞机(见图 1-43),是以无线电遥控或由自身程序控制为主的不载人飞机,机上无驾驶舱,但安装有自动驾驶仪、程序控制装置等设备,广泛用于空中侦察、监视、通信、反潜、电子干扰等。图 1-44 所示为太空机器人。

图 1-42　扫雷机器人

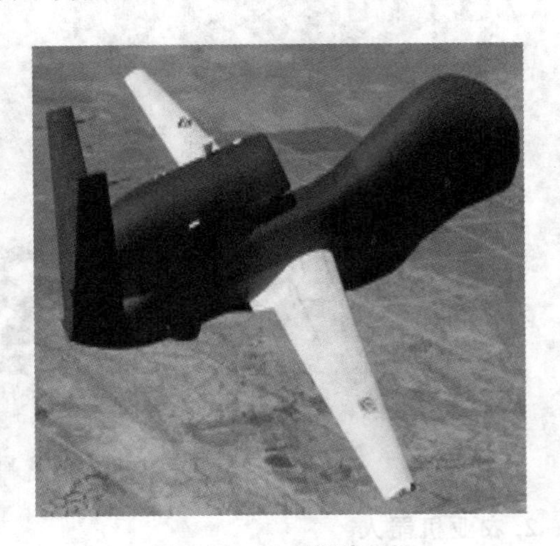

图 1-43　无人驾驶飞机

无人遥控潜水器,也称水下机器人(见图 1-45),能潜入水中代替人完成某些操作。

图 1-44　太空机器人

图 1-45　水下机器人

4. 服务机器人

服务机器人(见图 1-46)是指以自主或半自主方式运行,能为人类健康提供服务的机器人,或者能对设备运行进行维护的一类机器人。这里的服务工作指的不是为工业生产物品而从事的服务活动,而是为人和单位完成的服务工作。服务机器人广泛应用于医疗、娱乐、维护、保养、修理、运输、清洗、安保、救援、监护等领域。

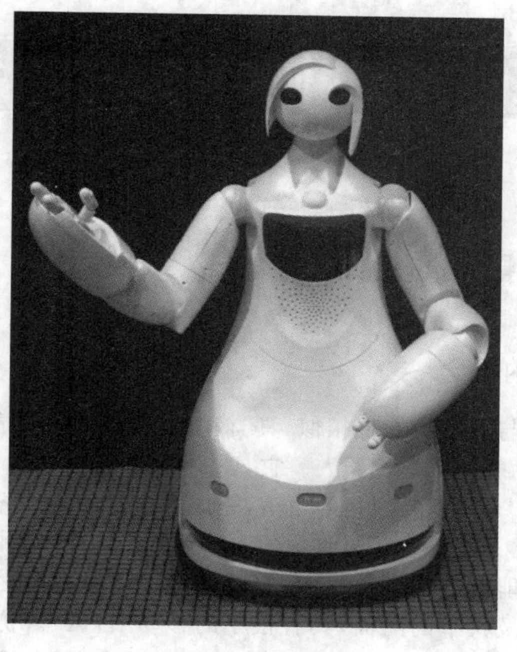

图 1-46 服务机器人

5. 智能机器人

智能机器人，是第三代机器人，它不仅具有感觉能力，而且还具有独立判断和行动的能力，并具有记忆、推理和决策的能力，因而能够完成更加复杂的动作。智能机器人的"智能"特征表现在它具有与外部世界——对象、环境和人相适应、相协调的工作机能。从控制方式看，它是以一种"认知-适应"的方式自律地进行操作的。

这类机器人带有多种传感器，使机器人可以知道其自身的状态（例如在什么位置，自身的系统是否有故障等），且可通过装在机器人身上或者工作环境中的传感器感知外部的状态。机器人能够根据得到的这些信息进行逻辑推理、判断、决策，在变化的内部状态与外部环境中，自主决定自身的行为。这类机器人具有高度的适应性和自治能力，这是人们努力使机器人达到的目标。

随着计算机技术和人工智能技术的飞速发展，机器人在功能和技术层次上得到了很大的提高。科学技术的发展推动了机器人概念的延伸。智能机器人，是指具有感觉、思考、决策和动作能力的系统，这是一个概括的、含义广泛的概念。这一概念不但指导了机器人技术的研究和应用，而且赋予了机器人技术向深广发展的巨大空间，水下机器人、空间机器人、空中机器人、地面机器人、微型机器人等各种用途的机器人相继问世。将机器人的技术（如传感技术、智能技术、控制技术等）扩散和渗透到各个领域，形成了各式各样的新机器——机器人化机器。当前机器人技术与信息技术的交互和融合产生了"软件机器人""网络机器人""智能机器人"等名称。

第2章 仿人机器人发展概况

2.1 仿人机器人的定义

2.1.1 仿人机器人的概念

仿人机器人是一种与人类的外观相似，具有移动功能、感知功能、操作功能、学习能力、联想记忆、情感交流等功能的服务机器人。它具有灵活的行走机构，可以随时走到需要它的地方，包括一些对普通人来说不易到达的角落，完成人指定的或预先设定的工作内容。与工业机器人相比，仿人机器人有许多优越性，主要体现在它具有广阔的活动空间和工作空间。仿人机器人的行走机构能够适应各种地面，有较强的障碍逾越能力，能够方便地上下台阶，能通过不平整和不规则及狭窄的路面，具有很小的移动“盲区”。仿人机器人可以适应人类的生活和工作环境，比如，在家务劳动、军事战斗、医疗手术、科学研究、教育娱乐、办公事务等领域代替人完成各种任务，并且可以在许多方面扩展人的能力。

仿人机器人集机械工程、材料科学、电子信息、自动控制等多门学科于一体，其技术含量高、研发难度大。仿人机器人也是少有的高阶、非线性、非完整约束的多自由度系统，是研究各种新理论和新方法的一个非常理想的实验平台。同时，它也可以有力地推进政治、社会、军事、商业等领域的变革和发展。因此，世界各发达国家都不惜投入巨资来研究和开发仿人机器人。日本和美国的许多科学家都在仿人机器人研发方面做了大量的工作，取得了突破性的进展，仿人机器人已经对人类社会产生了巨大的影响。

1. 仿人机器人的定义

模仿人的形态和行为而设计、制造的机器人就是仿人机器人。从机器人技术和人工智能的研究现状来看，要完全实现高智能、高灵活性的仿人机器人还有很长的路要走，而且人类对自身也没有彻底了解，这些都限制了仿人机器人的发展。

在当今机器人领域里，具有双足的仿人机器人也许是具有吸引力和挑战性的研究平台之一，这不仅是因为人类想要创造和自身类似的机器人（可以模拟人类思维、与人类交谈、进行各种仿人的运动），从而使机器人更容易被人类社会接受，而且由于现代社会的环境是人类设计的（例如各种楼梯、人行道、门把的位置以及使用工具的大小等诸多事物都设计成符合人类的使用习惯），因此，对仿人机器人的研究就可以省去如同研究其他机器人那样而专门设计必需的环境空间的环节。

仿人机器人要能够了解、适应环境，精确、灵活地进行作业，高性能传感器的开发必不可少。传感器是机器人获得智能的重要手段，如何组合传感器获取的信息，并有效地加以运用，是基于传感器控制的基础，也是实现机器人自治的先决条件。

2. 仿人机器人的关键技术

（1）仿人机器人的机构设计；

（2）仿人机器人的运动操作控制，包括实时行走控制、手部操作的最优姿态控制、自身碰撞监测、三维动态仿真、运动规划和轨迹跟踪；

(3)仿人机器人的整体动力学及运动学建模；

(4)仿人机器人控制系统体系结构的研究；

(5)仿人机器人的人机交互研究，包括视觉、语音及情感等方面的交互；

(6)动态行为分析和多传感器信息融合。

2.1.2 仿人机器人的研究重点

仿人机器人研究在很多方面已经取得了突破，如关键机械单元、基本行走能力、整体运动、动态视觉等，但是与理想要求相去甚远，还需要在仿人机器人的思维和学习能力、与环境的交互能力、躯体结构和四肢运动、体系结构等方面进行进一步的研究。

1. 思维和学习能力

现有仿人机器人系统的主要缺陷是对环境的适应性和学习能力不足。机器的智能来源于与外界环境的相互作用，同时也反映在对作业的独立完成度上。学习控制技术是仿人机器人在结构和非结构环境下实现智能化控制的一项重要技术。但是由于受到传感器噪声的影响及在线学习方式和训练时间的限制等，学习控制的实时性还不能令人满意。因此，仍需要研究和开发新的学习算法、学习方式，以不断完善学习控制理论和相应的评价理论。

2. 与环境的交互能力

仿人机器人与环境相互影响的能力依赖于其富于表现力的交流能力，如肢体语言(包括面部表情)、思维和意识的交互。机器人与人的交流仅限于固定的语句和简单的行为方式，主要原因如下。

(1)大多仿人机器人的信息输入传感器是单模型的。

(2)部分应用多模型传感器的系统没有采用对话的交流方式。

(3)对输入信息的采集仅限于固定的方式，比如图像信息，照相机往往没有多维视角，信息的深度和广度都难以保证，准确度下降。

3. 躯体结构和四肢运动

仿人机器人的结构决定了它能不能为人所接受，而且也是它像不像人的关键。仿人机器人必须拥有类似人类上肢的两条机械臂，并在臂的末端有两指或多指手部。这样不仅可以满足一般的机器人操作需求，而且可以实现双臂协调控制和手指控制以实现更为复杂的操作。仿人机器人要具有完成复杂任务所需要的感知能力，当完成过的任务重复出现时要像条件反射一样自然流畅地做出反应。

4. 体系结构

仿人机器人的体系结构是指仿人机器人信息处理和控制系统的总体结构。如果说机器人的自治能力是仿人机器人的设计目标，那么体系结构的设计就是实现这一目标的手段。仿人机器人的研究系统追求的是采用某种思想和技术，从而实现某种功能或达到某种水平。所以其体系结构各有不同。解决体系结构中的各种问题，并提出具有普遍指导意义的结构思想无疑具有重要的理论和实际价值。

与其他移动机器人(轮式、履带式、爬行式机器人等)相比，仿人机器人具有高度的适应性与灵活性，具体表现在：

(1)对环境要求低。仿人机器人与地面的接触点是离散的，可以选择合适的落脚点来适应崎岖的路面，仿人机器人既可以在平地上行走，也可以在复杂的非结构化环境中行走，如在凹凸不平的地面上行走、在狭窄的空间里移动、上下楼梯和斜坡、跨越障碍等。由于其外形和功能与人类的相似，仿人机器人适合在人类生活和工作的环境中与人类协同完成任务，不需要专门为其进行大规模的环境改造。

(2)动作灵活。除了完成普通多足机器人可以实现的变速前进与后退外，仿人机器人还可以完成不同角度和速度的转弯，并能够完成跑、跳、踢，甚至一些类似舞蹈与武术的高难度动作。

(3)能量消耗小。机器人力学计算表明，仿人机器人具有比轮式和履带式机器人更小的能耗。已有的仿人机器人步行研究显示，被动式机器人可以在没有主动能量输入的情况下，完全采用重力作为驱动力完成下坡等动作。另外，改进能源装置和机械结构也可以不同程度地减少能量的消耗，进一步提高能量的利用率。

2.2 仿人机器人发展概述

2.2.1 国外仿人机器人的发展现状

号称“机器人王国”的日本在仿人机器人研究领域走在了世界的前沿。日本早稻田大学的仿人机器人研究小组是世界上第一个研究仿人机器人的小组，从 1968 年就开始开展 WABOT 仿人机器人计划，1973 年开发了世界上第一台仿人机器人 WABOT-1(见图 2-1)。虽然当时这台机器人只能够简单地通过静态方式步行，但是它能够用日语和人进行简单的交流，并且可以通过视觉识别物体，还能用双手操作物体。之后，该研究小组一直在推出各种型号的 WABOT 仿人机器人。该研究小组推出的 WABIAN-RV 仿人机器人(见图 2-2)，能够提前分析视觉和听觉信息来模拟人类的感官系统，并根据传感器信息，调整整个身体的运动，还可以通过高兴、悲伤、生气等表情来和人类进行情感上的交流。

日本本田公司，于 1996 年成功研制出 P2 机器人，使仿人机器人的研究步入了新的时代。日本本田公司采用合金连杆和谐波减速器驱动，消除了传动背隙，并采用计算机辅助设计，使用有限元法进行三维立体分析。这种开发方式成为研制仿人机器人的一种范本。日本本田公司于 1997 年推出了 P3 机器人，又于 2000 年推出了 ASIMO 机器人。ASIMO 机器人集成了当时世界上的先进研究成果，在运动规划、语音识别等各个方面都有不俗的表现。如 ASIMO 机器人采用 I-WALK 技术，可以实时预测下一步的动作，从而提前改变自身重心来实现整体动作的连贯性。

图 2-1 WABOT-1 仿人机器人

图 2-2 WABIAN-RV 仿人机器人

2004 年之后，新的技术应用在 ASIMO 机器人身上，使其能够像人一样平稳地跑步，而且可以非常自然地做各种复杂的动作，例如下楼梯、端水、与人握手等，如图 2-3 所示。

(a)下楼梯

(b)端水

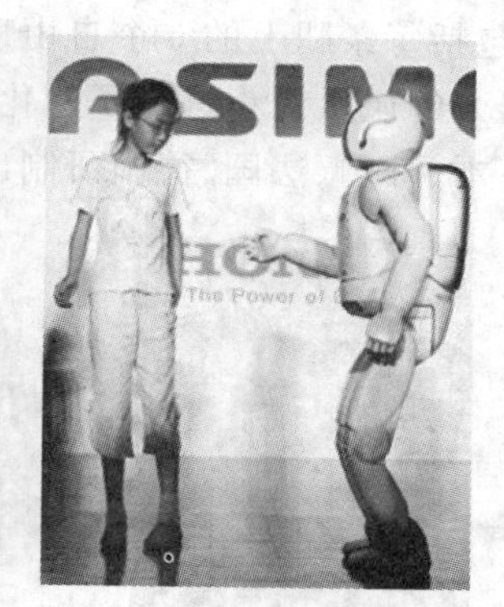

(c)与人握手

图 2-3　机器人完成的动作

日本经济产业省于 1998 年启动与人协调共处的机器人系统研究项目(HRP)，并研制出了一系列的仿人机器人。其中比较著名的是 HRP-2 仿人机器人[见图 2-4(a)]，它具有 30 个关节，每个关节都是独立控制的，因此它可以完成倒地并且起立的动作等。2009 年日本推出的 HRP-4C 仿人机器人[见图 2-4(b)]在语音和视觉上获得了重大突破，采用了人造肌肉与皮肤。

(a)HRP-2仿人机器人

(b)HRP-4C仿人机器人

图 2-4　仿人机器人

东京大学也开展了仿人机器人研究活动，其研制成功的 H7 仿人机器人可以实时生成动态步态，在屋外行走。此外，日本研制的典型仿人机器人还有富士通公司的 HOAP 系列机器人和丰田公司的乐队机器人等。

除了日本之外，世界其他国家也在仿人机器人方面进行了大量的研究。

韩国在仿人机器人研究方面加大投入，近几年大有赶超日本的趋势。2005 年，韩国的 KAIST 成功研发出具有 41 个自由度的 HUBO 仿人机器人。该机器人除了具有基本的行走能力之外，还具有和人类交谈的语音功能。法国于 2000 年推出了 BIP2000 仿人机器人，该机器人腿部有 15 个自由度，可以实现平地行走、上下斜坡、上下楼梯等动作。BIP2000 仿人机器人采用全局规划层、步态规划层、控制实现层分层控制结构的策略，其目的是建立一个能适应各种外界环境的仿人机器人系统。德国的慕尼黑科技大学设计了 Johnnie 仿人机器人，包括每条腿上的 6 个自由度在内，该款机器人共有 17 个自由度。由于采用有限元法对机器人的质量大小进行了优化，该款机器人能够较快地行走。

日本、韩国、法国、德国研制出的仿人机器人代表作品如图 2-5 所示。

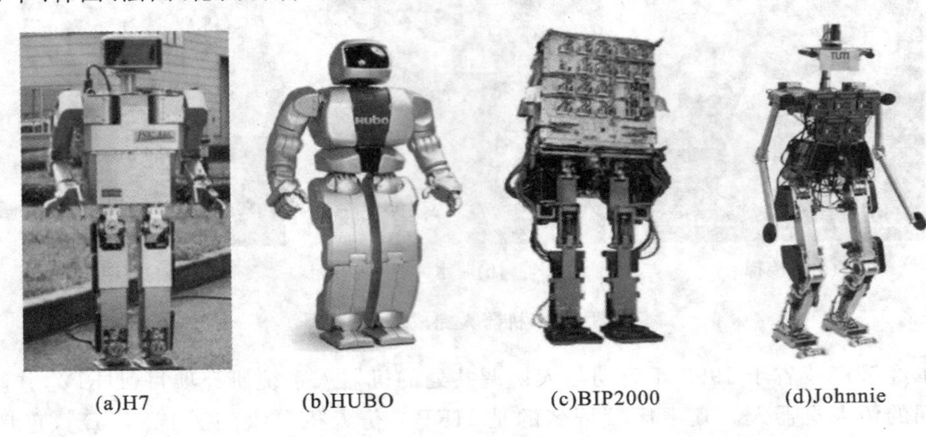

(a)H7　(b)HUBO　(c)BIP2000　(d)Johnnie

图 2-5　日本、韩国、法国、德国研制出的仿人机器人代表作品

美国麻省理工学院的 Pratt(普拉特)教授在 Spring Flamingo 和 Spring Turkey 仿人机器人的控制中提出了虚拟模型控制策略(VMC)，通过将弹簧振子、阻尼器等元件固连在机器人系统中产生虚拟驱动力和力矩，有效地避免了机器人烦琐的逆运动学解算，并能有效地利用机械势能使腿被动地完成摆动过程。

美国康奈尔大学的 Andy(安迪)和 Steve(史提夫)、荷兰代尔夫特理工大学的 Martijn(马丁)和美国麻省理工学院的 Russ(拉斯)分别开发了基于被动动力学的双足机器人(见图 2-6)。它们的部分关节由电机驱动，能实现平面步行。这三台双足机器人的共同特点是采用了简单的控制策略和巧妙的机械设计。

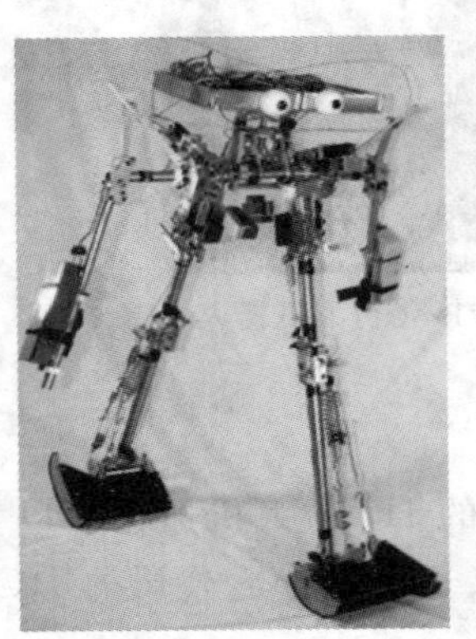

(a)康奈尔大学Andy和Steve开发的机器人

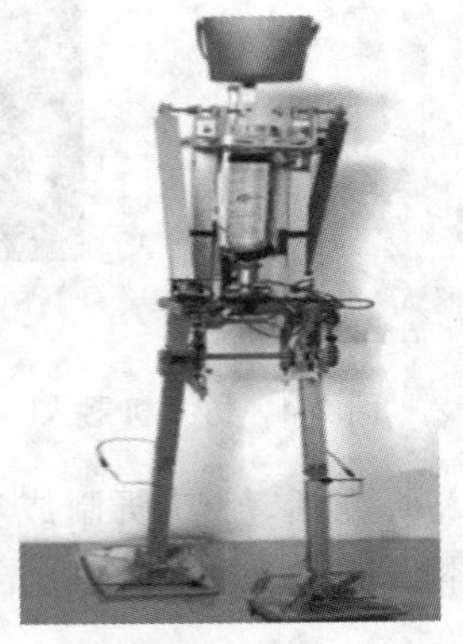

(b)代尔夫特理工大学Martijn开发的机器人

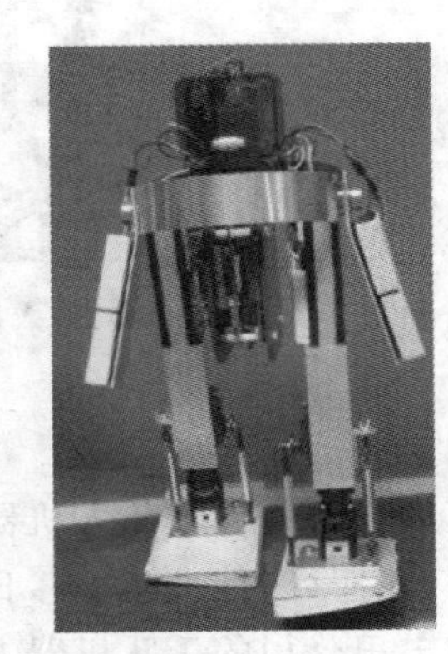

(c)麻省理工学院Russ开发的机器人

图 2-6　双足机器人

2013 年美国波士顿动力公司研制出一种像真人一样四处活动的机器人 Petman(见图 2-7)，它的职能是为美军试验防护服装的防护性能。

图 2-7 机器人 Petman

2016 年机器人四大家族之一的 ABB 开发出了机器人 YuMi(见图 2-8),该款机器人已经无限接近于流水线上工作的人。

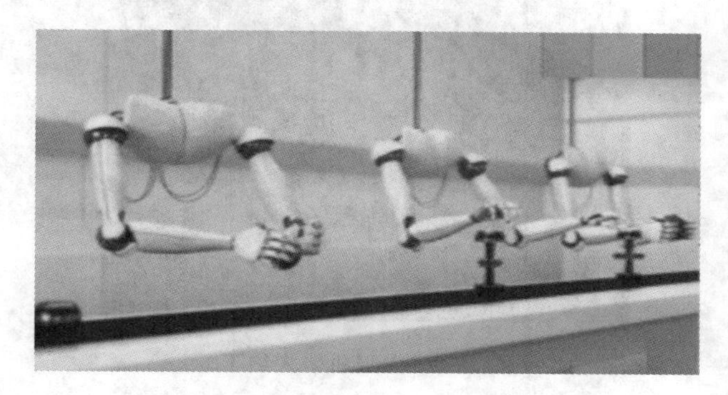

图 2-8 机器人 YuMi

日本大阪大学和东京大学团队开发的仿生机器人 Alter(见图 2-9)在日本科学未来馆展出。这台仿生机器人长了一张"人脸",并且它借助搭载的神经网络系统,可以冷不丁地动一下。Alter 全身搭载了 42 个气压传动装置,大脑则是一台中枢模式发生器。CPG 中的神经网络可以复制神经元,以便机器人能形成自己特有的动作模式。当然,影响其动作的还有传感器探知的距离、温度、噪声和湿度等因素。简单来说,传感器就是 Alter 的皮肤。它虽然动起来跟人的差别还较大,但却能让人觉得这家伙是活生生的。

图 2-9 仿生机器人 Alter

新加坡南洋理工大学 Nadia Thalmann(纳迪娅·塔尔曼)以自己的样貌作为蓝本,制作了一台人形机器人,并将其取名为 Nadine(纳丁),如图 2-10 所示。纳丁拥有人的外形、皮肤和头发,其运行机制类似苹果 Siri 或微软小娜。

图 2-10 人形机器人纳丁

2016 年 5 月斯坦福大学机器人团队成功开发出了一款人形机器人 OceanOne(见图 2-11),它可以代替人类去完成危险的水下探险工作,由操作人员在水面上进行遥控。

图 2-11 人形机器人 OceanOne

2.2.2 国内仿人机器人的发展现状

我国研究仿人机器人起步较晚,但是经过多年的努力,已经有了很大的发展。图 2-12

所示为近几年来国内研制的部分仿人机器人，其中汇童第4代、第5代仿人机器人可以做出上百种面部表情，并有打乒乓球的功能。

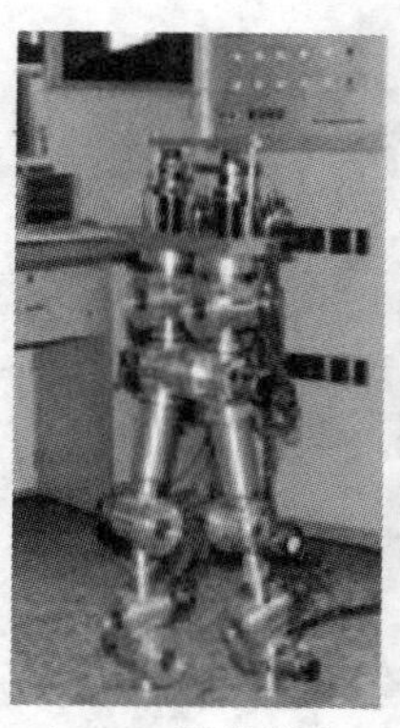

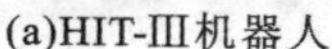

(a)HIT-Ⅲ机器人

(b)先行者机器人

(c)BHR-2机器人

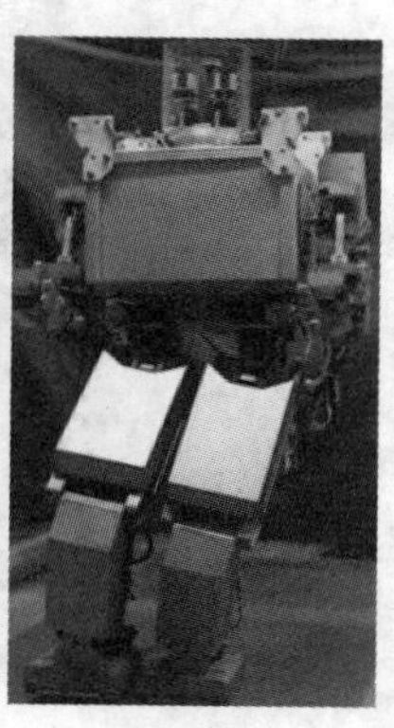

(d)THBIP-Ⅰ机器人

(e)汇童第4代仿人机器人

(f)汇童第5代仿人机器人

图 2-12　国内研制的部分仿人机器人

清华大学于2002年4月研制出的仿人机器人THBIP-Ⅰ具有32个自由度，采用独特的传动结构，成功实现了无缆连续稳定的平地行走、连续上下楼梯行走。2005年3月，清华大学在第一代仿人机器人的基础上研制出第二代仿人机器人THBIP-Ⅱ，该款机器人有24个自由度，其下肢关节采用直流有刷电机驱动，由同步带及谐波减速器构成传动系统，采用集中式控制方式。2006年9月，清华大学又研制出平面欠驱动双足机器人THBIP-Ⅲ。

2015年4月，如图2-13所示，由上海申磬产业有限公司与大阪大学合作研发的女机器人(其外形与其研究员宋扬的一模一样)在北京举行的GMIC全球移动互联网大会上亮相。

总体来说，国内的仿人机器人研究虽然还处于起步阶段，但是经过各大高校和科研单位的不断努力，已经取得了可喜的成绩，相信在未来一定会取得更好的成绩。

2.2.3　仿人型竞技娱乐机器人的研究现状

当大型仿人机器人的研究正受到全世界的普遍关注时，小型仿人机器人的研制也拉开了序幕。小型仿人机器人的研究多以竞技娱乐为研究目的，通过竞技娱乐平台来体现技术的应用价值，同时对新的技术提出要求。这方面研究的代表作首推索尼公司在2000年研制出的SDR-3X。该款机器人可以以15 m/min的速度前进，可以从倒地姿态起立，也可以单腿站立、按照音乐节拍跳舞及做其他复杂动作。2003年，索尼公司又推出了仿人机器人QRIO(见图2-14)。其跑步时的滞空时间为6 s，双脚跳跃时的滞空时间为10 s。

图 2-13　女机器人

图 2-14　仿人机器人 QRIO

2013 年英国 Engineered Arts 商业机器人工厂研制出能够与人类互动的机器人 RoboThespian(见图 2-15)。机器人 RoboThespian 主要以服务机器人的身份出现在公众场合,例如博物馆。

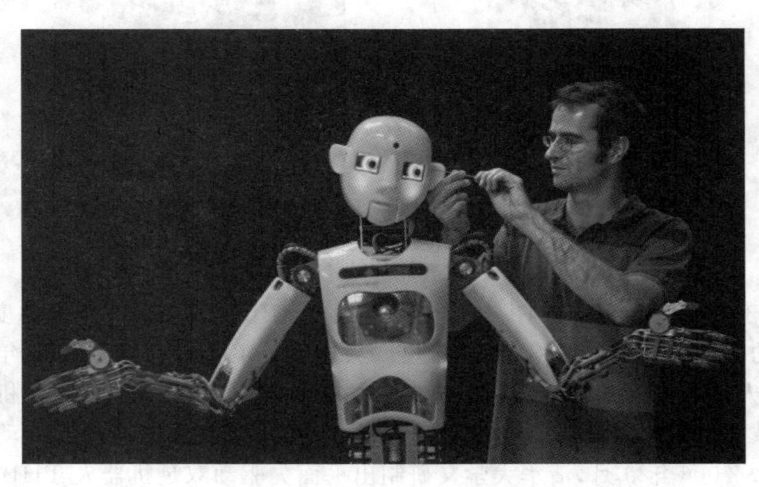

图 2-15　机器人 RoboThespian

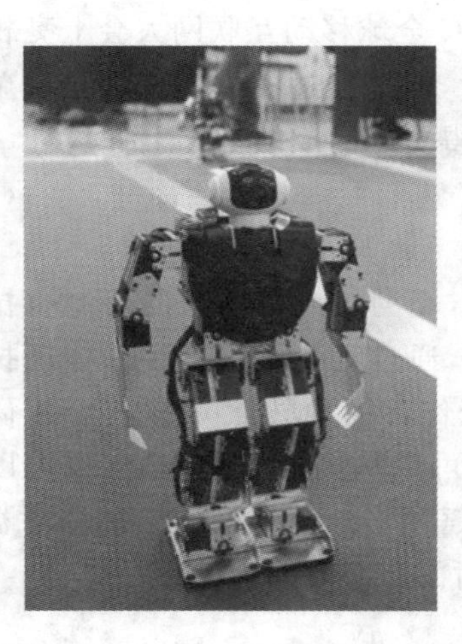

图 2-16　MF-AI 型仿人机器人

韩国的 Mini 公司最近几年一直致力于研究小型竞技仿人机器人,先后研制出 ROBONOVA、MF-1 和 MF-AI 型仿人机器人(见图 2-16)。其中 ROBONOVA 型仿人机器人在教学和竞技方面取得了较好的成效。另外,还有 JVC 公司于 2005 年 1 月推出的新型机器人 J4,ZMP 公司开发的 NUVO,以及日本 Kondo 公司推出的 DIY 人型机器人 KHR-1 等。这些机器人全身由可拆卸的直流电机组成,非常方便组装和更换。

法国机器人公司 Aldebaran Robotics 于 2005 年成功研制出一款娱乐型仿人机器人 NAO(见图 2-17)。该款机器人全身有 24 个自由度,还配备了 2 个扬声器、4 个麦克风、2 个基于 CMOS 的数字摄像头(以形成立体视觉)，并且具有声呐、加速度、倾斜、压力等多种传感器；可以使用无线或有线的方式通过WiFi网络进行网络连接；可以通过支持C++的Choregraphe(该软件还可以与Robotics Studio和Cyberbotics Webots相兼容，并且支持Linux、Windows等)进行程序编写。

图2-17 NAO

2015年2月日本软银集团向研发人员限量发售300台pepper(见图2-18)。该款机器人配备了语音识别技术、呈现优美姿态的关节技术，以及分析表情和声调的情绪识别技术，通过对人类面部表情、语音语调和语句中的特定字眼进行量化处理，通过量化评分最终做出对人类积极或者消极情绪的判断，并用表情、动作、语音与人类交流，甚至能够跳舞、开玩笑，能极大地满足消费者的社交体验。

智能机器人Romeo(见图2-19)有37个自由度，依靠视觉系统帮老人记住杯子或遥控器等落在哪里了，甚至帮老人拿过去；可以监护老人，老人生病时机器人会通知老人的家人；帮老人或残疾人下楼梯倒垃圾；帮老人站起来或者行走。

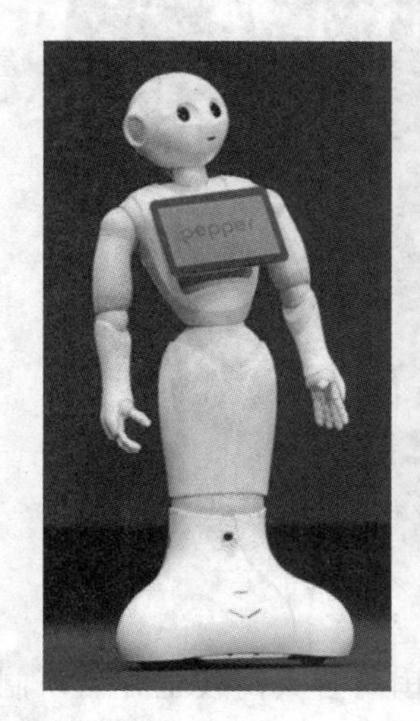

图2-18 pepper

图2-19 智能机器人Romeo

2015 年谢菲尔德机器人研究中心的 Prescott 开发出先进的类人机器人 iCub(见图 2-20)。这款类人机器人已经具有了自我意识,能够玩游戏、表现六种情绪,并对触摸和语音指令做出回应。iCub 如婴儿一样大小,有一对天真的大眼睛,还有可以张合的眼睑。

图 2-20 iCub

谷歌旗下的机器人公司 Boston Dynamics 推出的新版本 Atlas(见图 2-21)比前一版本 Atlas 更小、更轻。Atlas 是一款拥有高度机动能力的类人机器人,它可以靠两足行走,上肢举起和搬运重物,当遇到较为复杂的地形时,可以手脚并用,应对挑战。此外,它还能穿过狭窄的空间。

图 2-21 新版本 Atlas

在这几年 RoboCup 和 FIRA 两大机器人足球比赛的带动下,国内各大高校也开始研制小型仿人型竞技机器人。清华大学精密仪器与机械学系机器人实验室于 2007 年成功研制出全自主仿人足球机器人 MOS2007(见图 2-22),它采用 PDA 作为视觉处理和决策系统。

2009 年，清华大学自动化学院的机器人智能与控制实验室成功研制出一款基于被动动态行走的 Stepper-3D 仿人机器人（见图 2-23）。浙江中控公司研制的仿人机器人（见图 2-24）具有 20 个自由度，采用 PC104＋mega128 构架，机器人利用一种快速图像识别与定位算法，可以快速又准确地在球场上进行图像识别与定位处理。上海交通大学研制的 SJTU 仿人机器人（见图 2-25）采用 PC104＋Atmel 的运动控制方式。国防科学技术大学研制的小型仿人机器人（见图 2-26）采用基于 CMUCam 的嵌入式视觉系统，可以转弯、倒地起立、踢球及做其他复杂动作。哈尔滨工业大学多智能体机器人研究中心研制的 Mini-HIT（见图 2-27）具有 24 个自由度，可以进行短跑、长跑、投篮、拳击等多种复杂运动。以上各种竞技娱乐型仿人机器人参加过国内外各种机器人大赛，并且都取得了非常优异的成绩。

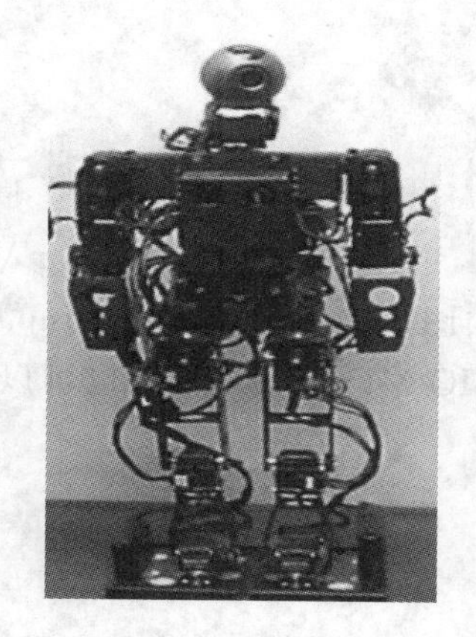

图 2-22　MOS2007

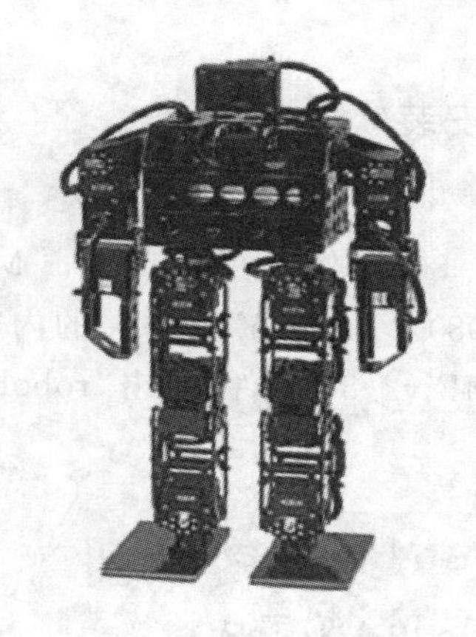

图 2-23　Stepper-3D 仿人机器人

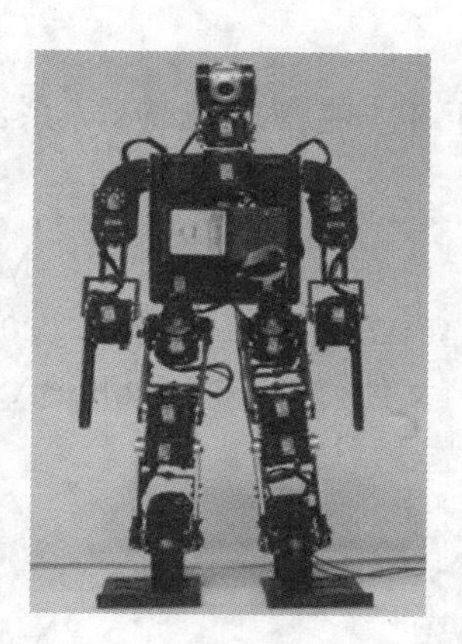

图 2-24　浙江中控公司研制的仿人机器人

图 2-25　SJTU 仿人机器人

图 2-26　国防科学技术大学研制的小型仿人机器人

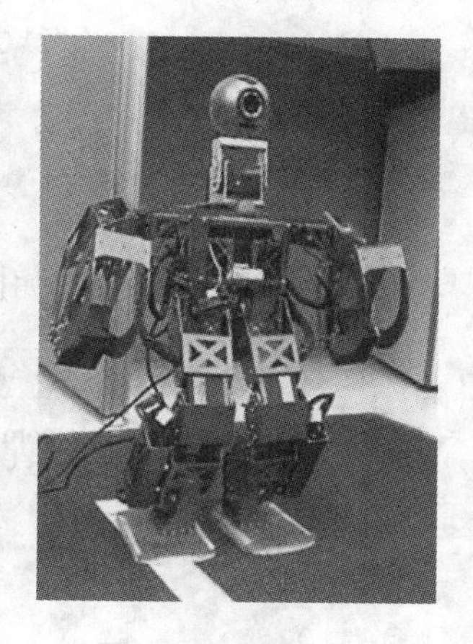

图 2-27　Mini-HIT

随着科技的不断进步和人们对生活质量要求的不断提高，相信在不久的将来，各种类型的仿人机器人将会出现在人类社会的各个角落，与人们和谐相处，为人们提供各种服务。

第3章 roboBASIC 软件介绍

roboBASIC 是由韩国 MINIROBOT 公司于 2006 年研发并且注册，用于控制机器人动作的专用语言。

3.1 软件安装及操作界面

3.1.1 在 Windows 7 系统下安装软件

安装步骤如下：

(1)安装 roboBASIC MF v2.80 软件。在光盘中，“Metal Fighter 光盘\English\roboBASIC MF v2.80E (20090708) _English”文件夹的内容如图 3-1 所示，双击“setup.exe”文件，开始安装 roboBASIC MF v2.80 软件(单击“roboBASIC MF v2.80.msi”也可以安装)。

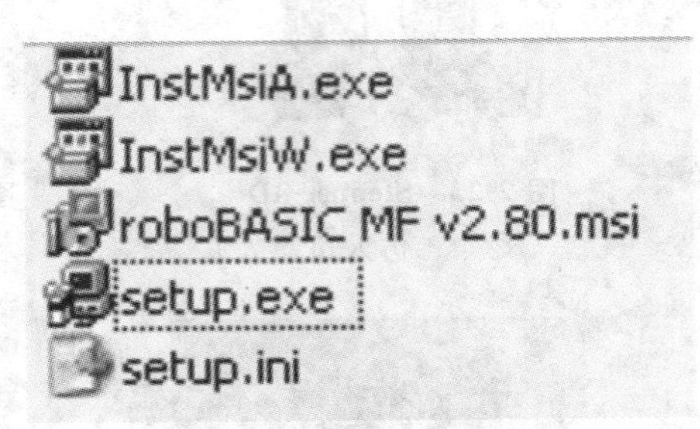

图 3-1 文件夹的内容

(2)单击“Next”按钮，如图 3-2 所示。

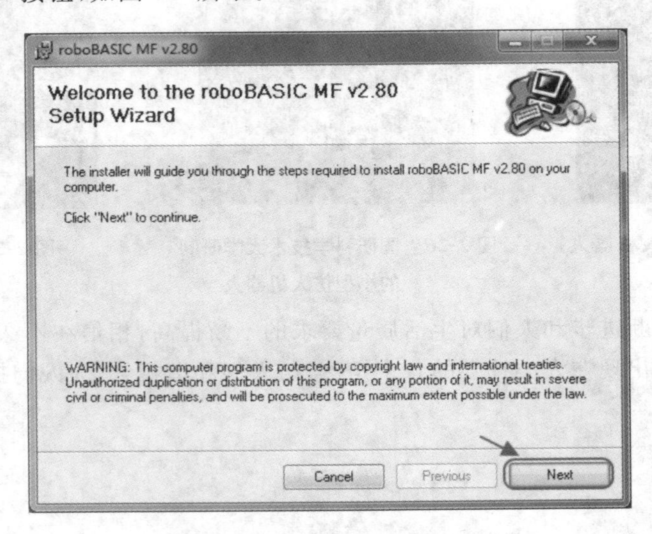

图 3-2 Windows 7 系统下的安装步骤 1

(3)选择安装路径(一般建议安装在 C 盘),单击“Next”按钮,如图 3-3 所示。

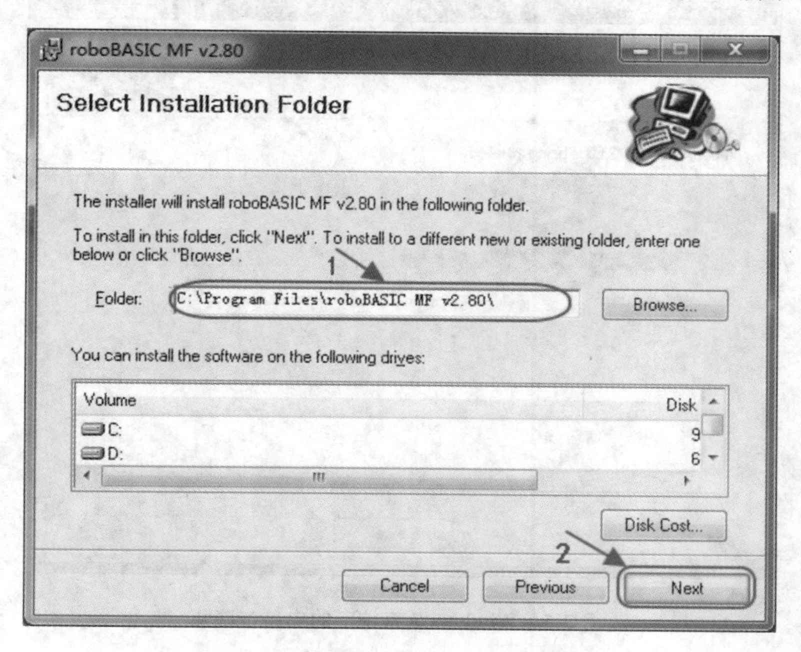

图 3-3　Windows 7 系统下的安装步骤 2

(4)出现图 3-4 所示的对话框,再单击“Next”按钮。

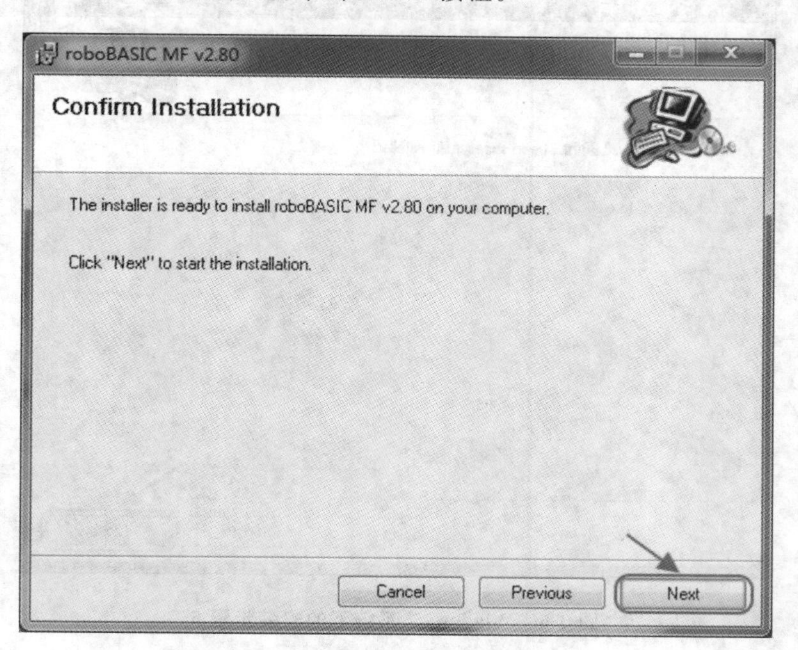

图 3-4　Windows 7 系统下的安装步骤 3

(5)程序开始安装,如图 3-5 所示。

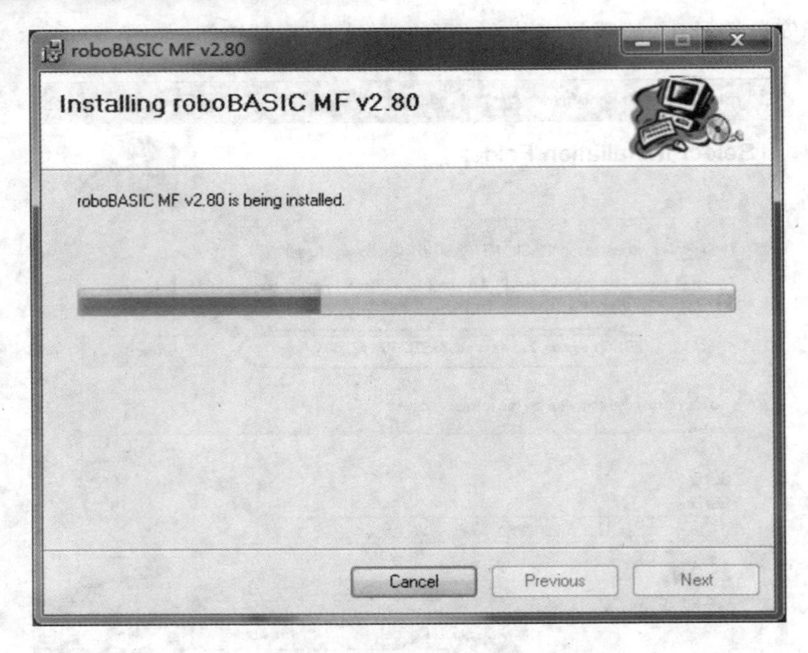

图 3-5 Windows 7 系统下的安装步骤 4

(6)出现图 3-6 所示的对话框，表示安装成功，单击“Close”按钮，即可退出安装界面。

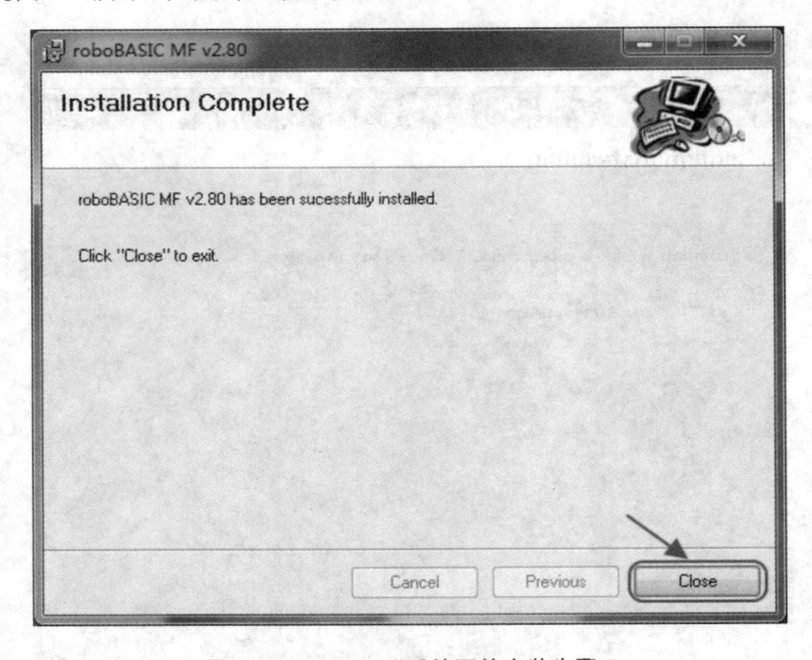

图 3-6 Windows 7 系统下的安装步骤 5

图 3-7 桌面快捷方式图标

(7)此时会发现在桌面上已经出现了图 3-7 所示的图标，双击该图标即可进入 roboBASIC 软件界面，进行 *. bas 文件的编译。

(8)安装补丁。在 Windows Vista 和 Windows 7 系统下，有的时候会遇到这样的情况：按照前述操作步骤正确安装了

roboBASIC 软件，打开后却不能正常使用，比如说按键显示为灰色，不能打开 *. bas 文件等情况，一般是由注册表设置不正确造成的，但不同的计算机出现的情况也有可能不同，这时就需要安装补丁。

在光盘中，“Metal Fighter 光盘\English\robobasic_ Vista_Windows7_init”文件夹的内容如图 3-8 所示。

robobasic_32bit_OS_init(windows vista,7).bat
robobasic_64bit_OS_init(windows vista,7).bat
로보베이직 설치문제해결.txt

图 3-8 安装光盘文件夹的内容

Windows OS 有 32bit 和 64bit 的区分。当用户计算机是 32bit OS 系统时，选择“robobasic_32bit_OS _init(windows vista,7). bat”文件，进行安装。当用户计算机是 64bit OS 系统时，选择“robobasic_64bit_OS_ init (windows vista,7). bat”文件，进行安装。

注意：在 Windows 7 系统环境下，有时尽管正确安装了补丁，也不能保证 roboBASIC 可用。如何辨别安装成功与否呢？①可以看安装补丁的时候有没有报错。如果弹出一个对话框说某模块缺失，则说明在 Windows 7 系统中 roboBASIC 无法正常使用；②打开 roboBASIC 软件，执行“文件”→“新建”命令，发现软件没有任何反应，进行其他操作，roboBASIC 还是显示图 3-9 所示的界面，这种情况下 roboBASIC 也是不能正常使用的。

图 3-9 roboBASIC 不能正常使用

3.1.2 在 Windows 10 系统下安装软件

roboBASIC MF v2. 80 在 Windows 10 系统下的具体安装方法与在 Windows 7 系统下的安装方法差不多，它与 Windows 10 完全兼容，用户无须安装补丁。

安装步骤如下：

(1) 安装 roboBASIC MF v2. 80 软件。在光盘中，“Metal Fighter 光盘\English\roboBASIC MF v2. 80E(20090708) _English”文件夹的内容如图 3-10 所示。

名称	修改日期	类型	大小
InstMsiA	2000/5/17 23:00	应用程序	1,477 KB
InstMsiW	2000/5/17 23:00	应用程序	1,475 KB
roboBASIC MF v2.80	2009/12/20 20:39	Windows Install...	6,343 KB
setup	2000/6/13 23:00	应用程序	82 KB
setup	2009/12/20 20:39	配置设置	1 KB

图 3-10　文件夹的内容

双击"setup"文件，开始安装 roboBASIC MF v2. 80 软件（同样，单击"roboBASIC MF v2. 80"也可以安装）。

（2）在安装向导对话框中单击"Next"按钮。

（3）选择好安装路径，单击"Next"按钮。

（4）单击"Next"按钮。

（5）程序默认安装，如图 3-11 所示。

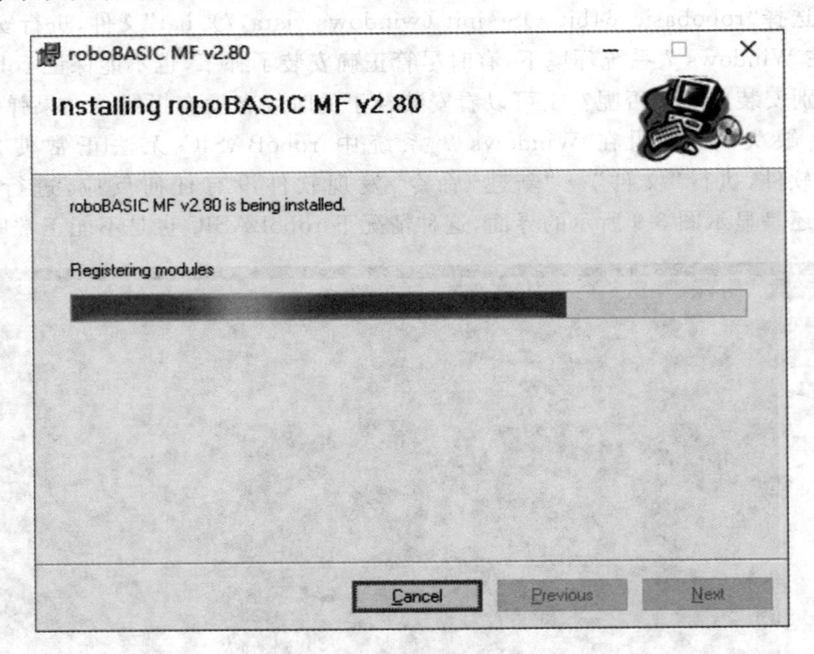

图 3-11　程序默认安装

cmcs21.ocx
comct332.ocx
comctl32.ocx
COMDLG32.OCX
MSCOMCTL.OCX
MSCOMM32.OCX
MSINET.OCX
robobasic_32bit_OS_init(windows vista,7)
robobasic_64bit_OS_init(windows vista,7)

图 3-12　替换文件

（6）程序安装成功后，单击"Close"按钮，即可退出安装界面。

（7）此时会发现在桌面上已经出现了软件的快捷方式图标，双击该图标即可进入 roboBASIC 软件界面，进行 *. bas文件编译。

（8）Windows 10 是 64 位的操作系统，这时候我们就要进行一些改写。打开安装文件，把文件复制到 C:\Windows\System32 中，如图 3-12 所示，替换其所有原文件。以管理员身份运行 DllRegister Server 文件。运行成功对话框如图 3-13 所示。

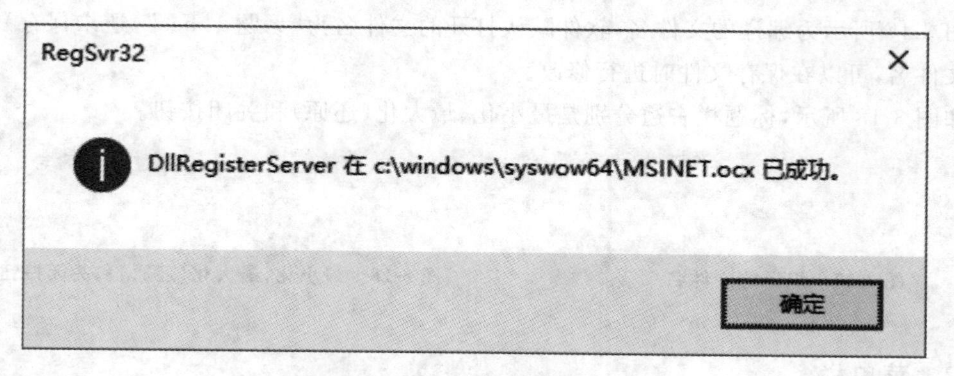

图 3-13　运行成功对话框

 3.2　roboBASIC V2.80 介绍

roboBASIC 软件的开发环境界面如图 3-14 所示。

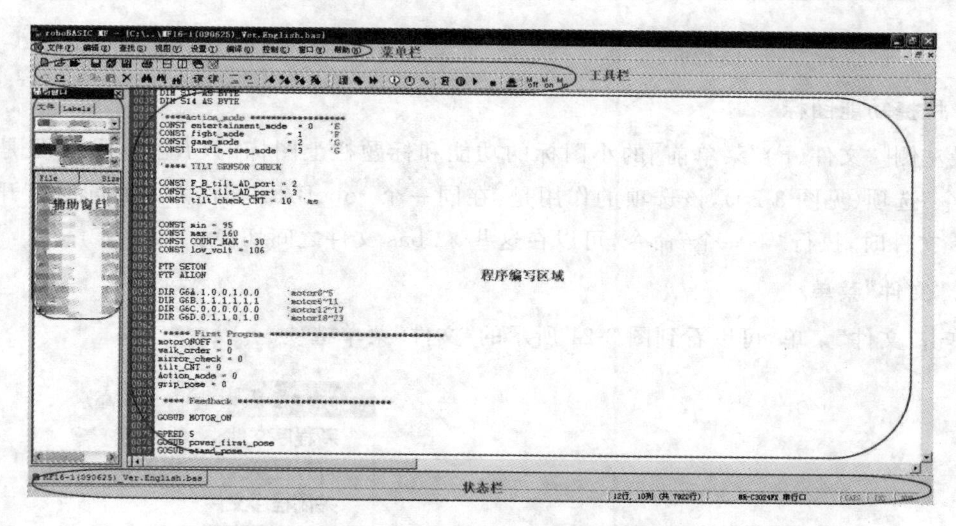

图 3-14　roboBASIC 软件的开发环境界面

3.2.1　标题栏

图 3-15 所示为 roboBASIC 软件的图标，单击它可以进行软件窗口的还原、移动、大小变换、最小化、最大化、关闭等快捷操作。

图 3-16 所示的“roboBASIC MF-”，表明这款软件就是针对 MF 机器人而设计的。

图 3-15　roboBASIC 软件的图标

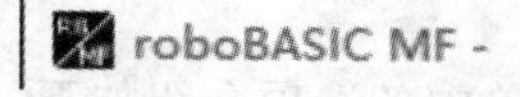

图 3-16　“roboBASIC MF-”

图 3-17 所示为编译的文件名，软件默认打开的文件名为“无题 1. bas”（还未保存），若要更改文件名，可以在保存文件时进行修改。

如图 3-18 所示，标题栏右边分别是最小化、最大化（还原）和关闭按钮。

图 3-17　编译的文件名

图 3-18　最小化、最大化（还原）和关闭按钮

3.2.2　菜单栏

菜单栏如图 3-19 所示。下面从左到右介绍菜单栏上图标、菜单及其选项的功能和用法。

图 3-19　菜单栏

1. 快捷功能图标

最左侧[“文件(F)”菜单前]的小图标的功能和标题栏上图标的功能差不多，只是多了“下一个”选项（见图 3-20），该选项的作用是：在同一个 roboBASIC 软件界面同时打开多个 ＊. bas 文件时，执行“下一个”命令，可以在这些 ＊. bas 文件之间切换。

2. “文件”菜单

单击“文件”菜单，可以看到图 3-21 所示的“文件”菜单选项。

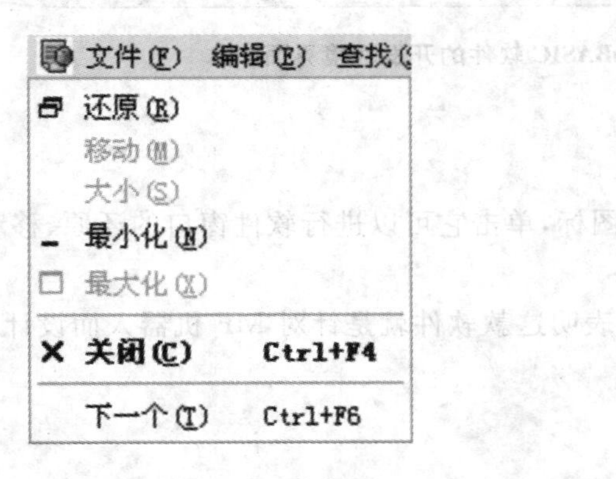

图 3-20　“下一个”选项

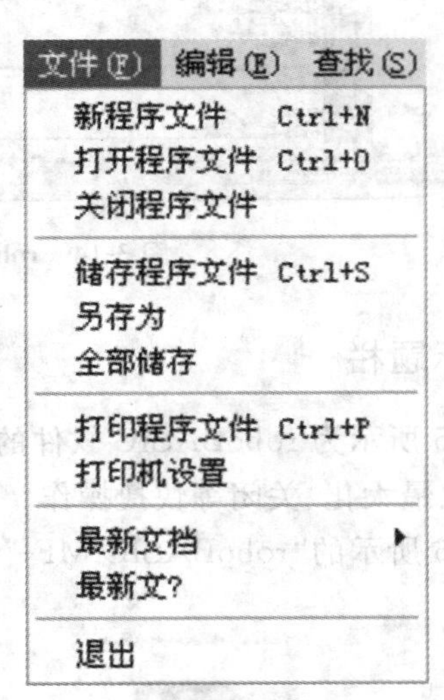

图 3-21　“文件”菜单选项

“文件”菜单中各选项介绍如下。

“新程序文件”：可以用来新建 ＊. bas 文件。

“打开程序文件”：用来打开已经建立的 ＊. bas 文件。

“关闭程序文件”:可以用来关闭当前窗口打开的 *. bas 文件,但不关闭 roboBASIC 软件。

“储存程序文件”:可以储存当前 *. bas 文件。

“另存为”:可以将已保存的文件保存到其他的路径下。

“全部储存”:可以一键保存当下打开的所有 *. bas 文件。

“打印程序文件”和“打印机设置”:需要打印的用户可以进行打印的相关设置,这里不做详细介绍。

“最新文档”:记录了用户最近使用过的 *. bas 文件,方便用户随时调用。

“最新文?”:勾选此项后,当打开 roboBASIC 软件时,软件会默认自动打开最近一次使用的文档(如果不想使用该功能,希望软件显示的是空白页面,则可以取消勾选此项)。

“退出”:退出当前软件。如果当前页面有 *. bas 文件未保存或者文件修改后未保存时,软件会提醒用户是否需要保存。

3.“编辑”菜单

单击“编辑”菜单,可以看到图 3-22 所示的“编辑”菜单选项。

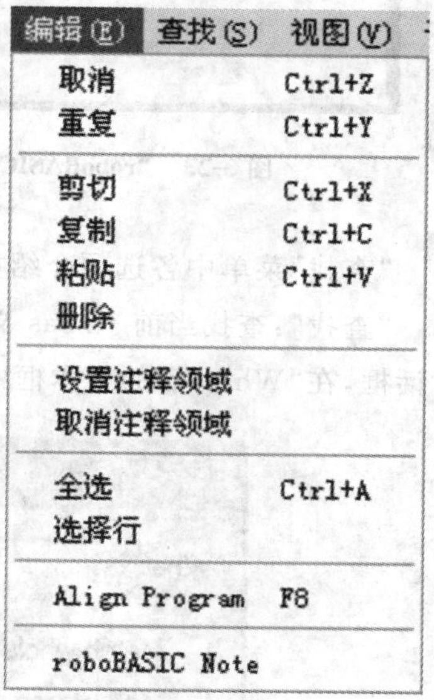

编辑(E) 查找(S) 视图(V)
取消 Ctrl+Z
重复 Ctrl+Y
剪切 Ctrl+X
复制 Ctrl+C
粘贴 Ctrl+V
删除
设置注释领域
取消注释领域
全选 Ctrl+A
选择行
Align Program F8
roboBASIC Note

图 3-22 “编辑”菜单选项

“编辑”菜单中各选项介绍如下。

“取消”:与常用软件中的“撤销”的功能一样,可以撤销当前操作,返回到前一步操作的状态。

“重复”:当选择“取消”的次数超过预期时,可以通过“重复”来恢复后一步操作时的状态。

“剪切”“复制”“粘贴”“删除”:与 Word 中相应选项的功能相同。

“设置注释领域”:当前选中的程序(或文字)不需要或者对程序有影响需要注释时,可以通过“设置注释领域”来注释程序或者文字,也可以用它来添加备注。注释以后,注释的程序或者文字前有“'”符号,而且注释的内容以粉红色显示,例如'roboBASIC,注释的内容不参与编译。

“取消注释领域”:和“设置注释领域”功能相反,用来取消注释,操作后“'”符号会消失,在实际操作过程中,可以直接通过键盘按键将注释内容前的“'”符号删除。

“全选”:这是对于程序编写区域里的代码而言的,利用该选项可以选中当前 *. bas 文件中的全部程序代码。

“选择行”:选中鼠标指针当前所在的一整行,被选中的那一行以黄色背景显示。

“Align Program”:使 roboBASIC 软件中当前 *. bas 文件的程序代码上下对齐。

“roboBASIC Note”:roboBASIC 便签,可以用来记录一些在编程过程中遇到的问题、心得和程序编写进展之类的信息。执行“roboBASIC Note”命令后,打开的窗口如图 3-23 所示。

4.“查找”菜单

单击“查找”菜单,可以看到图 3-24 所示的“查找”菜单选项。

roboBASIC Note

图 3-23 "roboBASIC Note"窗口

查找(S) 视图(V) 设置(T)

查找 Ctrl+F
查找下一个 F3
查找上一个 Ctrl+F3
替换 Ctrl+H
跳行至 Ctrl+G

图 3-24 "查找"菜单选项

"查找"菜单中各选项介绍如下。

"查找":查找当前 *. bas 文件中需要的程序代码,执行"查找"命令,出现图 3-25 所示的对话框,在"What"后的文本框中可以输入所需要查找的关键字。

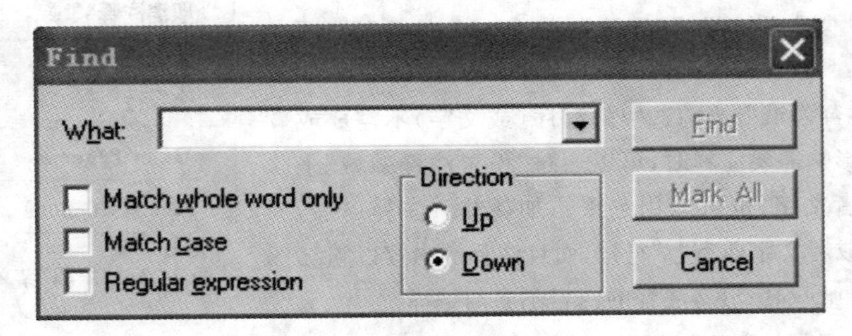

图 3-25 "Find"对话框

"查找下一个"/"查找上一个":执行"查找下一个"命令(或"查找上一个"命令)后,roboBASIC 会默认地寻找下一个(或上一个)先前输入的关键字。

"替换":用于替换程序中用户想要替换的程序代码,包含了"查找""查找下一个"的功能。执行"替换"命令,出现图 3-26(a)所示的对话框,在文本框"1"中可以输入关键字,然后单击"Find Next"按钮,可以完成查找或查找下一个操作。在文本框"2"中输入用户想要替换的新名称,比如说要把代码中的 main 替换为 int,就可以在文本框"1"中输入"main",在文本框"2"中输入"int",然后单击"Replace"按钮(单击一次该按钮,软件会进行一次替换),如图 3-26(b)所示。

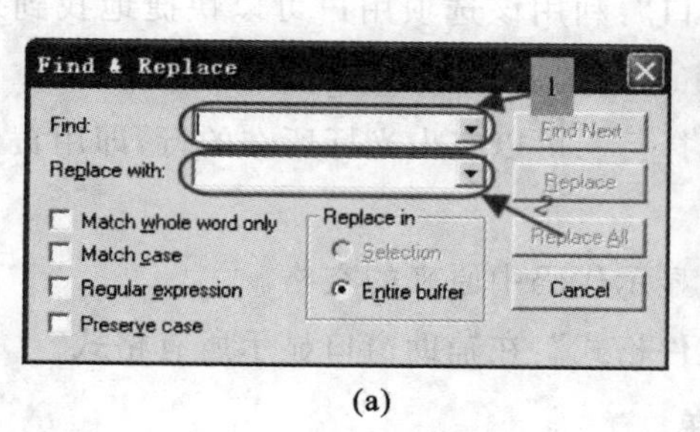

(a)

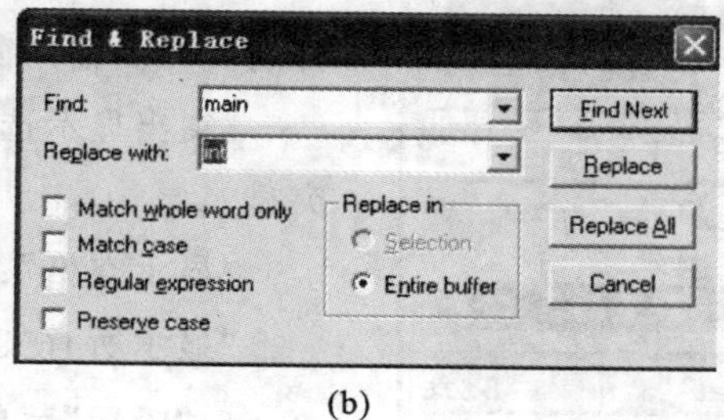

(b)

图 3-26 "Find & Replace"对话框

"跳行至":跳转至想要找的那一行,执行"跳行至"命令,弹出图 3-27 所示的对话框。在"Line"文本框中输入想要寻址的行数,然后单击"OK"按钮,软件自动跳转到那一行,并选中整行(背景呈现黄色)。

5."视图"菜单

单击"视图"菜单,会显示图 3-28 所示的"视图"菜单选项。

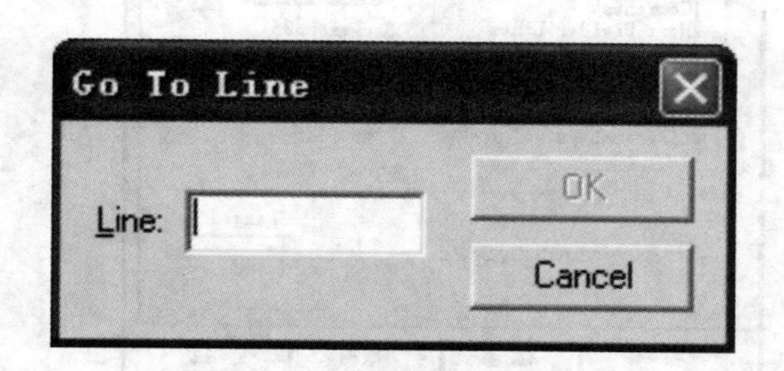

图 3-27 "Go To Line"对话框

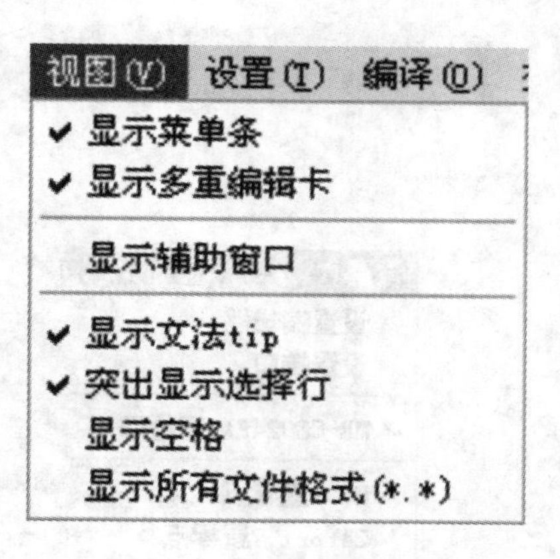

图 3-28 "视图"菜单选项

"视图"菜单中部分选项介绍如下。

"显示菜单条"和"显示多重编辑卡":两项均是软件默认选择的,若不勾选"显示菜单条"项,则不会显示菜单条(见图 3-29);若不勾选"显示多重编辑卡"项,则文件不会以多重编辑卡(见图 3-30)形式显示。

图 3-29 菜单条

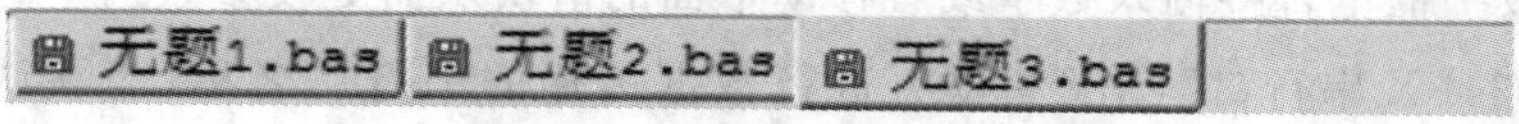

图 3-30 多重编辑卡

“显示辅助窗口”:利用该选项用户可以快捷地找到想要打开的文件。辅助窗口如图 3-31 所示。

图 3-31 辅助窗口

“突出显示选择行”:可以突出光标所在的行,即用黄色背景突显。

“显示空格”:显示代码中原来的空格。

“显示所有文件格式”:在辅助窗口显示所有格式。

6.“设置”菜单

单击“设置”菜单,会显示图 3-32 所示的“设置”菜单选项。

“设置”菜单中各选项介绍如下。

“设置编辑器”:执行“设置编辑器”命令,打开图 3-33 所示的对话框,在对话框中可以设置程序中的各项内容的字体、大小、颜色,这里不进行具体的介绍。

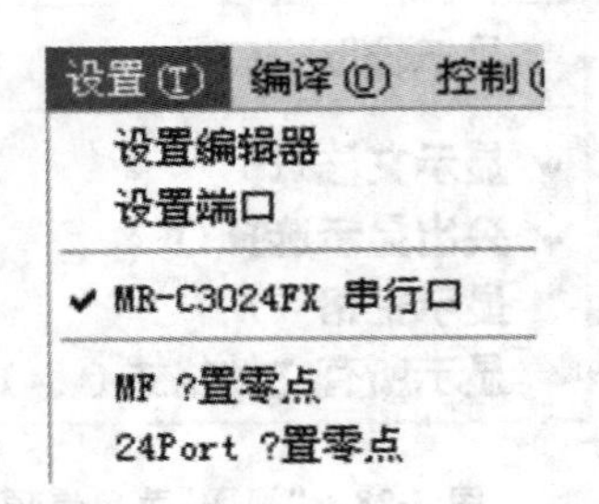

图 3-32 “设置”菜单选项

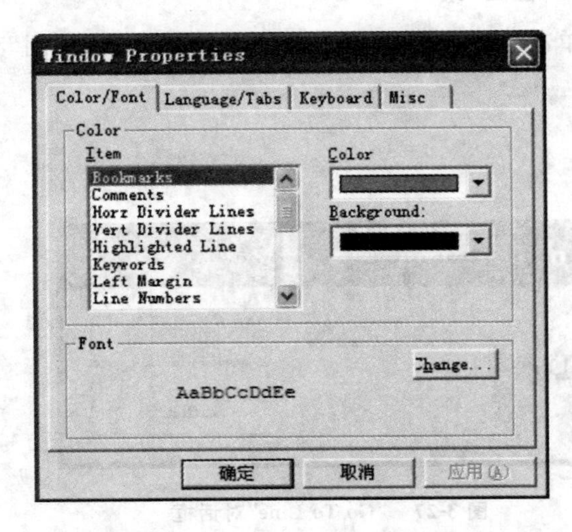

图 3-33 “Window Properties”对话框

“设置端口”:可以进行串行端口的设置,这里设置的端口是 COM7。端口必须与计算机分配给下载线的端口相同,才能进行通信。若要查看 USB 线的端口,可以右击“我的电脑”,再依次单击“管理”→“设备管理器”→“端口”,并可更改端口。

也可以在 roboBASIC 软件里,也就是“端口设置窗口”里进行设置,如图 3-34(a)所示。在 Windows 7 下的端口设置步骤和在 Windows XP 下的一样,需要遵循的原则就是要保证 USB 的端口与 roboBASIC 里的端口一致,否则无法使计算机与机器人进行连接。另外在“端口设置窗口”里可以设置“通讯超时”参数,如图 3-34(b)所示,用户可以根据实际需要更改该参数(在数字框里直接输入数字或者移动下面的滑块从而更改参数)。

“MR-C3024FX 串行口”:MF 机器人进行数据传输的串行口名称(为默认,无法自行更改),如图 3-35 所示。

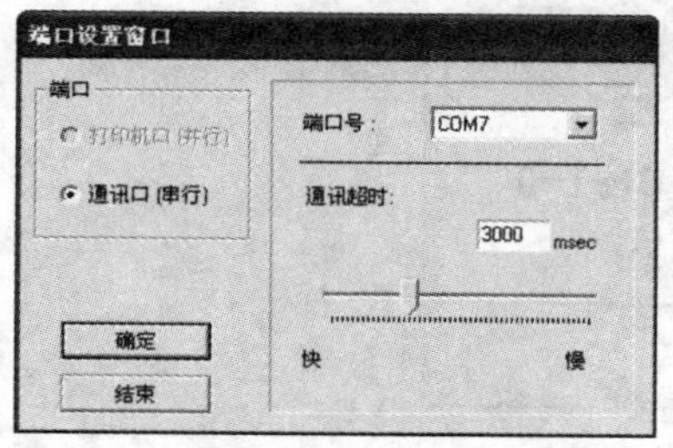

(a)端口设置窗口

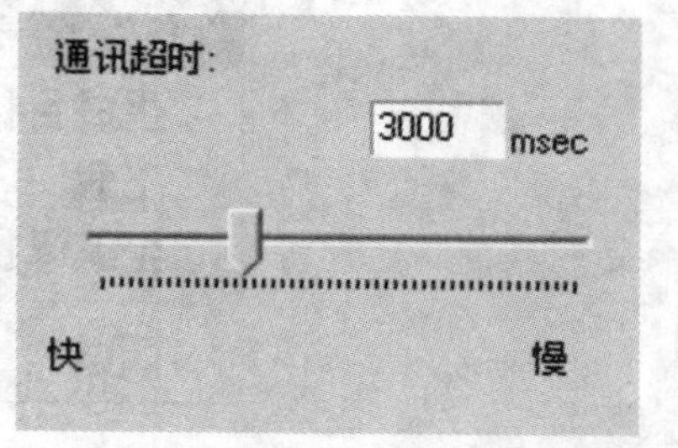

(b)"通讯超时"参数设置

图 3-34　端口设置

✔ MR-C3024FX 串行口

图 3-35　数据传输的串行口名称

"MF? 置零点"(中文版软件显示有误,应为"MF 设置零点"):针对 MF 机器人的零点调节。机器人出厂时,可能没有调节好机器人零点,需要用户自己进行调整,如图 3-36(a)所示,首先需要连接机器人,读取当前机器人的电机零点角度,然后根据实际需要进行调整。

"24Port? 置零点"(中文版软件显示有误,应为"24 个端口零点设置"):针对 MF 机器人芯片上 24 个端口的零点调整。如图 3-36(b)所示,MF 机器人出厂时默认设置了 16 个端口,对应着机器人的 16 台电机(左臂、右臂各 3 台电机,左脚、右脚各 5 台电机),而实际上 MF 机器人的芯片上提供了 24 个端口,还提供了可扩展端口,所以用户可以根据自己的实际需要进行适当的改装,比如在 MF 机器人的头部装上电机,可以使其进行左右扭动,使机器人更加具备人的特性。

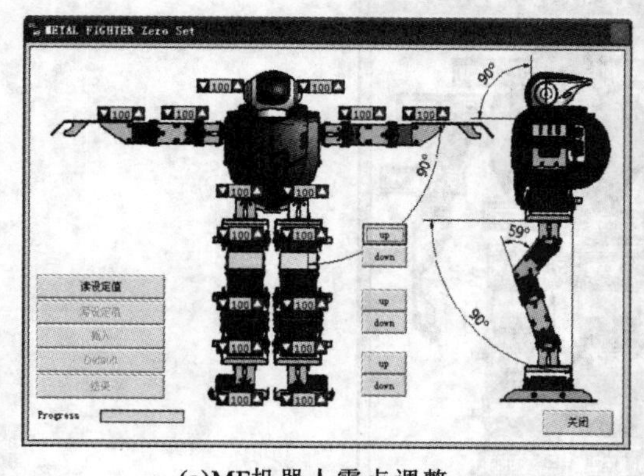

(a)MF机器人零点调整

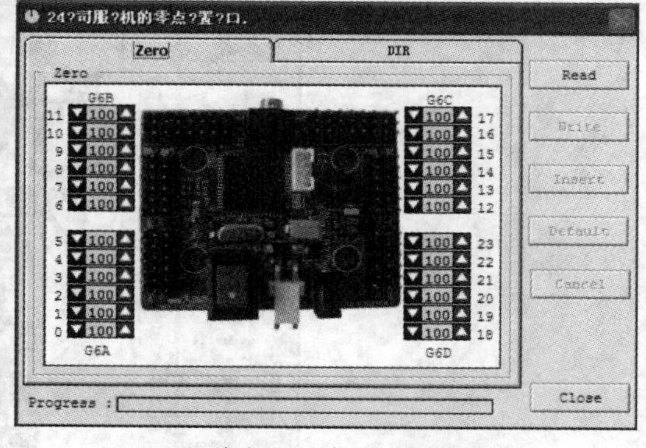

(b)24个伺服电机零点调整

图 3-36　零点调整

7."编译"菜单

单击"编译"菜单,会看到图 3-37 所示的"编译"菜单选项。

图 3-37 “编译”菜单选项

“编译”菜单中各选项介绍如下。

“生成目标代码”：单击此选项后，roboBASIC 会自动生成一个 *.obj 文件。

“下载”：把 *.obj 文件下载到机器人存储器内。执行“下载”命令，出现图 3-38(a)所示的对话框，单击“确定”按钮后，当看到图 3-38(b)所示的界面时，说明程序正在下载。

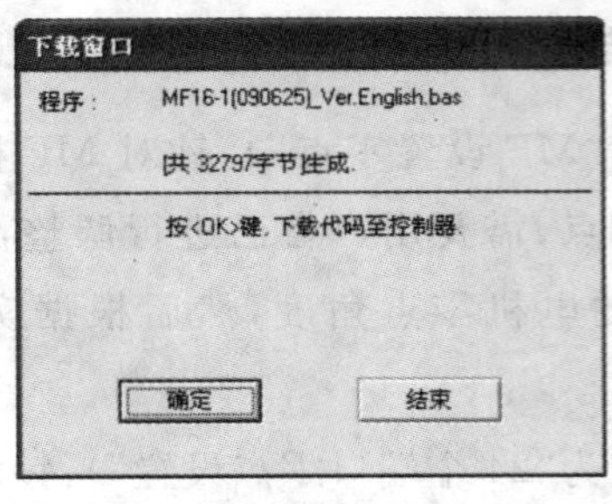
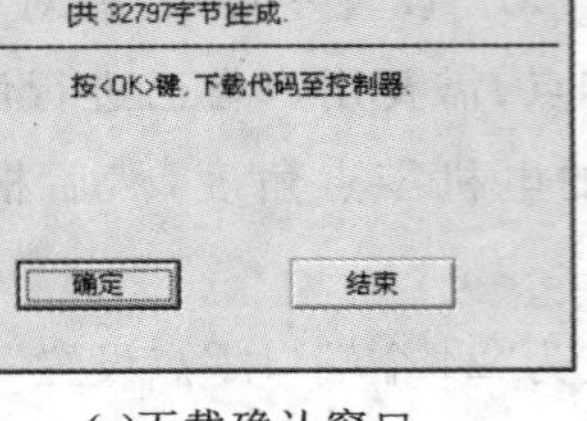

(a)下载确认窗口

(b)下载状态界面

图 3-38 下载窗口

“全编译执行”：一步生成 *.obj 文件和下载界面。

“调试”：显示 MF 机器人的 16 台电机当前状态下的角度参数，用户可根据需要，对各台电机进行角度调整，调试对话框如图 3-39 所示。

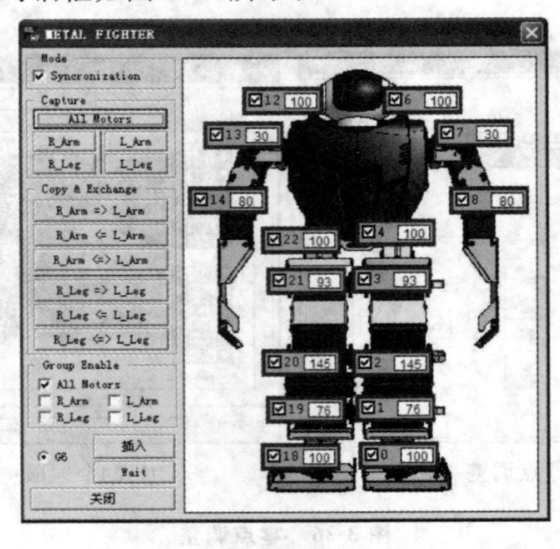

图 3-39 调试对话框

8.“控制”菜单

单击“控制”菜单，会看到图 3-40 所示的“控制”菜单选项。

“控制”菜单中部分选项介绍如下。

“控制器情报”：显示控制器的固件版本、控制器 ID 等一些硬件信息以及下载程序的名称、下载时间和文件大小，如图 3-41 所示。

控制(C) 窗口(W) 帮助(H)

控制器情报

伺服电机实时控制 F7
MF Motor Control Ctrl+F7
直接运行行代码 F5
直接?行行代? F6
Capture Line F4

清除存储器
控制器运行模式
控制器暂停模式
控制器重启模式

Motor All OFF F10
Motor All ON F11
Insert Motor Position F12

图 3-40 “控制”菜单选项

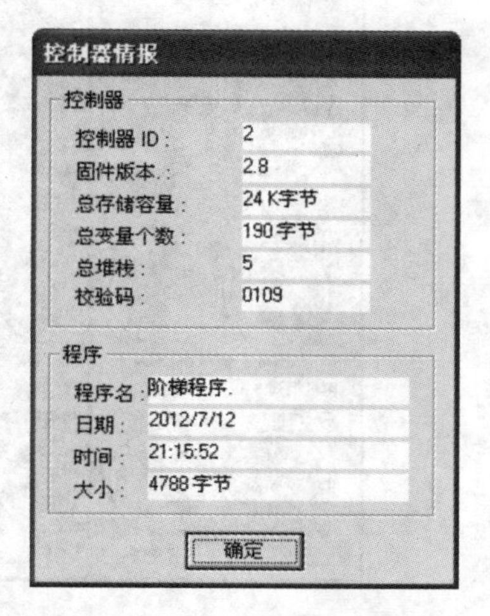

图 3-41 “控制器情报”对话框

“伺服电机实时控制”：更加详细地给出了每台电机的控制角度，而且可以通过控制界面对电机进行打开、关闭的操作。24 伺服电机的实时控制窗口如图 3-42 所示，单击“Capture All”按钮可以获得机器人当前状态下各台电机的角度参数值。“＜”按钮、“＞”按钮分别用来隐藏、显示电机组参数表盘，这里单击电机组 A 后的“＜”按钮，则电机组 A 的参数表盘就会被隐藏，如图 3-43 所示。勾选电机组后的“全选”项可以打开所有电机。单击“插入Move”按钮，可以将当前电机组的状态参数插入程序中。单击某一电机组后的“Capture Group”按钮可获得机器人的该电机组的当前参数。

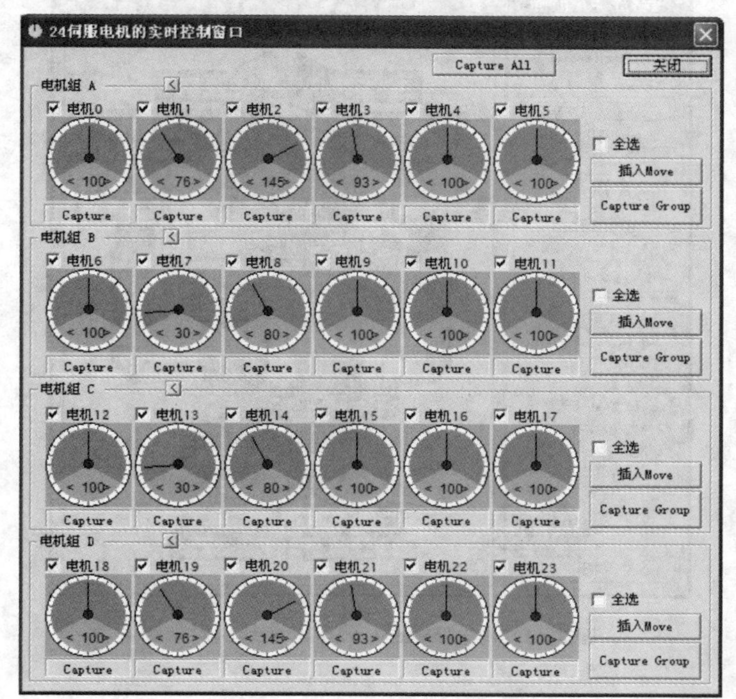

图 3-42 24 伺服电机的实时控制窗口

图 3-43　电机组 A 的参数表盘被隐藏

“MF Motor Control”:其功能与前面提到的“调试”功能一样。如图 3-44 所示,“Mode”栏中的“Syncronization”是同步的意思,勾选“Syncronization”项后,当调节一台电机参数时,相对应的另外一台电机参数也将做出相同的调整,例如调整 14 号电机(右手臂第三台电机)参数,把原来的 80 改为 82,相应的 8 号电机(左手臂第三台电机)参数也做出同样的调整,由原来的 80 变为了 82,如图 3-45 所示。当未勾选“Syncronization”项时,可以对单边进行单独操作,比如把 14 号电机参数改为 78,而左手臂 8 号电机参数仍为 82,如图 3-46 所示。

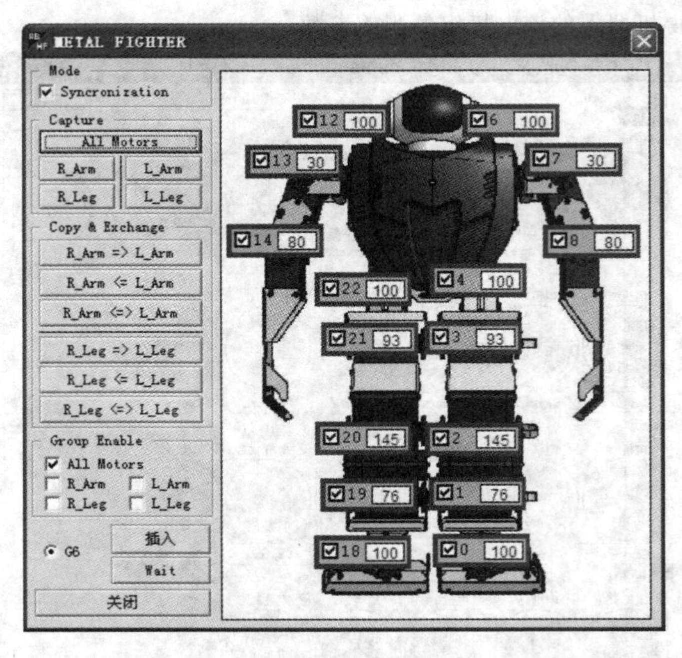

图 3-44　勾选“Syncronization”项后的对话框

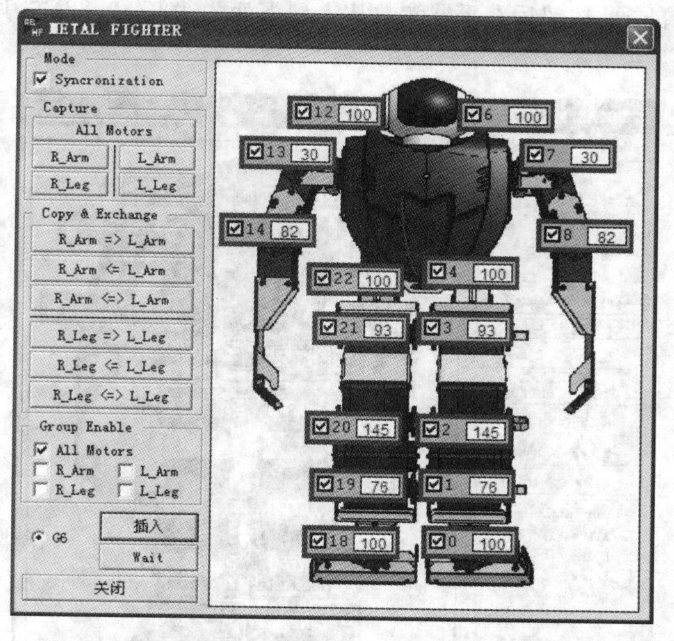

图 3-45 调整 14 号电机参数后,8 号电机参数也相应调整

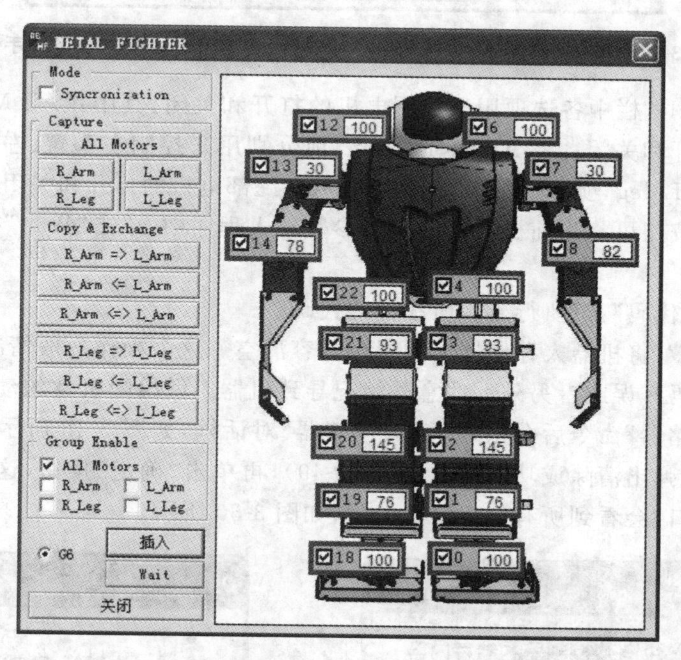

图 3-46 未勾选“Syncronization”项时调整 14 号电机参数,8 号电机参数不随之改变

单击“Capture”栏中的按钮可获得电机的当前状态参数。

单击“Copy & Exchange”栏中的按钮可对手臂、腿的角度参数进行复制或交换。以手臂为例,原先右手臂参数从上到下为 100、30、78,左手臂参数从上到下为 100、30、82(见图 3-46),单击“R_Arm=>L_Arm”按钮后,右手臂的参数复制给了左手臂,即左手臂的参数也变为 100、30、78,如图 3-47 所示;“R_Arm<=L_Arm”按钮的作用是将左手臂的参数复制给右手臂;“R_Arm<=>L_Arm”按钮的作用,就是将左右手臂的参数进行互换,在图 3-46 所示参数设置的基础上，单击此按钮后右手臂参数从上到下变为100、30、82、左手臂参数从上到下变为100、30、78。

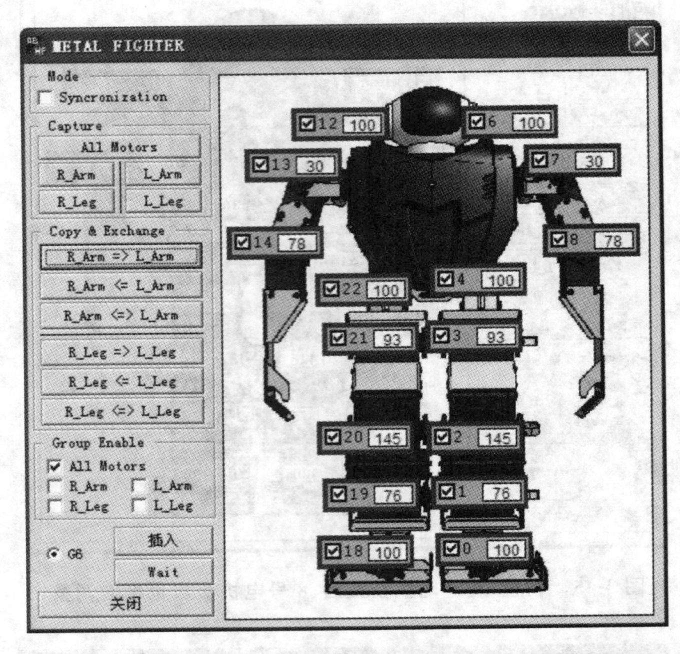

图 3-47 单击“R_Arm=＞L_Arm”按钮后，右手臂参数复制给了左手臂

“Group Enable”栏中各选项用来控制电机的打开和关闭，其中：“All Motors”项用来控制所有电机的打开和关闭；“R_Arm”“L_Arm”项分别用来控制右手臂、左手臂电机的打开和关闭；“R_leg”“L_leg”项分别用来控制右腿部、左腿部电机的打开和关闭。

单击“插入”按钮可将当前机器人的状态参数插入程序中，单击“Wait”按钮可插入Wait命令。

“直接运行行代码”：只执行光标所在行的代码。

“清除存储器”：将机器人存储器上的缓存内容清空。这个操作一般情况下不需要进行。当输入的程序代码有误或者另外一些意外情况导致机器人做出随机性的动作或者动作紊乱时，执行“清除存储器”命令后会出现“清除存储器”对话框，如图3-48所示。单击“确定”按钮，清除成功后会弹出清除成功对话框（见图3-49），再单击“确定”按钮，这时可以打开伺服电机实时控制窗口，会看到所有电机已经关闭，如图3-50所示。

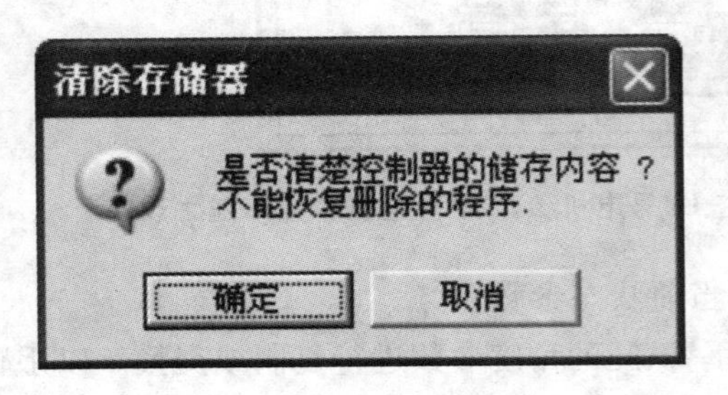

图 3-48 “清除存储器”对话框

图 3-49 清除成功对话框

图 3-50 清除存储器后所有电机自动关闭

“控制器运行模式”：执行控制器中的代码。

“控制器暂停模式”：暂停执行控制器中的代码。

“控制器重启模式”：重新启动控制器。

“Motor All OFF”：关闭所有电机。

“Motor All ON”：打开所有电机。

“Insert Motor Position”：将当前所有电机的状态参数插入程序中，如图 3-51 所示。

9.“窗口”菜单

单击“窗口”菜单，会看到如图 3-52 所示的“窗口”菜单选项。

```
MOVE G6A, 106,  71, 141, 100,  98,
MOVE G6D, 106,  71, 141, 100,  98,
MOVE G6B, 100,  33,  85,  ,  ,
MOVE G6C, 100,  33,  85,  ,  ,
WAIT
```

图 3-51 将当前所有电机的状态参数插入程序中

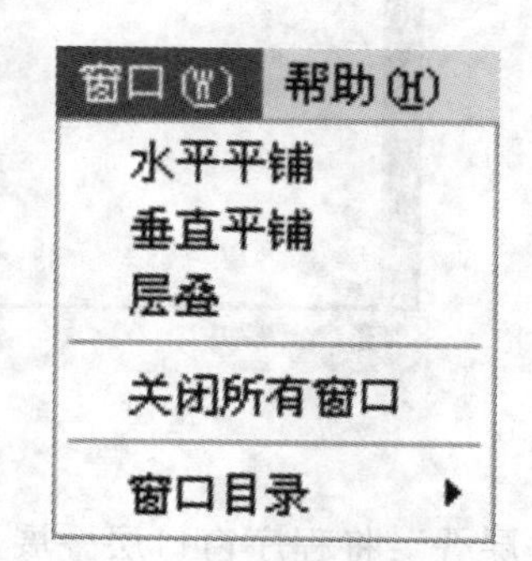

图 3-52 “窗口”菜单选项

“窗口”菜单中各选项介绍如下。

“水平平铺”：将程序窗口在竖直方向上展开，如图 3-53 所示。

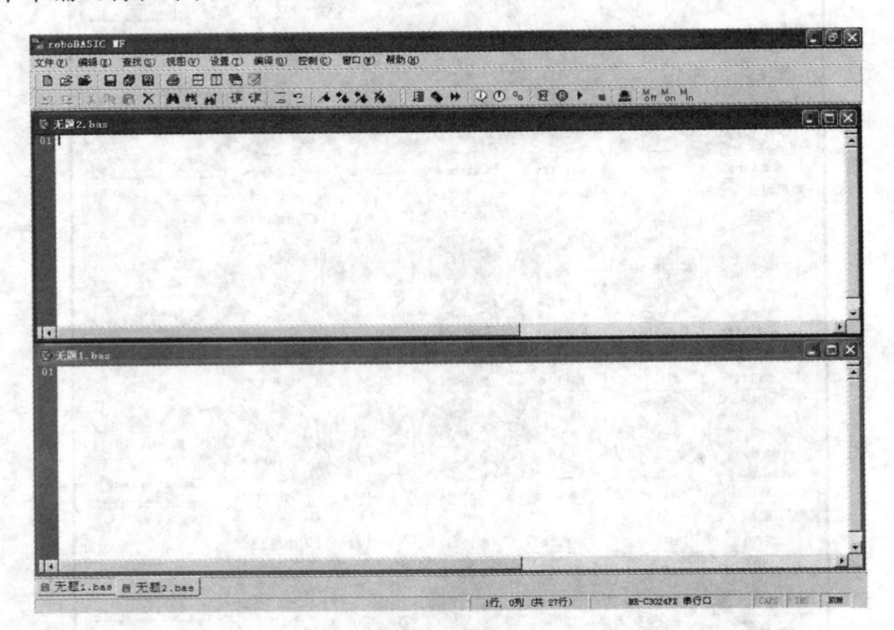

图 3-53 “水平平铺”界面

“垂直平铺”：将程序窗口在水平方向上展开，如图 3-54 所示。

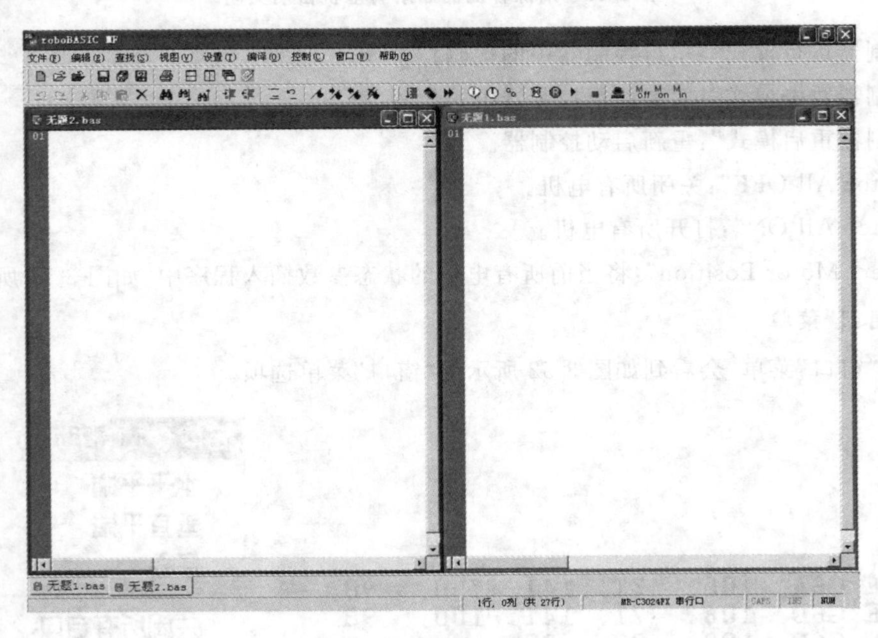

图 3-54 “垂直平铺”界面

“层叠”：将程序窗口层叠展开，如图 3-55 所示。

“关闭所有窗口”：关闭所有的程序窗口。执行“关闭所有窗口”命令后的软件窗口效果如图 3-56 所示。

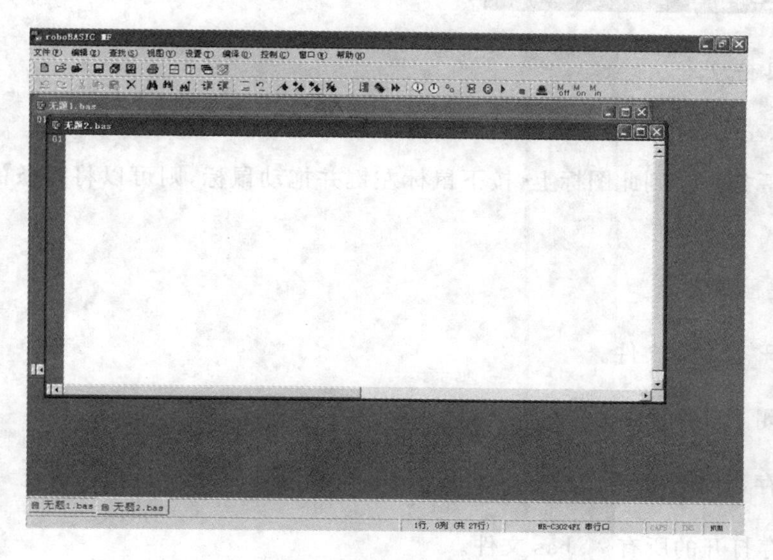

图 3-55 “层叠”界面

图 3-56 执行“关闭所有窗口”命令后的软件窗口效果

“窗口目录”:显示当前打开的所有程序的名称。

10.“帮助”菜单

“帮助”菜单提供软件的联机帮助等,在此不详述。

11.最小化、最大化(还原)和关闭按钮

在菜单栏的右侧有图 3-57 所示的最小化、最大化(还原)和关闭按钮,不过此处的这些按钮的作用范围与图 3-18 所示按钮的作用范围不一样,此处所示按钮的作用范围为当前打开的程序窗口,而图 3-18 所示按钮的作用范围为 roboBASIC 软件窗口。

图 3-57 菜单栏右侧的最小化、最大化(还原)和关闭按钮

3.2.3 工具栏

下面以从左到右的顺序介绍工具栏中各工具图标的使用说明或功能。

:将鼠标指针移到此图标上,按下鼠标左键并拖动鼠标,则可以将整条的工具栏拖动到其他位置。

:新建程序文档。

:打开 *.bas 文件。

:关闭当前 *.bas 文件。

:保存当前 *.bas 文件。

:保存打开的所有 *.bas 文件。

:*.bas 文件另存为。

:打印当前 *.bas 文件。

:将程序窗口在水平方向上展开。

:将程序窗口在垂直方向上展开。

:将程序窗口层叠展开。

:打开 roboBASIC 的便签(note)。

:后退,返回上一步操作。

:前进,跳转到后一步操作。

:剪切。

:复制。

:粘贴。

:删除,删掉选中的内容或者光标前面的内容。

:查找,与“查找”菜单中的“查找”选项的功能一样,可以定位任意设定的程序位置。

:查找下一个。

:查找上一个。

:向右缩进,使光标所在的位置的内容向右移动。

:向左缩进,使光标所在的位置的内容向左移动。

:设置注释区域。

:取消注释区域。

:切换书签,可以进行设置书签、取消书签的操作。

:移至下一个书签。

:移至上一个书签。

:删除书签。

:编译程序,生成 *.obj 文件。

:下载程序,把 *.bas 文件下载到机器人存储器内。

:编译和下载程序,生成 *.bas 文件,并把 *.bas 文件下载到机器人存储器内。

:控制器情报,单击此图标后会打开相应的对话框。

:伺服电机实时控制,单击此图标后打开相应的对话框。

:直接运行行代码,在程序界面中,运行某个电机组的代码参数,其他电机组的代码参数将不会运行。

:清除 MF 机器人存储器内容。

:控制器重启模式。

:控制器运行模式。

:控制器暂停模式。

:MF motor control,电机参数设置。

:motor off,关闭所有电机。

:motor on,打开所有电机。

:insert motor position,将当前所有电机的状态参数插入到程序中。

3.2.4 辅助窗口

辅助窗口中会显示系统的文件,用户通过辅助窗口可以快捷地打开文件。

3.2.5 状态栏

状态栏显示打开的 *.bas 文件,当前光标所在的位置(总行数),以及大写锁、数字锁、大写键的关闭和打开的状态信息等。

第4章 roboBASIC 语言语法介绍

4.1 roboBASIC 语法概述

roboBASIC 语言类似于 BASIC 语言，其指令可以分为与声明、定义相关的指令，流程控制指令，数字信号输入/输出指令，内存指令，LCD 指令，电机控制指令，音乐控制指令，外部通信指令，模拟信号处理指令等类别。本书以 roboBASIC 在 Metal Fighter 型仿人机器人上的应用为例，对部分指令进行详细介绍。

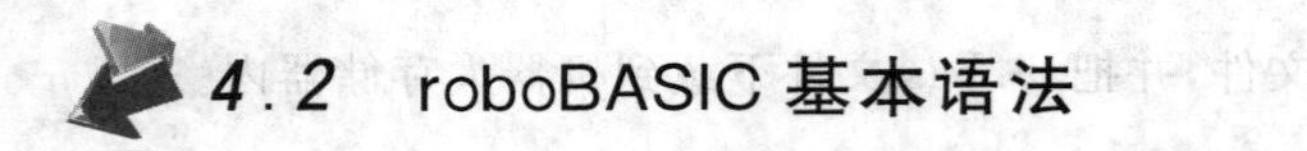

4.2 roboBASIC 基本语法

4.2.1 标识符集

roboBASIC 标识符集由英文字母、数字及特殊字符等组成。特殊字符及其描述如表 4-1 所示。

表 4-1 特殊字符及其描述

特殊字符	描 述
+	加
-	减
*	乘
/	除
%	求余
.	位指示
&	数字符号
??	文本符号
"??"	字符串
:	标志
=	相等或赋值
<	小于
>	大于
<<	左移一位
>>	右移一位

4.2.2 表达式和运算符

表达式由常量、变量和运算符号组成，在 roboBASIC 中，运算符分类如表 4-2 所示。

表 4-2 运算符分类

分 类	功 能
算术运算符	执行数学运算
关系运算符	比较数值大小
逻辑运算符	比较组合条件或执行位操作
位运算符	操作位或执行位运算

1. 算术运算符

算术运算符是执行计算的标识符。和 BASIC 语言中的算术运算相似，包括加、减、乘、除和取余，与 BASIC 语言中的算术运算的不同表现在以下几方面。

(1)运算符没有优先级。

在 roboBASIC 中不能使用括号来改变运算顺序，运算符也没有优先级。例如：计算 a=1+2*3，在 BASIC 中 a=7，但在 roboBASIC 中 a=9。

(2)复杂的数学运算会产生意想不到的错误。

(3)roboBASIC 只支持字节型数据和整型数据，所以输出的小数点会被忽略。

2. 关系运算符

关系运算符(见表 4-3)用来比较两个值，输出结果为 true 或 false，输出结果用来在 IF 语句中控制程序流向。

表 4-3 关系运算符

运算符	关 系	表达式
=	等于	X=Y
<>	不等于	X<>Y
<	小于	X<Y
>	大于	X>Y
<=	小于等于	X<=Y
>=	大于等于	X>=Y

当算术运算符和逻辑运算符在一个表达式里的时候，算术运算符比逻辑运算符的优先级高。

3. 逻辑运算符

逻辑运算符(见表 4-4)用来比较组合条件，输出结果为 true 或 false，输出结果用来在 IF 语句中控制程序流向。

表 4-4 逻辑运算符

运算符	含 义
AND	与
OR	或
XOR	异或

4. 位运算符

位运算包括位或(OR)运算、位与(AND)运算及位异或(XOR)运算。在 roboBASIC 中，

“<<”“>>”和“.”用来将位移动到指定的位置。

设 A 的值为 33(二进制值为 00100001),B 的值为 15(二进制为 00001111),进行位运算,结果如表 4-5 所示。

表 4-5 位运算结果

运　算	结　果
A AND B	1 (00000001)
A OR B	47 (00101111)
A XOR B	46 (00101110)
A << 1	66 (01000010)
A >> 1	16 (00010000)
A.0	1 (A 的第 0 位)

当同一个指令中包含多种运算时,按以下顺序运算:算术运算/位运算→关系运算→逻辑运算。

4.2.3 数据变量和常量

roboBASIC 是基于硬件控制的,不支持字符串常量和变量、不支持复数。因此当一个数据前有“+”号或“-”号时会产生错误。声明时必须使用合适的数据类型。

1. 数据类型

roboBASIC 支持的数据类型有字节(byte)数据类型和整型(integer)数据类型。其范围如表 4-6 所示。

表 4-6 数据类型

数据类型	大　小	范　围
byte	1byte(8bit)	0~255
integer	2byte(16bit)	0~65 535

2. 真数

采用 roboBASIC 编制的程序是用来控制硬件的,所以使用十六进制或其他类型的数据比十进制更方便。在 roboBASIC 中可以使用二进制(bin)、八进制(oct)、十进制(dec)和十六进制(hex),如表 4-7 所示。

表 4-7 进制表

真　数	声　明	例　子
bin	&B	&B111101
oct	&O	&O75
dec	N/A	61
hex	&H	&H3D

3. 常量和变量

一个常量在程序的执行过程中不能被改变,roboBASIC 中可以定义字节型和整型常量。

常量定义时根据数范围自动地确定类型。一个常量被定义后不能被重新定义。定义一个常量对程序的大小并没有影响。当一个数据被频繁使用时,定义一个常量能简化程序中对这个数的修改。

一个变量是程序使用的一片内存的名字。在 minirobot 控制中,变量的范围是有限的,所以在变量声明时应恰当地占用内存最小的类型。

例如:

```
DIM motor_1_delay AS INTEGER
DIM sensor_left AS BYTE
```

声明变量和常量命名时遵守以下规则:

①使用英文字母作为首字母,名字中可以使用下划线(_)和数字。

②名称不得超过 64 个字符。

③相同的名称只能声明一次,不区分大小写。

④声明的常量范围超过 65 535 时会出错。

4.2.4 其他语法

1. 位指示符(位操作)

在 roboBASIC 中,变量可按位操作,可使用点操作符(.)。

例如:

```
DIM A AS INTEGER
CONST BIT_2= 2
A.1= 1
A.BIT_2= 0
A.3= IN(1)      '从端口 1 读数据并赋给 A 的第三位
OUT 2,A.1       '将 A 的第一位的值传给端口 2
```

2. 注释说明

在程序中进行合理的代码注释能提高代码的编写和维护效率。注释的开始使用单引号(')或 REMARK 命令。注释不影响程序的执行。

3. 赋值

赋值语句用来给变量赋值,使用等号(=),值在左边,变量、字符串、计算公式在右边(从右向左赋值)。

例如:

```
A= B              '变量 B 的值赋给变量 A
A.1= 1            '给变量的指定位赋值
A= ADIN(0)        '运用函数给变量赋值
A= 3 * 2- 1       '数值运算式给变量赋值
A= C + B - A      '运算式给变量赋值
A= "1"            '字符串赋值给变量
```

4. 行标记

行标记用于指向程序里的位置。字母和数字均可作为行标记符。行标记使用规则如下:

(1)行标记的首字母必须为英文,不能超过 64 个字符。

(2)行标记符后跟冒号(:)。

(3)0～65 535 的数字可以作为行标记的名字,后面不需要冒号(:)。

(4)行标记符不能重复,不区分大小写。

例如:

```
DIM A AS INTEGER
START:
A= IN(0)
IF A= 0 THEN
GOTO START
ELSE
GOSUB 10
END
GOTO START
10  OUT 1,0
DELAY 100
OUT 1,1
RETURN
```

4.3 roboBASIC 命令指令

4.3.1 roboBASIC 命令声明

1. DIM…AS(声明变量)

语法结构:

单一变量声明的语法结构如下。

```
DIM [变量名 ] AS [变量类型]
```

多变量声明的语法结构如下。

```
DIM [变量名] AS [变量类型],[变量名]  AS [变量类型]…
```

说明:

在 roboBASIC 中必须使用 DIM 进行变量声明。使用 DIM 时必须使用 AS 声明变量类型。变量名不区分大小写,不能重命名。

变量用来处理传感器的值或者模拟信号转换的值。所以用户需使用合适的变量提高程序效率。在不同的机器人控制系统中变量的数目不同。MR-C2000 可用的变量大小为 30B,MR-C3000可用的变量大小为 256B。

例如:

```
DIM I AS INTEGER
DIM J AS BYTE
```

2. CONST(声明变量)

语法结构:

```
CONST [常量名]= 数字
```

说明:

下面举例说明 CONST 的用法。

```
CONST OFF =    0
CONST A = &H B1 0 01
```

4.3.2 roboBASIC 控制流指令

1. IF…THEN…

语法结构：

单一条件时语法结构如下。

```
IF  [条件]  THEN
[条件为真时执行的语句]
```

多条件时语法结构如下。

```
IF  [条件 1] THEN
[条件 1 为真时执行的语句]
ELSEIF  [条件 2] THEN
    [条件 2 为真时执行的语句]
ELSE
    [条件 2 为假时执行的语句]
ENDIF
```

说明：

下面举例说明 IF…THEN…的用法。

(1)简单的条件语句示例。

```
IF A> 0 THEN B= 5
IF A< 5 THEN B= 0 ELSE B= 1
```

(2)条件为两个表达式的示例。

```
IF A> 0 AND A< 5 THEN B= 3
IF A= 7 OR A= 9 THEN B= 1
```

(3)复杂的比较语句示例。

```
IF A= 1 THEN
B= 2
C= 3
ELSEIF A= 3 AND A= 5 THEN
B= 1
C= 2
ELSEIF A= 8 THEN
B= 6
C= 0
ELSE
B= 0
C= 0
ENDIF
```

2. FOR…NEXT

语法结构：

```
FOR[循环变量]= [start]TO[end]
[循环体]
NEXT[循环变量]
```

说明：

循环变量用于控制循环的次数，start 值是循环变量的初值，end 值是循环变量的末值。数字、常量、变量都可以作为 start 值和 end 值。

在 roboBASIC 中，end 值必须大于 start 值。以下是 FOR…NEXT 的使用规则。

(1)FOR…NEXT 语句允许嵌套。

```
FOR I= 1 TO 10
FOR  J  =   1 TO  5
      ……
NEXT J
NEXT I
```

(2)在 FOR…NEXT 循环体中不能人为地改变循环变量的值，如表 4-8 所示。

表 4-8 FOR…NEXT 语句示例

错误的	正确的
FOR I=1 TO 10 FOR J=1 TO 5 …… NEXT I NEXT J	FOR I=1 TO 10 FOR J=1 TO 5 …… NEXT J NEXT I

以上的错误在编译的时候可能不会发生，但是若将错误程序上传到 minirobot 中，在运行的时候就会产生不可预料的结果。

(3)可以在循环体中跳出循环(使用 IF 和 GOTO 语句)，但是不能在循环体外进入循环。

(4)在循环变量、start、end 中使用的变量在 FOR…NEXT 循环体中不能被人为改变。

例如：控制♯0 口的 LED 灯闪 5 次。

```
DIM A AS BYTE
FOR A= 1 TO 5
OUT 0,0
DELAY 100
OUT 0,1
DELAY 100
NEXT
```


3. GOTO

语法结构：

```
GOTO  [line label]
```

说明：

GOTO 语句用于使控制流跳转到特定的代码段。过多地使用 GOTO 语句会使程序变得复杂，因此应适当控制 GOTO 语句的使用。

例如：

```
DIM I AS INTEGER
DIM J AS BYTE
I= 7
IF I= 6 THEN GOTO L1
……
L1:    J  =   1
OUT I,J
```

4. GOSUB…RETURN

语法结构：

```
GOSUB  [line label]
……
[line  label]:
  ……
RETURN
```

说明：

GOSUB 命令适用于频繁使用的子程序调用和返回，能使程序简洁、清晰。

该命令可以使用嵌套调用。MR-C2000 可嵌套 4 次，MR-C3000 可嵌套 5 次。当嵌套次数过多时易产生错误。

例如：

```
DIM LED_ PORT AS INTEGER
LED_PORT= 1
START:……
……
GOSUB LED_TOGGLE
……
GOTO START
END

LED_TOGGLE:
TOGGLE LED_PORT
RETURN
```

5. END

语法结构：

```
END
```

说明：

用于程序段或一个程序的最后，防止程序跑飞。下面举例说明。

(1)用于一段代码执行完后。

```
DIM A AS BYTE

START: A= IN(0)
IF A=   1 THEN END
...........
GOTO START
```

(2)用于一个主程序结束后。

```
DIM A AS BYTE
A= BYTE IN(0)
IF A= 1 THEN
   GOSUB L1
ELSEIF A= 3 THEN
   GOSUB L2
ELSEIF A= 4 THEN
   GOSUB L3
ELSE
   GOSUB L4
ENDIF
END

L1: ..............
RETURN
L2: ............
RETURN
L3: ............
RETURN
L4: ...........
RETURN
```

6. STOP/RUN

语法结构：

```
STOP/RUN
```

说明：

使用 STOP 停止执行程序，使用 RUN 重新开始执行程序。

7. WAIT

语法结构：

```
WAIT
```

说明：

当一条指令执行时，下一条指令也将同时执行，使用 WAIT 指令使得下一条指令等待上一条指令执行完后再执行。

例如：控制六台电机移动，完成后＃7 和＃8 端口输出。

```
MOVE 120,100,140,90,70,150
WAIT
OUT 7,1
OUT 8,1
```

又如：控制六台电机移动的同时＃7 端口输出，完成后＃8 端口输出。

```
MOVE 120,100,140,90,70,150
OUT 7,1
WAIT
OUT 8,1
```

8. DELAY

语法结构：

```
DELAY [延迟时间]
```

说明：

该指令的作用是让程序等待一定的时间。在 MR-C2000 系统中，延迟时间以 10 ms 为单位；在 MR-C3000 系统中，延迟时间以 1 ms 为单位。延迟时间可以使用数字、常量和变量。

例如，在 MR-C2000 系统中：

```
DELAY 10        ' Delay for 100ms(10 ms  *  10= 100ms)
```

又如，在 MR-C3000 系统中：

```
DELAY 500       'Delay for 500ms(1ms  *  500= 500ms)
```

9. BREAK

语法结构：

```
BREAK
```

说明：

该指令的作用是暂停执行程序，进入调试模式。

该指令在 MR-C3000 系统中没有作用，MR-C3000 系统可以直接进入软件调试模式。

10. ACTION no.

语法结构：

```
ACTION  [no.]
```

说明：

根据动作号执行模板中描述的动作（最多 32 个有效动作）。该指令只适用于 MR-C3024 控制器和 Robonova-I Robot。

例如：

```
ACTION 3        'Perform motion no.3
ACTION 5        'Perform motion no.5
ACTION 23       'Perform motion no.23
```

11. GOTO AUTO

语法结构：

```
GOTO AUTO
```

说明：

转移到模板程序。该指令只适用于 MR-C3024 控制器和 Robonova-I Robot。

4.4 roboBASIC 电机控制指令

机器人控制器可以控制直流电机和伺服电机。

如图 4-1 所示，伺服电机的运行范围为 $-90°\sim90°$，roboBASIC 程序控制电机的角度范围为 10～190，因为机器人控制器不能使用负数。

-90° 0° +90°

10 100 190

图 4-1 伺服电机的运行范围

1. ZERO

语法结构:

(1)在 MR-C2000 系统中,语法结构如下。

```
ZERO [电机 0 标准位置], [电机 1 标准位置],..., [电机 5 标准位置]
```

(2)在 MR-C3000 系统中,语法结构如下。

```
ZERO [电机组],[电机 n 标准位置]……
```

说明:

各伺服电机的 0 位置由自身决定,这将产生误差,因为有些 0 位置是 99 或 98,另一些 0 位置可能是 101 或 102 等。这些误差都可以用 ZERO 命令进行调整。设置的 0 位置信息存储在 EEPROM(电可擦除只读存储器,存储在其中的信息不会因掉电而丢失)中。

在 MR-C2000 系统中设置 0 位置:

(1)将所有的伺服电机的 0 位置设置为 100,用于代替原来的 0 位置。

(2)将电机设置在正常的位置。

(3)正转或反转一次。

(4)联机调试时移动电机到 0 位置。

(5)使用 ZERO 命令保存这个 0 位置。

当使用 MR-C2000 控制器设定 0 位置时,设置的 0 位置必须在 90～110 之间。

当使用 MR-C3000 控制器设定 0 位置时,设置的 0 位置必须在 80～120 之间。

以下为指令在 MR-C2000 中应用的示例。

EX1:消除旧的 0 位置。

```
ZERO 100,100,100,100,100,100
DIR   1,1,1,1,1,1                    '设置电机的正常方向
```

EX2:再一次设置 0 位置。

```
DIR    1,1,1,1,1,1
ZERO 100,101,99                      'Set zero point of 3 servo motor
ZERO 102,100,100,99,101,100          'Set zero point of 6 servo motor
```

以下为指令在 MR-C3000 系统中应用的示例。

```
ZERO G8B,80,120,115,80,117,88,95,120     '设置 8B 组(servos # 8 至# 15)
```

2. MOTOR

语法结构:

(1)在 MR-C2000 系统中,语法结构如下。

```
MOTOR  [电机号]
```

(2)在 MR-C3000 系统中,语法结构如下。

```
MOTOR  [电机号] / [电机组]
```

说明：

在 MR-C2000 系统中，有 6(＃0 至＃5)个伺服电机端口，电机对应的电机号指定范围为 0～5，当要使用所有电机时，设置电机号为 6。一台电机如果没有对应的电机号，则不能被操作。

在 MR-C3000 系统中，32 台伺服电机对应 32 个端口。每台电机对应一个电机号。数字、常量和变量都可以用来作为电机号。

例如：

```
(1) MOTOR 0             '# 0 servo will be used
(2) MOTOR G6A           'servo  group 6A (# 0~ # 5 )  will be used
    MOTOR G6C           'servo group 6C (# 12~ # 17) will be used
(3) MOTOR G8A           'servo group  8A ( # 0~ # 7) will be used
(4) Setting the servo with a variable
    DIM I AS BYTE
    FOR I= 0 TO 31      'servos(# 0~ # 31) will be used by using variable I
        MOTOR I
    NEXT I
(5) MOTOR G24           'servo group 24 (# 0 ~  # 23 will be used )
(6) MOTOR ALL ON        'All servos will be used
```

3. MOTOR OFF(关闭伺服电机)

语法结构：

(1)在 MR-C2000 系统中，语法结构如下。

```
MOTOR OFF [电机号]
```

(2)在 MR-C3000 系统中，语法结构如下。

```
MOTOR OFF [电机号] / [电机组]
```

说明：

MOTOR OFF 命令与 MOTOR 命令的使用规则相同。

4. MOVE

语法结构：

(1)在 MR-C2000 系统中，语法结构如下。

```
MOVE [电机 0 的角度],[电机 1 的角度],...,[电机 5 的角度]
```

(2)在 MR-C3000 系统中，语法结构如下。

```
MOVE [电机组],[电机 n 的角度]……
```

说明：

在 MR-C2000 系统中，MOVE 命令用于操作一台伺服电机到指定的角度。电机 n 的角度范围为 10～190。

当希望对电机＃1、＃3 和＃4 进行操作时，指令可写为：

```
MOVE  60,    ,  100,120
```

当仅希望对电机＃2 进行操作时，指令可写为：

```
MOVE  ,140
```

当多台电机同时运行时，在调整电机角度的过程中要用到伺服电机的同步运行控制功能。

在 MR-C3000 系统中,伺服电机的端口和 PWM 端口是不同的,所以,可以同时使用 MOVE 和 PWM 指令。

以下为指令在 MR-C2000 系统中应用的示例。

```
MOVE 100,50,140,120,80,40
MOVE 120,,,160
MOVE,70,100
MOVE,,,,,100
```

以下为指令在 MR-C3000 系统中应用的示例。

示例 1:

```
MOVE    G6A,85,113,72,117,115,100
MOVE    G6C,75,,96,123,,122
MOVE    G8A,85,113,72,117,115,100,95,45
```

示例 2:

```
MOVE    G24,85,113,72,117,115,100
'Is the same as:
MOVE 24  85,113,72,117,115,100
```

5. SPEED

语法结构:

```
SPEED [电机速度]
```

说明:

SPEED 指令用于在 MOVE 指令后设置电机的速度。在 MR-C2000 系统中"电机速度"参数选用范围为 1～15。在 MR-C3000 系统中可以使用字节型变量。常使用的"电机速度"参数是 3,对于机器人来说,电机速度不宜设置得较高。

例如:

```
SPEED 7                              'Set motor speed as 7
```

又如:

```
DIM STEP_ SPEED AS BYTE              'Declare STEP_SPEED (Variable)
STEP_ SPEED  = 15                    'Set the STEP_ SPEED (Variable) as 15
      SPEED STEP_ SPEED              'Set the SPEED as STEP_SPEED
```

6. ACCEL

语法结构:

```
ACCEL   [电机加速度]
```

说明:

ACCEL 指令用来设定伺服电机速度从 0 提高至设定速度的速率。

"电机加速度"参数选用 0～15 的数字或常量。"电机加速度"参数通常设为 3。当第一次操作电机时,电机会迅速地旋转至设定的角度。

例如:

```
ACCEL 7     'Set the acceleration of servo as 7
```

7. DIR

语法结构:

在 MR-C2000 系统中,语法结构如下。

```
DIR [电机 0 的方向],[电机 1 的方向],...,[电机 5 的方向]
```

在 MR-C3000 系统中，语法结构如下。

```
DIR [电机组]，[电机 n 的方向]……
```

说明：

当设置的角度小于 100°(标准角度)时，伺服电机会左转，当设置的角度大于 100°(标准角度)时，电机右转。

电机方向可设置为常量或数字 0(反转/左转)、1(正转/右转)，系统默认值为 0。

以下为指令在 MR-C2000 系统中应用的示例。

```
DIR 0,1,1,0,1,0
DIR,,0
```

以下为指令在 MR-C3000 系统中应用的示例。

```
DIR G8A,0,1,0,0,1,0,0,0
DIR G8B,1,0,1,1,0,1,1,1
```

8. PTP(打开或者关闭多电机的同时控制)

语法结构：

在 MR-C2000 系统中，语法结构如下。

```
PTP [设定值]
```

在 MR-C3000 系统中，语法结构如下。

```
PTP[SET ON/SET OFF/ALL ON/ALL OFF]
```

说明：

多个运动和不同角度的运动，通常其完成的时间是不同的，因此对机器人来说，其运动也是不稳定的。MR-C 系统通过使用 PTP 命令来保证机器人运动的稳定性。

在 MR-C2000 系统中，当有两台伺服电机时，"设定值"参数使用常量或者数字[0(取消)或 1(同步)]。

在 MR-C3000 系统中，可以使用多台伺服电机。

PTP 指令可以调整、控制所有的电机或者某组电机。

PTP SET ON (PTP setup)：按组设置 PTP 功能。

PTP SET OFF (PTP cancel)：按组取消 PTP 功能。

PTP ALL ON (PTP all setup)：设置所有电机 PTP 功能。

PTP ALL OFF (PTP all cancel)：取消所有电机 PTP 功能。

在 MR-C3000 系统中，在每一组的动作后使用 WAIT 命令，该组的所有电机都会在同一时间结束运动。

以下为指令在 MR-C2000 系统中应用的示例。

```
PTP 0
MOVE 100,100
MOVE 110,120
```

说明：电机 1 转动的角度值为 10，电机 2 转动的角度值为 20。两台电机都以相同速度转动，即同时同步转动的角度值为 10，然后电机 2 单独转动的角度值为 10。

```
PTP 1
MOVE 100,100
MOVE 110,120
```

说明：电机 1 转动的角度值为 10，电机 2 转动的角度值为 20，电机 1 的转动速度只有电机 2 的一半，因此，两台电机一起开始转动并一起停止转动。

9. SERVO

语法结构：

```
SERVO [电机号],[角度]
```

说明：

该指令用于设置电机角度。在 MR-C2000 系统中 PWM 指令已经被取消了。“电机号”参数是指电机的端口号。“角度”范围为 10～190。下面举例说明。

示例 1：

```
SERVO 1,130        ' operate No. 1  motor at 130  position
```

示例 2：

```
DIM I AS BYTE
FOR I= 10 TO 190
  SERVO 4,I
  DELAY 100
NEXT I
```

10. PWM(脉宽调制)

语法结构：

```
PWM [电机号],[脉宽值]
```

说明：

在 MR-C2000 系统中,伺服电机控制端口和 PWM 端口是相同的。“电机号”选用范围为 0～5。SERVO 指令或 MOVE 指令不能和 PWM 指令一起使用。

在 MR-C3000 系统中,伺服电机控制端口和 PWM 端口是不相同的,有三个 PWM 端口。

例如：

```
PWM 3,127      ' PWM output of 50% duty rate at No.3 motor port
PWM 0,120      'Pulse output of 120 duty rate at PWM No.0 port
```

11. FAST SERVO

语法结构：

```
FAST SERVO [电机号],[电机角度]
```

说明：

该指令用于让某台电机尽可能快地转到某个角度。只能在 MR-C2000 系统中使用这个指令。

例如：

```
FAST SERVO 2,190   'Send No.2 motor to an angle of 190 as fast as possible
```

12. HIGH SPEED

语法结构：

```
HIGH SPEED   [SET ON/SET OFF]
```

说明：

在 MR-C3000 系统中该指令用于设置或取消一台伺服电机的高速模式。高速模式下的速度是正常模式下的 3 倍。

例如：

```
HIGH SPEED SET ON   'Set high speed mode
```

13. MOVE POS(移动位置)或 POS(电机位置)

语法结构：

```
MOVE POS [line label]
                  ……
[line label]: POS [电机组],[电机 n 角度]……
```

说明：

该指令只适用于 MR-C3000 系列控制器。使用 MOVE POS 指令、POS 指令可以很容易地修改和写 roboBASIC 程序。

例如：

```
…………………………
MOVE POS POS01   ' Move command 'POS' part of 'POS01' label position
…………………………
POS01:    POS G6A,10,32,15,120,78,93
POS02:    POS G6A,67,47,32,153,23,33
POS03:    POS G6A,34,37,122,162,84,28
```

14. FPWM[输出 PWM 信号(频率可以是变量)]

语法结构：

```
FPWM[端口],[频率],[占空比]
```

说明：

该指令用于在 MR-C3000 系统中调节 PWM 的频率。

端口号范围为 0～2，频率范围为 1～5(由低至高)，占空比可为 0～255。

例如：

```
FPWM 0,1,127   '端口 0 输出低频脉冲信号
```

15. MOVE 24[移动(所有的)24 台伺服电机]

语法结构：

```
MOVE 24[电机 0 角度],…,[电机 23 角度]
```

说明：

在 MR-C3000 系统中可以使用该指令操作 24 台伺服电机。

例如：

```
MOVE 24  100,45,67,44,132,122,,,,76,81,90
```

16. INIT(设置机器人的初始位置)

语法结构：

```
INIT  [电机组],[电机的角度]……
```

说明：

在 MR-C3000 系统中，所有的伺服系统设置初始位置为“100”，然后开启电源，结果损坏机器人，这是有可能的。为防止损坏机器人，最初的位置可以设置为除“100”以外的其他位置。模拟伺服电机（HS-series）使用 INIT 指令，数字伺服电机（HSR-series）使用 GET MOTOR SET 指令。

例如：

```
INIT G8A,100,45,67,44,132,122,76,81
```

17. MOTOR IN( )

语法结构：

```
MOTOR IN ( [电机号])
```

说明：

在 MR-C3000 系统中使用这个指令，可以读取当前位置值的任何机器人的伺服电机(HSR-series)的数据(角度)。电机号范围为 0～31，当连接到控制器时可以读取电机角度值(10～190)，当未连接到控制器时电机角度值为 0。

例如：

```
DIM S0   AS   BYTE
MOTOR 0                  'Use No. 0 servo motor
S0   =   MOTOR IN( 0)    'Save value of No.0 servo motor to S0 variable
```

18. AI MOTOR(使用 AI 电机)

语法结构：

```
AI MOTOR SET ON/SET OFF/INIT /[电机号] / [电机组]
```

说明：

AI 电机上安装有微控芯片，利用芯片能与 MR-C 通过 RS232 进行通信。

所有的电机都可以通过 0～30 端口连接。

电机号可以是数字、常量或字节型的变量。

AI MOTOR SET ON：开启 AI 电机。

AI MOTOR SET OFF：关闭 AI 电机。

AI MOTOR INIT：平稳地移动 AI 电机到初始位置。

例如：

```
AI MOTOR INIT      'Initialize AI motor
AI MOTOR SET ON    'Declare use AI motor
AI MOTOR 0         'Use No. 0 AI motor
AI MOTOR G6B       'Use group 6B motor(No.6-11)
```

19. AI MOTOR OFF(取消 AI 电机)

语法结构：

```
AI MOTOR OFF [电机号] / [电机组]
```


说明：

该指令用于取消 AI 电机，与 MOTOR OFF 指令的用法相似。

例如：

```
AI MOTOR OFF 0          'Cancel   No.0 AI motor
AI MOTOR OFF G6B        'Cancel all group 6B motors(No.6- 11)
```

20. AI MOTOR IN( )(读取 AI 电机的数据)

语法结构：

```
AI MOTOR IN ( [电机号])
```

说明：

电机号范围为 0～30。

当连接成功时读取一台电机的角度值(10～190)，当连接不成功时电机角度值为 0。

例如：

```
DIM  AI5   AS  BYTE
AI MOTOR INIT
AI MOTOR SET ON
AI MOTOR 5                        'Set using No.5 AI motor
    AI5 =   AI MOTOR IN(5)        'Save value of No.5 AI motor to variable AI5
```

21. GET MOTOR SET(读取当前伺服电机的速度并保持当前状态)

语法结构：

```
GET MOTOR SET [电机组],[电机 n 的输入]……
```

说明：

在 MR-C3000 系统中，利用该指令可以读取当前位置值数字机器人的伺服电机的值。在 MR-C3000 系统中，所有的伺服系统设置初始位置为“100”，打开电源，机器人损坏，这是有可能的。为防止机器人损坏，最初的位置可以设置为除初始位置之外的其他位置。开启电源，然后开始执行“移动”命令。

“电机 *n* 的输入”参数可以为 0 或 1。如果是 1，则读取选定伺服电机的值并维持现状。如果是 0，则将值为 100 的电机移动到初始位置。

例如：

```
GET MOTOR SET G8A,1,1,1,1,0,0,0,0
'No. 0 ,1,2,3 servo  motors  maintain the present value at power on
'No. 4,5,6,7 servo motors move to initial value of 100 at power on
```

4.5 roboBASIC 语音控制指令

MR-C 系统有能力播放警告音和音乐。它使用的是蜂鸣器。

当希望声音更大、更清楚时，可以使用扬声器，但是需要更大的电流或者使用放大器。

在 MR-C2000 系统中，蜂鸣器接在 MR-C2000 系统控制器的 8 端口上。正极接电源端，负极接信号端。

在 MR-C3000 系统中，蜂鸣器接在 MR-C3000 系统控制器的 28 端口上。正极接电源端，负极接信号端。

注：MR-C3024 系统控制器内部有一个蜂鸣器。

1. BEEP(使用蜂鸣器发出警告音)

语法结构：

```
BEEP
```

说明：

在 MR-C2000 系统中，使用 BEEP 指令产生错误警告音。这个指令的功能与正常情况下输出端口使用 OUT 的功能类似。

在 MR-C3000 系统中,使用 OUT 指令来控制蜂鸣器。

2. SOUND(使用蜂鸣器发出声音)

语法结构:

```
SOUND [pitch],[length],[pitch],[length]……  [频率][时长]
```

说明:

在 MR-C2000 系统中,可以设置蜂鸣器信号的频率和延时时间。设置值范围为1~255。对应频率如表 4-9 所示。

表 4-9　频率

输入	频率/kHz	输入	频率/Hz	输入	频率/Hz
1	38.86	70	800	160	389
2	23.81	80	775	170	365
5	11.11	90	689	180	344
10	5.88	100	621	190	327
20	3.00	110	565	200	311
30	2.00	120	518	210	295
40	1.54	130	478	220	283
50	1.23	140	444	230	270
60	1.00	150	413	240	260

对应时长如表 4-10 所示。

表 4-10　时长

时间参数/s	时长(11ms)
0.5	45
1	90
2	180

例如:

```
SOUND 60,90,60,180,30,45          '产生 1 s 频率为 1 kHZ,2 s 频率为 1 kHZ 和 0.5 s 频率为
                                  '2 kHZ 声音
```


3. PLAY(使用蜂鸣器播放一段音乐)

语法结构:

```
PLAY  "[play music line]"
```

说明:

MR-C 系统和 roboBASIC 程序提供一个播放音乐的函数。播放音乐时需要在[play music line]中写入数据,如表 4-11 所示。

表 4-11 播放音乐的函数

play music line		描 述
英语字母	韩 语	
C	도	"Do"
D	레	"Re"
E	미	"Mi"
F	파	"Fa"
G	솔	"Sol"
A	라	"La"
B	시	"Si"
T	템포, 박자, 속도	控制速度、节拍
L	저	选择低音阶
M	중	选择中音阶
H	고	选择高音阶
#,+	반음 올리기	升调(#)
$,−	반음 내리기	平调(b)
P	쉼표	休止符
<	한 옥타브 내린다	降八度
>	한 옥타브 올린다	升八度

例如,参数 T 意味着节奏(默认)为 7,节奏可以调整,1 为最快,0 为最慢。

MR-C2000 系统可以使用三个八度的音阶,分别称为低、中、高音阶。

使用参数 0~9 来调整音调的长度,如表 4-12 所示。

表 4-12 音调的长度

音符名称	全音符	二分音符	附点二分音符	四分音符	附点四分音符	八分音符	附点八分音符	十六分音符	附点十六分音符	三十二分音符
线谱标记	𝅝	𝅗𝅥	𝅗𝅥.	♩	♩.	♪	♪.	𝅘𝅥𝅯	𝅘𝅥𝅯.	𝅘𝅥𝅰
参数	1	2	3	4	5	8	9	6	7	0

PLAY 音阶的默认音阶为中音阶。

(1)音调长度是附加的(例如 4Do 等)。

(2)# 等符号加在音调的前面(例如 #Do 和 $Mi 等)。

注:使用 MR-C3000 系统时使用 MUSIC 指令代替 PLAY 指令。

例如:

```
PLAY "M4GGAA GGE GGEED"
PLAY "M4GGAA GGE GEDEC"
```

4. MUSIC(使用蜂鸣器播放一段音乐)

语法结构：

```
MUSIC "[play  music  line]"
```

说明：

在 MR-C2000 系统中使用 PLAY 指令代替 MUSIC 指令。

5. TEMPO[设置音乐的节奏(速度)]

语法结构：

```
TEMPO [set up value]
```

说明：

该指令用于设置音乐的节奏(速度)。

4.6 roboBASIC 外部通信指令

在 MR-C3000 系统中，使用高速 RS232 与外部设备进行通信，不能使用 minibus。

1. RX(使用 RX 端口接收 RS232 信号)

语法结构：

```
RX [端口速率],[接收到的值],[收到错误信号跳转标签]
```

说明：

在 MR-C2000 系统中，"端口速率"参数可以为 1～4，对应速率如表 4-13 所示。

表 4-13 RX 端口速率

参　　数	端口设置
1	1200bps,8bit data,no parity,1 stop bit
2	2400bps,8bit data,no parity,1 stop bit
3	2400bps,8bit data,no parity,1 stop bit
4	4800bps,8bit data,no parity,1 stop bit

"接收到的值"参数只允许是已经定义过的字节型变量。

"收到错误信号跳转标签"通信缓冲区在开始时是空的。所有程序中使用 RS232 端口等待数据可以使用下面的句子结构。

```
Retry:
RX 4,A,Retry
```

注：MR-C3000 系统使用 ERX 命令接收 RS232 信号。

例如：

```
DIM  A   AS   BYTE
Retry:  RX 4,A,Retry
  IF A= &h80 THEN
OUT 0,0
  ELSE
    OUT 0,1
  ENDIF
  GOTO retry
```

2. TX(发送 RS232 信号)

语法结构：

```
TX [端口速率],[数据]
```

说明：

在 MR-C2000 系统中,“端口速率”设置范围为 1～4。TX“端口速率”参数与 RX“端口速率”参数相同。

“数据”参数可以为数字、常量和变量。例如,要发送字母 A,实际发送的是 A 的 ASCII 码。

```
DIM I AS BYTE
I= "A"
TX 4,I
```

注：在 MR-C3000 系统中使用 ETX 代替 TX 命令。

例如：

```
DIM  A   AS   BYTE
  main:
  A=    BYTE IN(0)
TX   4,A
  GOTO main
```

3. MINIIN

语法结构：

```
MINIIN
```

说明：

通过 minibus 接收信号。

例如：

```
DIM A AS BYTE
Retry:
A= MINIIN
IF A= 0 THEN GOTO Retry
```

4. MINIOUT

语法结构：

```
MINIOUT [Data],[Data]...
```

说明：

通过 minibus 发送信号。

例如：

```
MINIOUT 100,20,76,65
```

5. ERX(接收 RS232 信号)

语法结构：

```
RX [端口速率],[接收到的值],[没有收到信号跳转标签]
```

说明：

在 MR-C3000 系统中接收数据。“端口速率”数据设置如表 4-14 所示。

“接收到的值”参数只允许是已经定义过的字节型变量。

表 4-14　ERX 端口速率

参　数	端口设置
2 400	2 400bps,8bit data,no parity,1 stop bit
4 800	4 800bps,8bit data,no parity,1 stop bit
9 600	9 600bps,8bit data,no parity,1 stop bit
14 400	14 400bps,8bit data,no parity,1 stop bit
19 200	19 200bps,8bit data,no parity,1 stop bit
28 800	28 800bps,8bit data,no parity,1 stop bit
38 400	38 400bps,8bit data,no parity,1 stop bit
57 600	57 600bps,8bit data,no parity,1 stop bit
76 800	76 800bps,8bit data,no parity,1 stop bit
115 200	115 200bps,8bit data,no parity,1 stop bit
230 400	230 400bps,8bit data,no parity,1 stop bit

例如：

```
Retry:
ERX    9600,    A,    Retry
```

6. ETX(发送 RS232 信号)

语法结构：

```
ETX [端口速率],[发送数据]
```

说明：

“发送数据”参数可以为数字、常量和变量。ETX“端口速率”参数与 ERX“端口速率”参数相同。

第5章 MF 机器人基本动作程序设计

5.1 MF 仿人机器人介绍

5.1.1 MF 机器人简介

MF-16 机器人(金刚战士)是韩国 Mini 公司生产的一款具有 16 个自由度(即 16 台电机)的仿人型机器人。MF 仿人机器人(见图 5-1 和图 5-2)有脚、手臂和头(含红外接收模块)等主要结构。通过 16 个自由度的不同组合,机器人可以模仿人类做出很多不同的动作,例如跳舞、走路、踢球等复杂动作。它的背上有一块 MR-C3024FX 主控板,这块主控板负责控制机器人的运动。主控板上有 40 个输入/输出端口,能同时控制 24 台伺服电机的控制器。MR-C3024FX 内置了 64 KB 的闪存,具有操作器远距离接收信号等多种功能。用户可以通过电缆接口在计算机中下载完整的程序代码,使机器人做出动作并且可以随时训练机器人,以便更容易操作双足步行机器人。

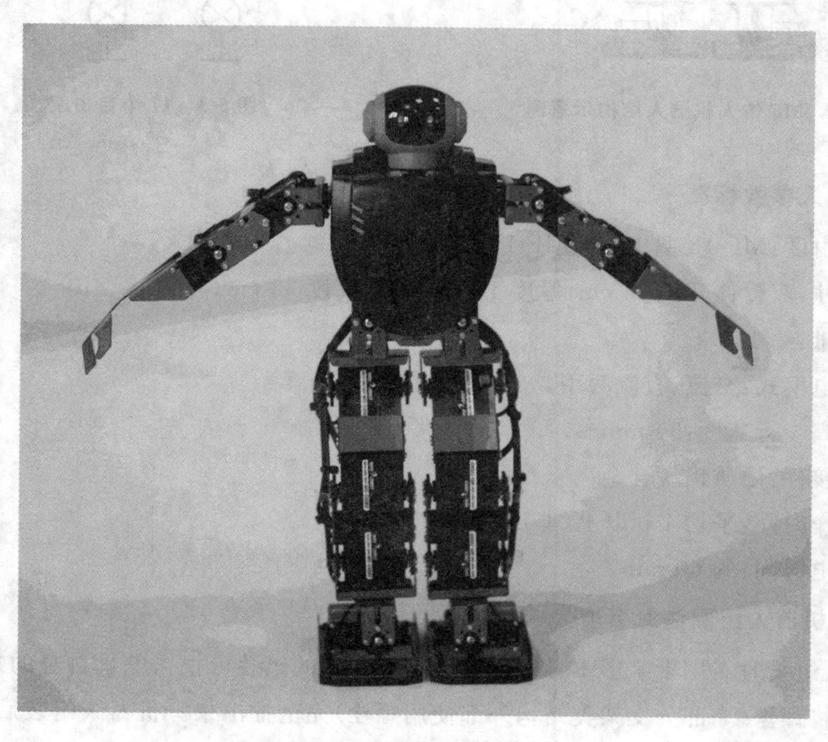

图 5-1 MF 仿人机器人

5.1.2 MF 机器人硬件结构

MF 机器人采用了智能技术,通过无线传输信号,可以模拟人类的前进、后退、转弯、横向跨步、前滚翻、后滚翻、侧手翻、倒立、做俯卧撑、伏地起身等各种各样的动作。通过随机器人硬件提供的配套操控软件，我们可以对其进行二次开发，用软件平台编写出许多个性化的有趣的组合动作。

MF-17 机器人有 17 个关节(17 个自由度)，如图 5-3 所示，每个关节可旋转 180°。

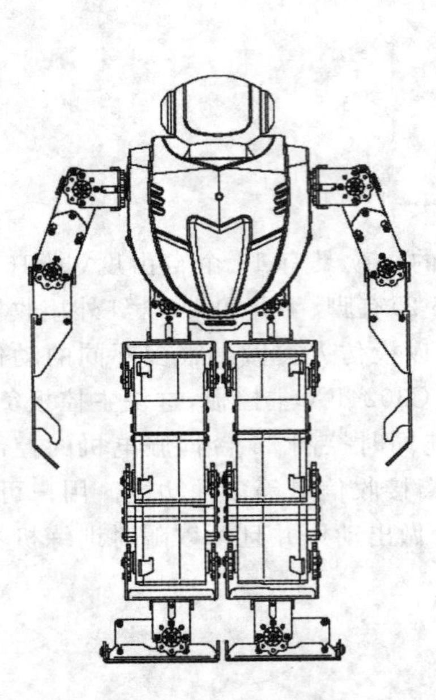

图 5-2　MF 仿人机器人结构示意图

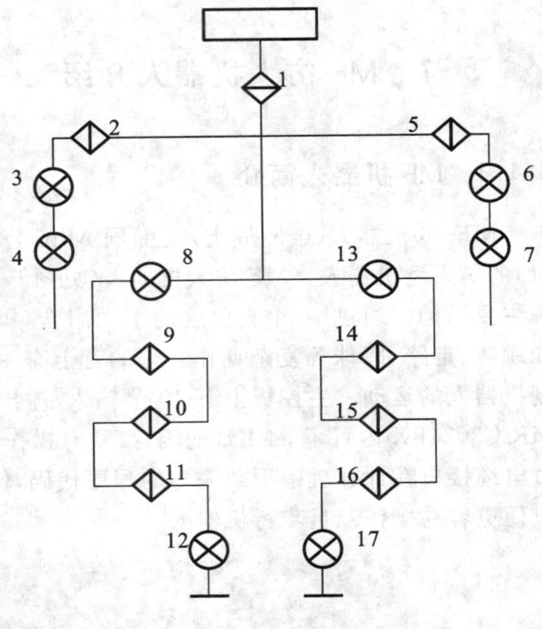

图 5-3　17 个自由度

1. 机器人参数标准

(1)自由度：MF-16 型 16 个；MF-17 型 17 个。

(2)尺寸：双臂伸开长 64 cm，厚度 10 cm，直立高度 33 cm。

(3)质量：约 1.2 kg。

(4)供电模式：交流、直流两用。

(5)最高步行速度：50 mm/s。

(6)连接件：硬质铝镁合金。

(7)动作时间：平均 1 h 以上(非连续工作)。

(8)充电时间：约 60 min。

2. MF 机器人组装注意事项

机器人组装时需用十字形 1 号螺丝刀。部分结构的组装可根据电机自身的螺丝灵活调节，没必要将螺丝(一部分支架类结构外部使用螺栓)完全拧出来。机器人组装后，线路排布需按指南整理清晰，各电机的连接器需插在控制器指定的端口上。MF 工具包产品组装后，需使用机器人指令码 MF 版进行初始设置，这样机器人才能做出正常的动作。机器人零件如图 5-4 和图 5-5 所示。

1B001(数量:2)

1B002(数量:2)

1B003(数量:10)

1B004(数量:8)

1B005(数量:2)

1B008(数量:1)

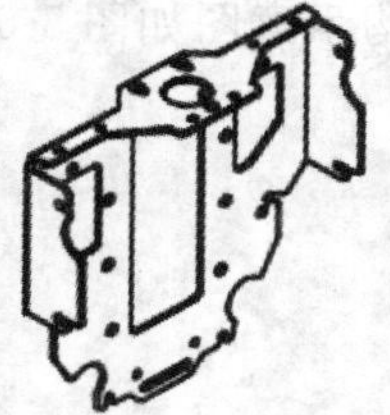
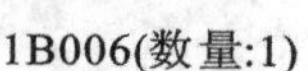
1B006(数量:1)

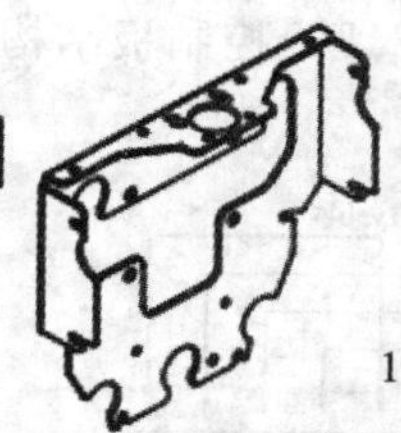
1B007(数量:1)

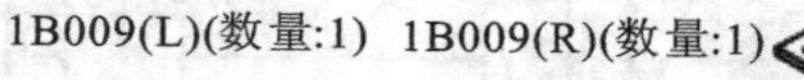
1B009(L)(数量:1)

1B009(R)(数量:1)

下载
电缆(数量:1)

1R003(数量:4)

倾斜 传感器(数量:1)

红外线 传感器(数量:1)

1M006(数量:1)

1R002(数量:14)

1R001(数量:1)

D2009 A-类型(数量:4)

D2009 B-类型
(数量:6)

D2009 C-类型
(数量:4)

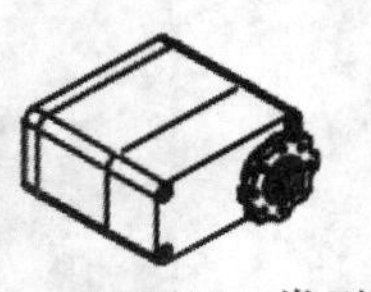
D2009 D-类型
(数量:2)

图 5-4 MF 机器人零件 1

1M005(数量:1)

1M004(数量:1)

1M001(数量:1)

1M002(数量:1)

1M003(数量:1)

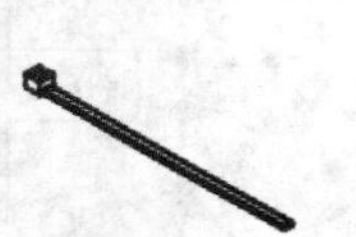
电缆 带子(数量:14)

MR-C3024FX(数量:1)

电池(数量:1)

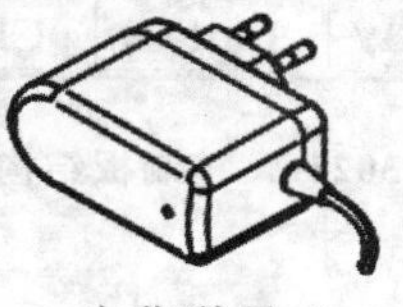
电荷(数量:1)

*电缆
1.身体电缆(数量:4) 3.腿部电缆(数量:8)
2.臂部电缆(数量:4)

*螺栓
1.PH/T-2,2×4 NI(数量:70)
2.BH/T-2,2×5 NI(数量:48)
3.PH/M-2,2.6×4 NI(数量:8)
4.PH/M-2,3×5 BK(数量:4)
5.PH/T-2,1.9×21 BK(数量:4)
6.插入螺栓(数量:1个)

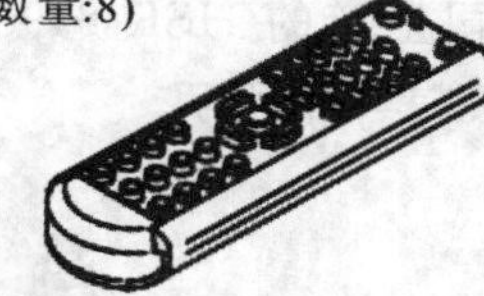
遥控器(数量:1)

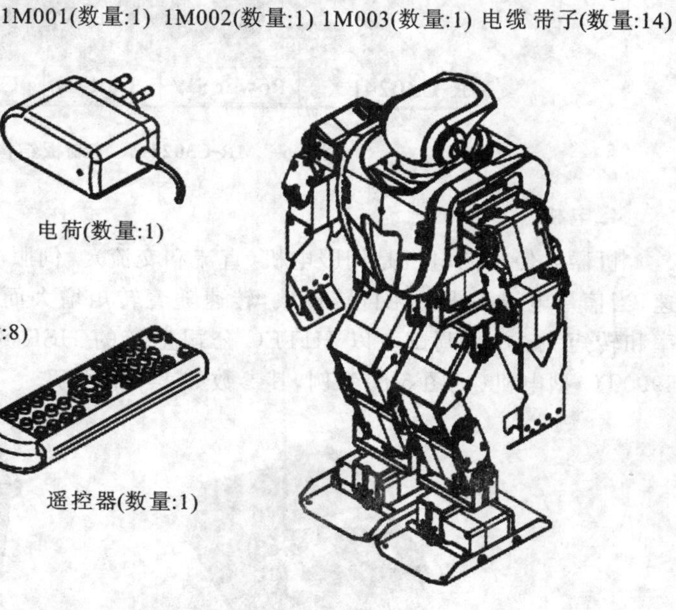

图 5-5 MF 机器人零件 2

3. 控制器的简介

MF 机器人控制器：ATMEL ATMEGA 128；内存为 56 KB 闪存型；协议接口；伺服参数设置功能；可选 LED 指示单元；三种 PWM 输出；八个 A/D 接口；最多支持四个陀螺仪；支持蓝牙；支持语音控制；内置电压蜂鸣器；兼容多种编程语言。METAL FIGHTER（金属战士）的控制器内装载了基本程序，组装后可进行多种活动。机器人的动作有舞蹈模式、打斗模式、游戏模式、足球模式、障碍物竞走模式等。MR-C3024FX 控制板结构示意图如图 5-6 所示。

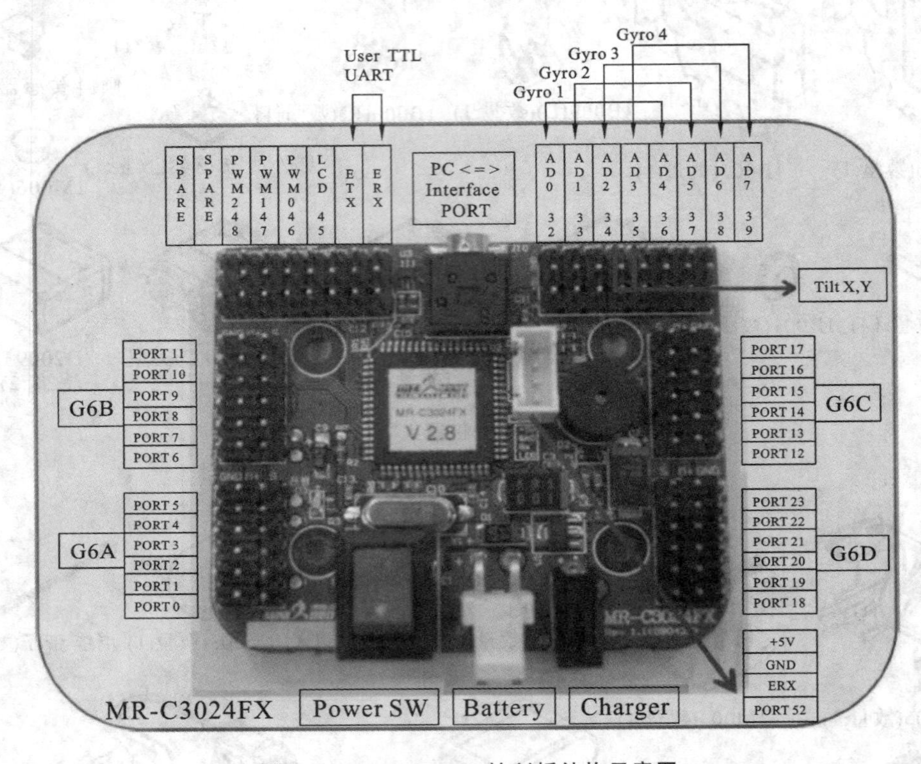

图 5-6　MR-C3024FX 控制板结构示意图

4. 电机

机器人使用的电机是伺服电机（直流和交流）。伺服电机能将电压信号转化为转矩和转速，当信号电压为零时无自转现象，转速随着转矩增大而匀速下降，体积小，质量小，输出功率和转矩大，方便调试。以 HITEC 公司生产的 HSR 8498HB 型电机（见图 5-7）和 HSR 5990TG 型电机（见图 5-8）为例，其参数如表 5-1 所示。

图 5-7　HSR 8498HB 型电机

图 5-8　HSR 5990TG 型电机

表 5-1　HSR 8498HB 型电机与 HSR 5990TG 型电机的参数

电机型号	HSR 8498HB	HSR 5990TG
力矩(6 V)	7.40 kg·cm	24.00 kg·cm
力矩(7.4 V)	9.00 kg·cm	30.00 kg·cm
电机每转动 60°所需时间(6 V)	0.20 s	0.17 s
电机每转动 60°所需时间(7.4 V)	0.18 s	0.14 s
质量	54.7 g	68.0 g
长×宽×高	39.9 mm×19.8 mm×36.7 mm	39.9 mm×19.8 mm×36.8 mm

5. 遥控器

遥控器需对准机器人头部进行操纵。另外，遥控信号是以红外线方式进行传导的，所以在光亮的荧光灯下或室外可能存在通信不稳定现象。机器人遥控信号接收装置安装在头部护目镜内部。

6. 电池和充电器

MF 机器人使用 6V NiMH 1500 mA 高放电率电池，使用 6V NiMH 电池专用充电器，充电器充电电流为 1 A。电池和充电器如图 5-9 所示。

7. 下载线

机器人程序设置完成后，将下载线(见图 5-10)插入计算机的串行接口。连接笔记本电脑时则需用 USB 下载线。

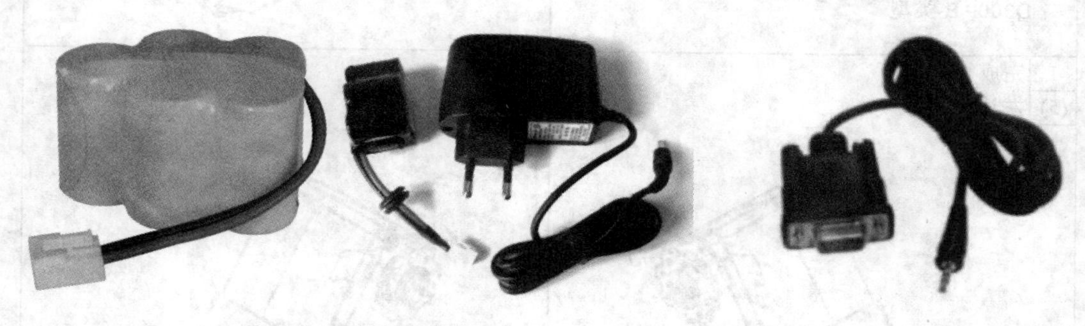

图 5-9　电池和充电器

图 5-10　下载线

5.1.3　MF 机器人组装步骤

下面来看一下 MF 机器人是按照什么样的步骤(见图 5-11 至图 5-34)进行组装的，为我们今后更好地学习机器人编程打下坚实的基础。

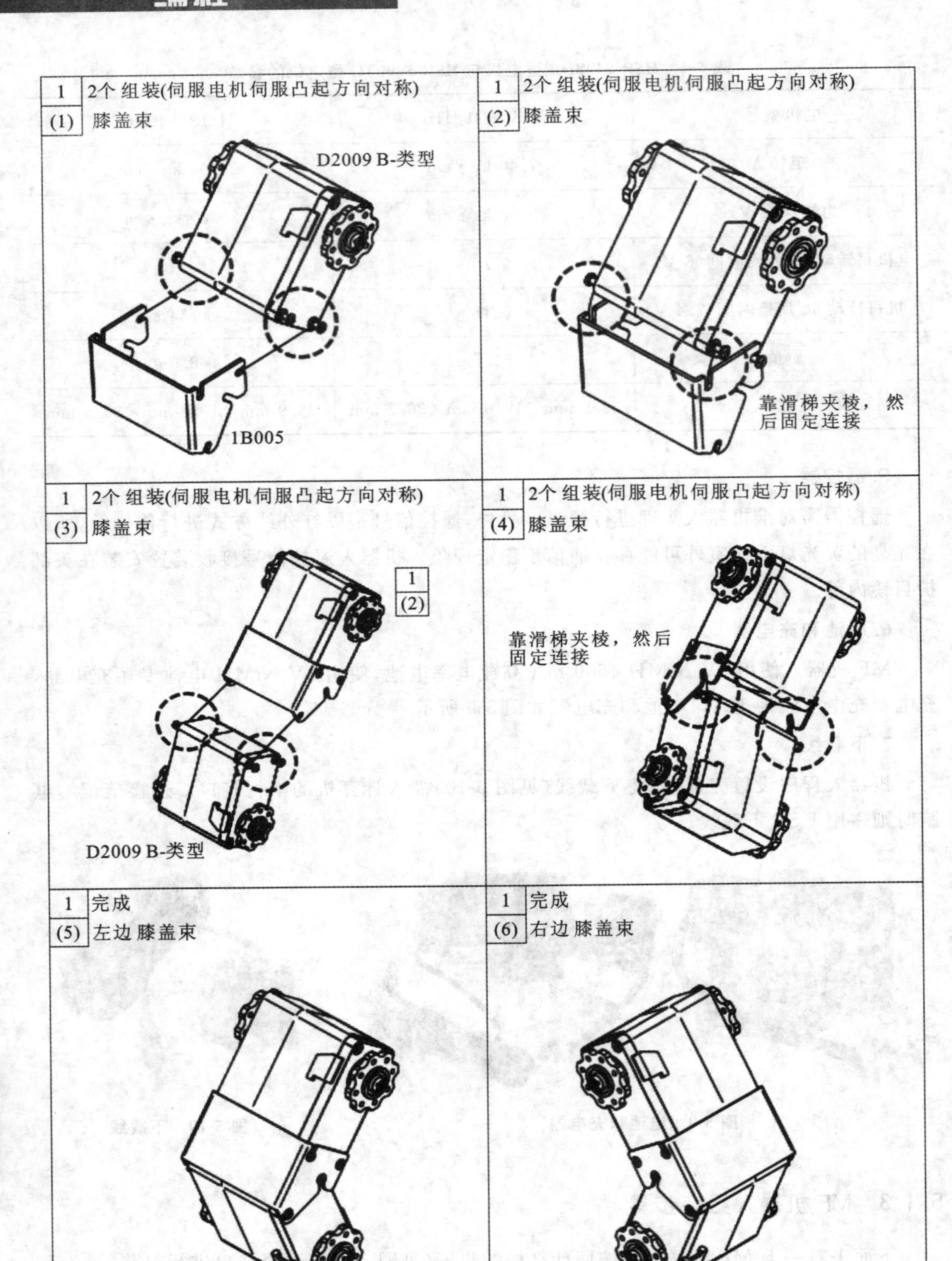
1
2个 组装(伺服电机伺服凸起方向对称)
(1)
膝盖束
D2009 B-类型
1B005
1
2个 组装(伺服电机伺服凸起方向对称)
(2)
膝盖束
靠滑梯夹棱，然后固定连接
1
2个 组装(伺服电机伺服凸起方向对称)
(3)
膝盖束
1
(2)
D2009 B-类型
1
2个 组装(伺服电机伺服凸起方向对称)
(4)
膝盖束
靠滑梯夹棱，然后固定连接
1
完成
(5)
左边膝盖束
1
完成
(6)
右边膝盖束

图 5-11 膝盖的组装

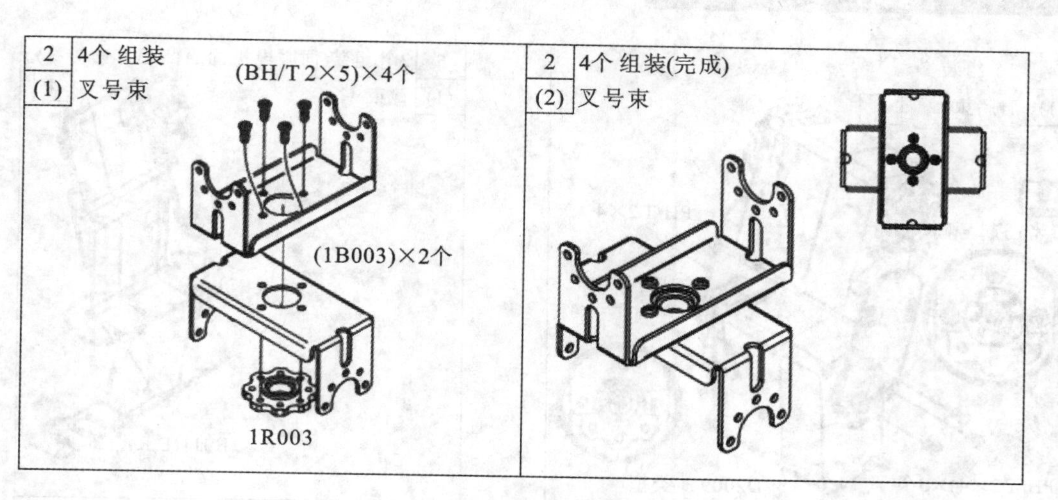

图 5-12 腰部的组装

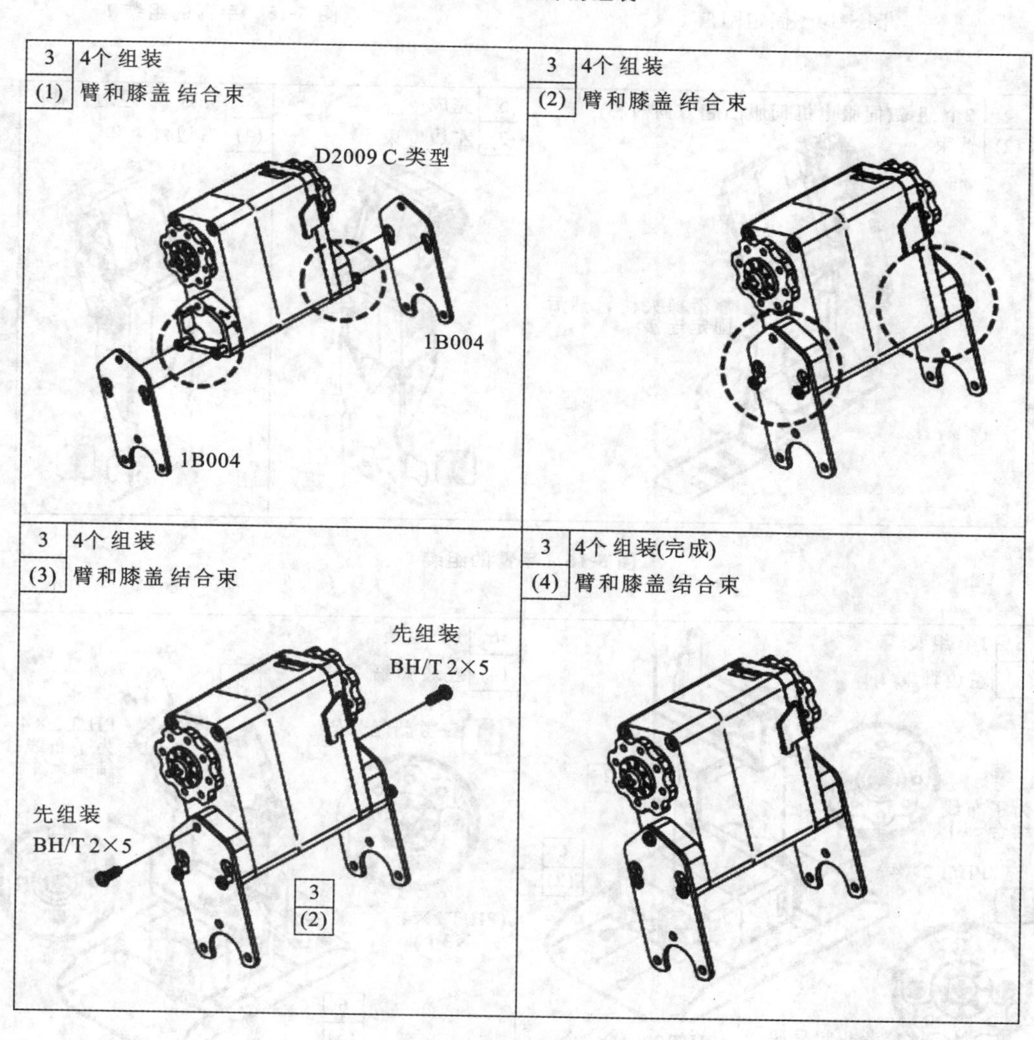

图 5-13 臂、膝盖连接处

4 2个组装
(1) 肩膀束
3
参考凸起号码
PH/T 2×4
为了布线
结合一个
(PH/T 2×4)×3个
D2009 B-类型

图 5-14 固定圆盘

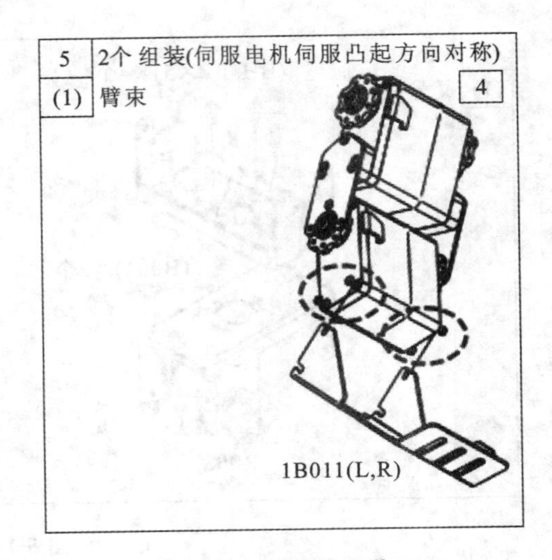

图 5-15 手臂的组装 1

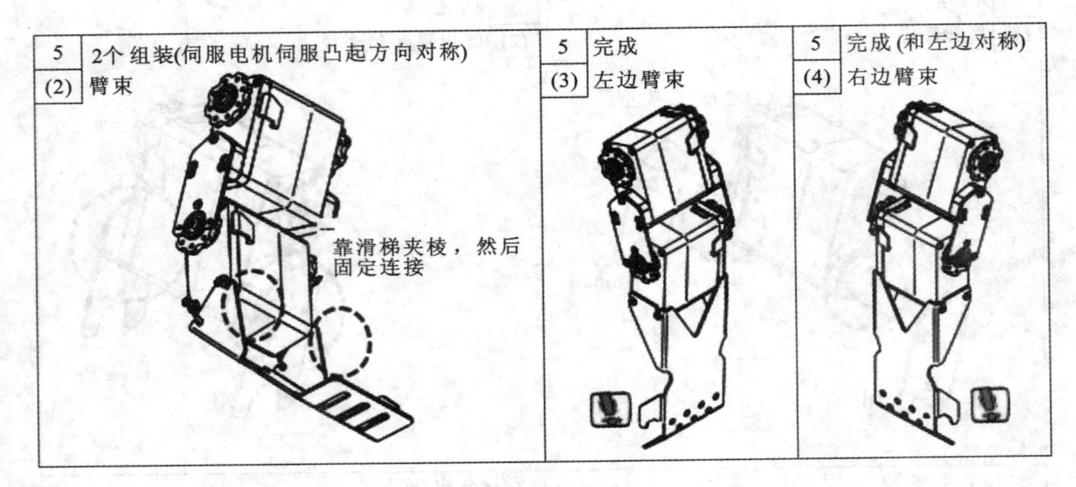

图 5-16 手臂的组装 2

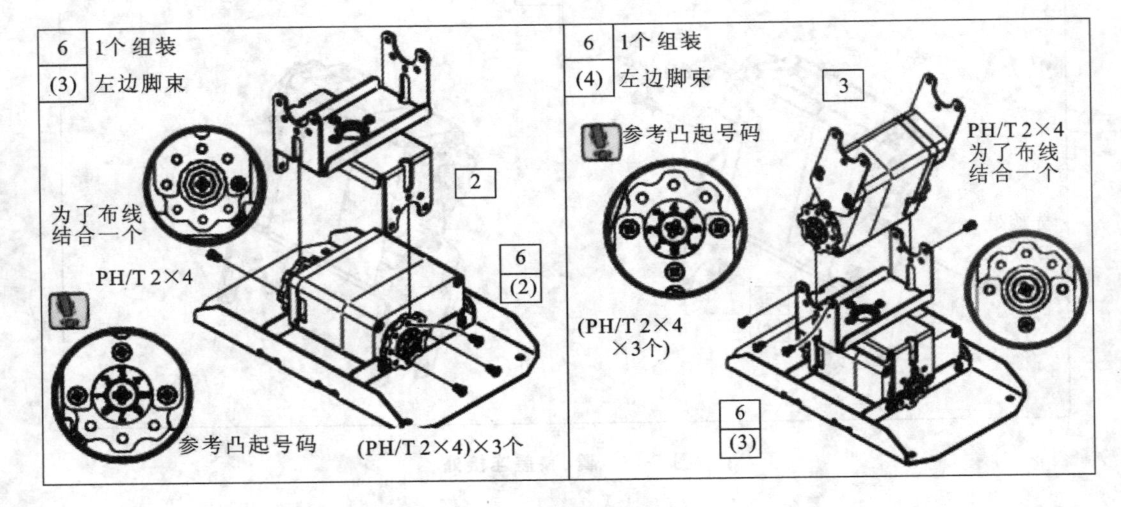

图 5-17 左腿脚板组装

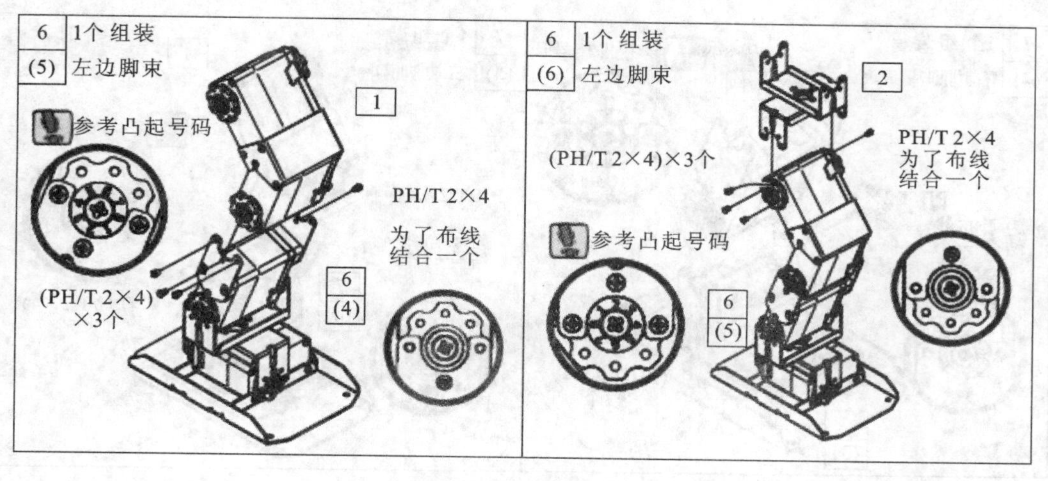

图 5-18 左腿组装 1

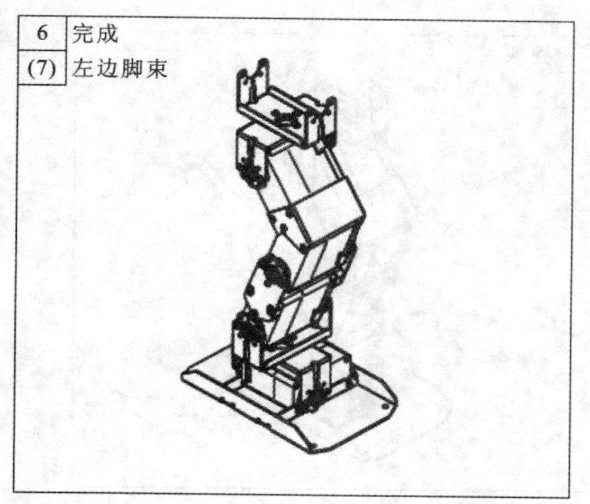

图 5-19 左腿组装 2

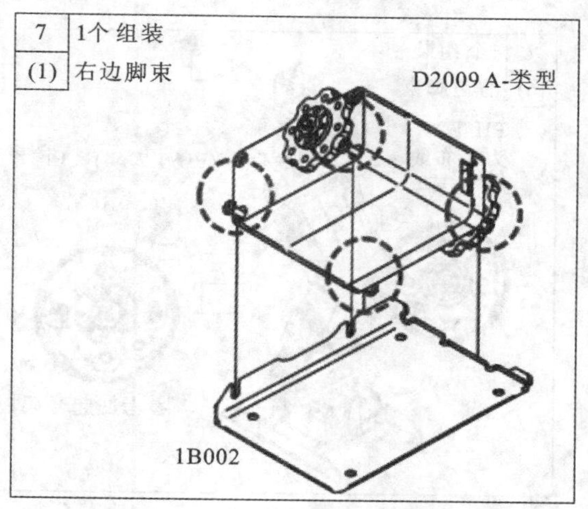

图 5-20 右腿脚板组装

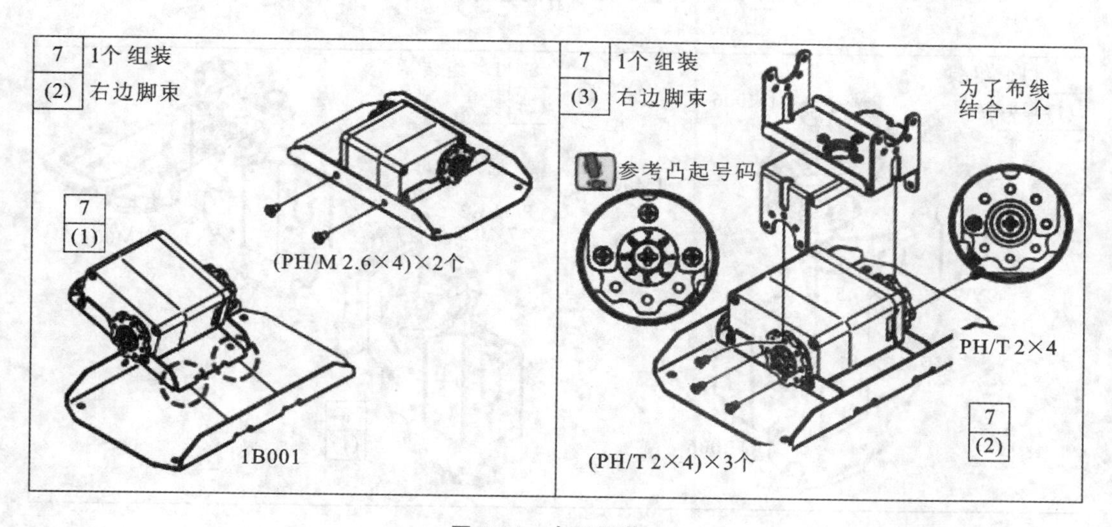

图 5-21 右腿组装 1

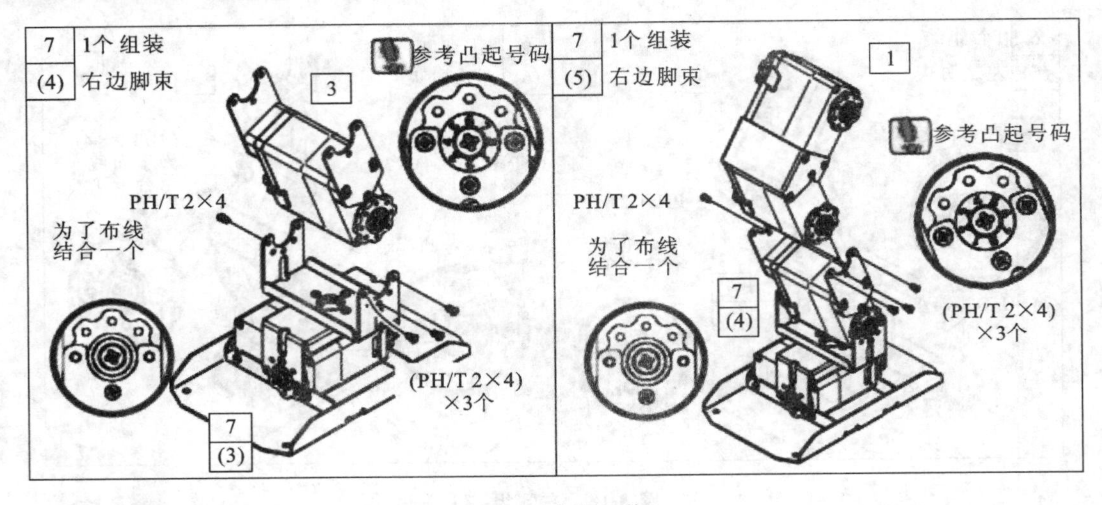

图 5-22　右腿组装 2

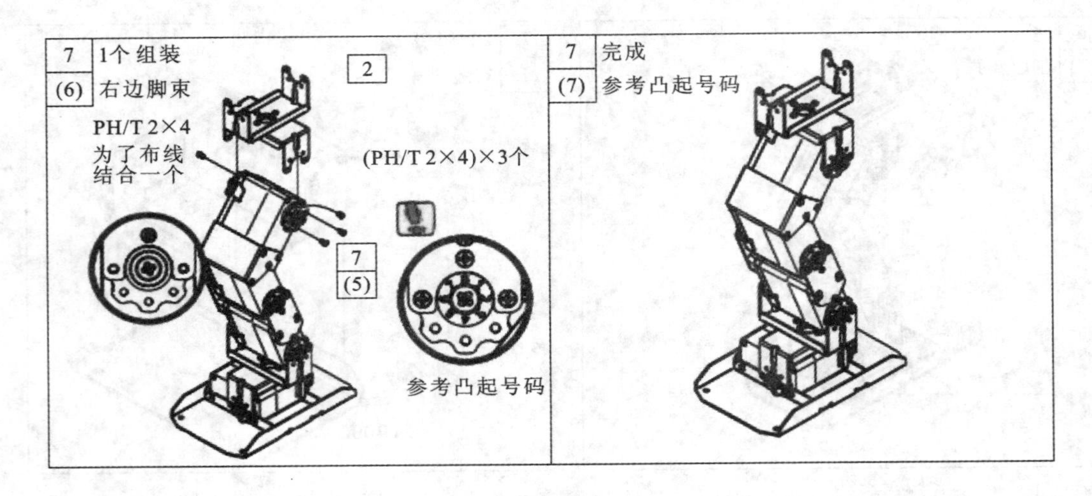

图 5-23　右腿组装 3

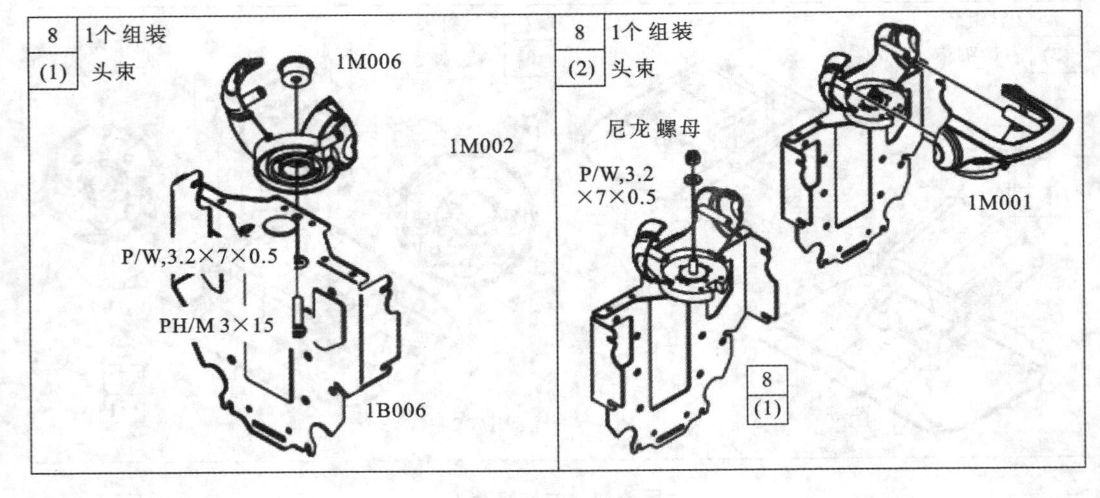

图 5-24　头部的组装

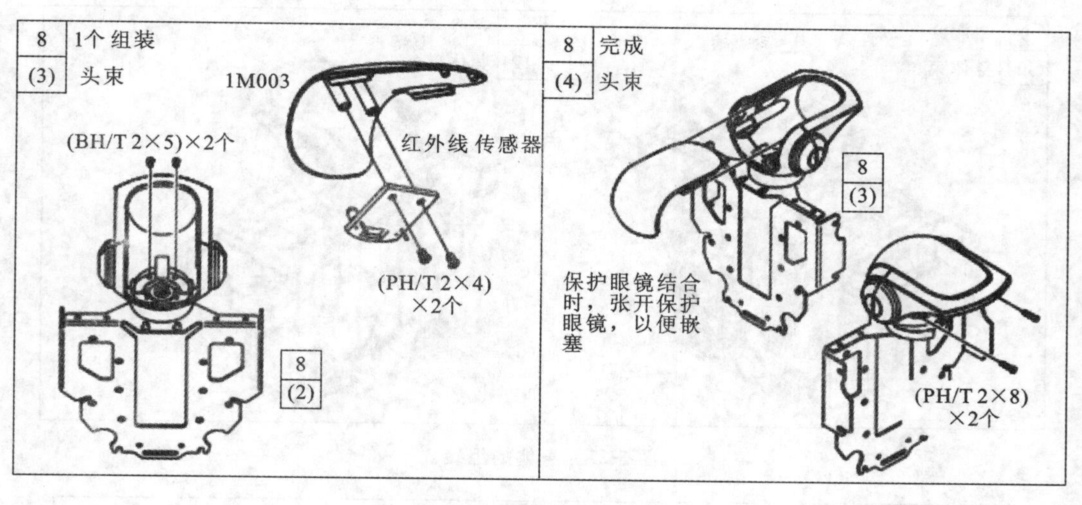

续图 5-24

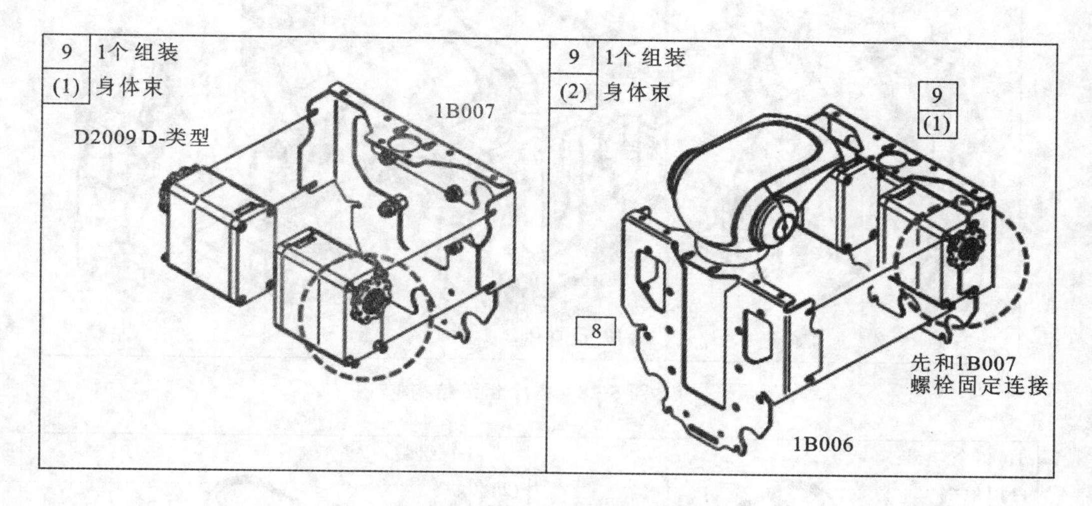

图 5-25　身体的组装 1

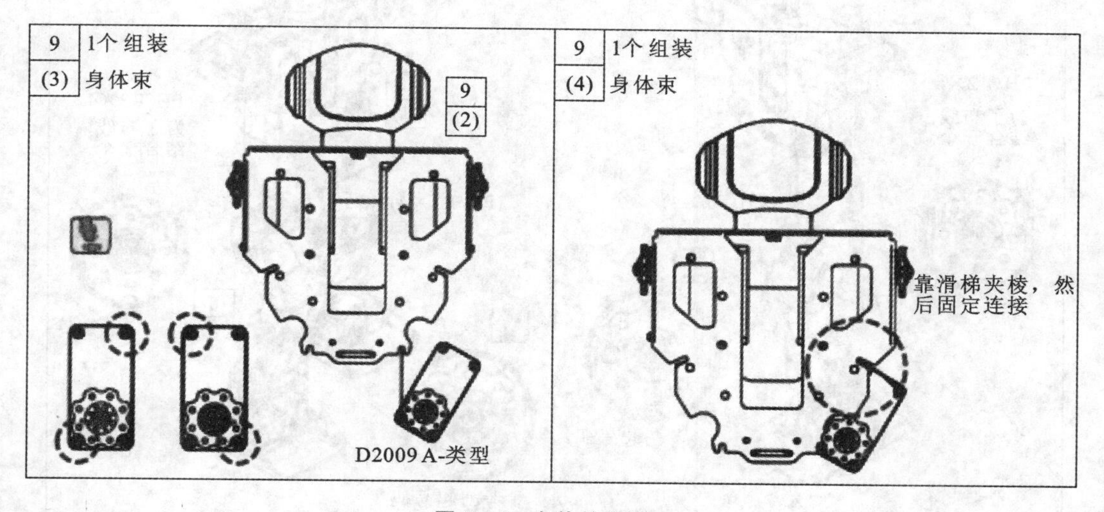

图 5-26　身体的组装 2

9 完成
(11) 身体束

9 完成
(12) 身体束

图 5-27　身体的组装 3

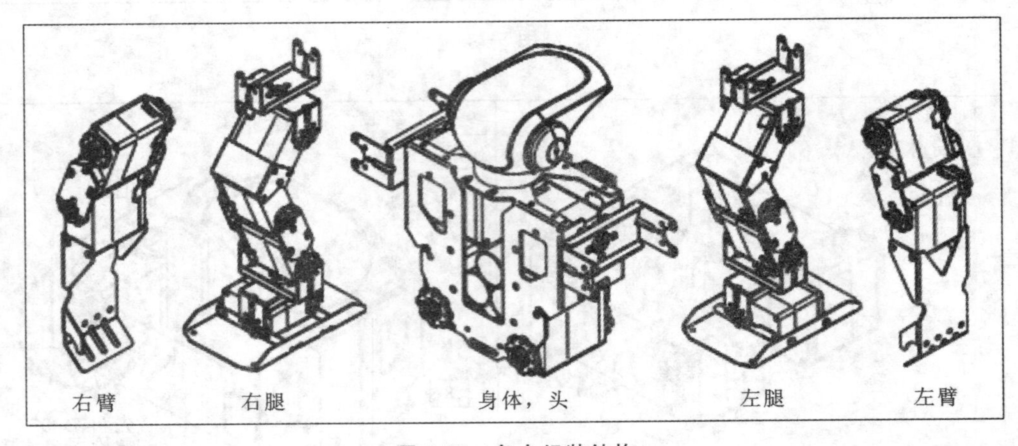

图 5-28　各个组装结构

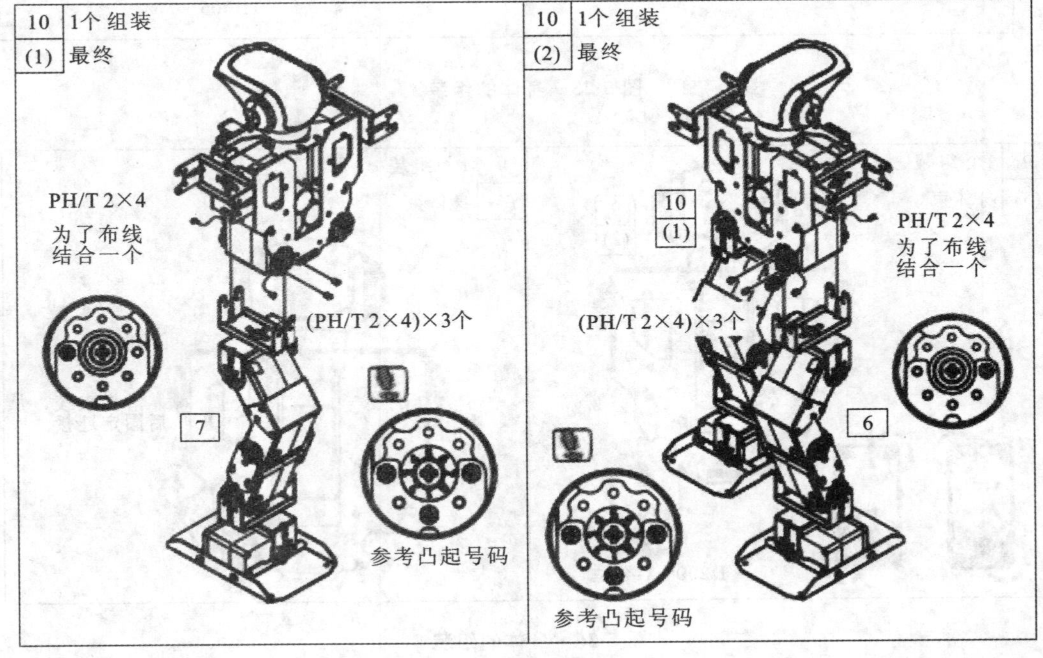

图 5-29　身体与腿连接

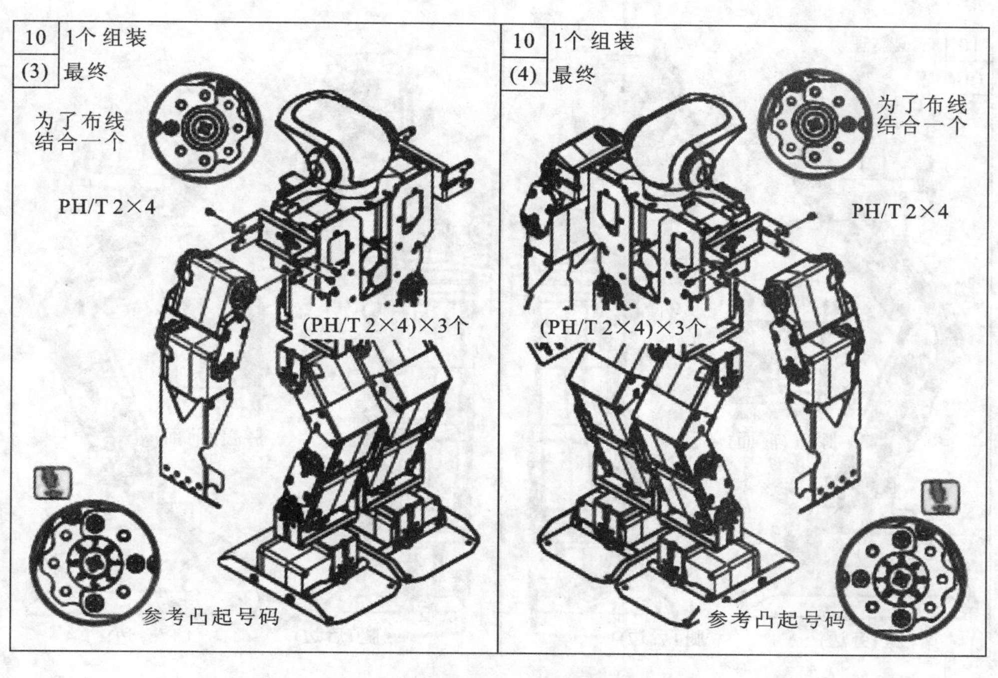

图 5-30 身体与胳膊连接

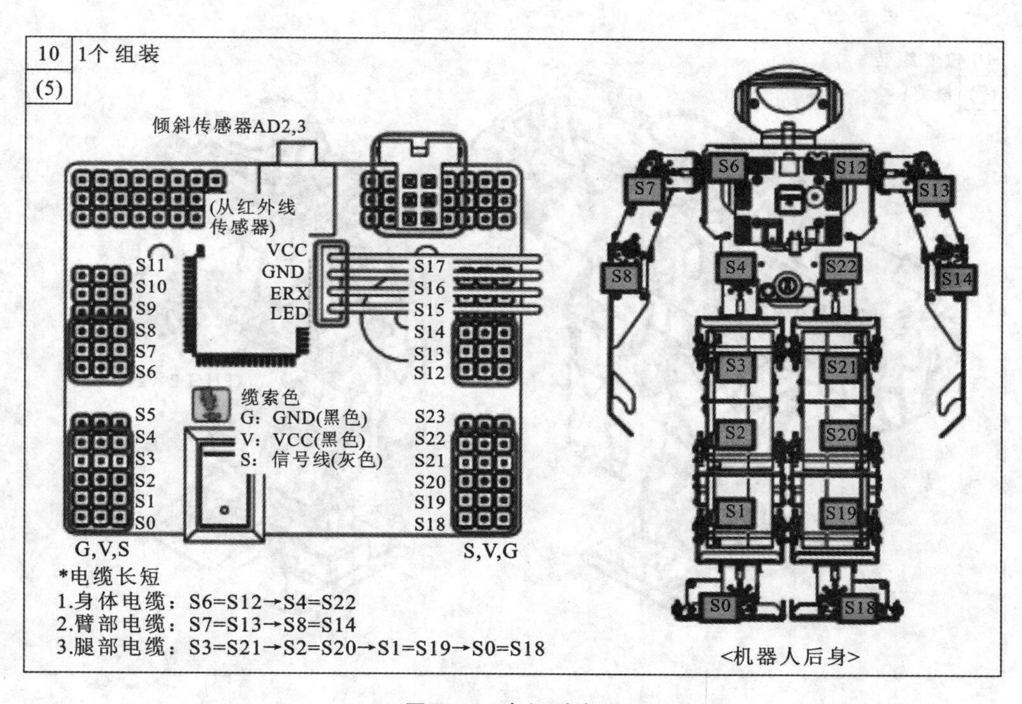

图 5-31 电机对应口

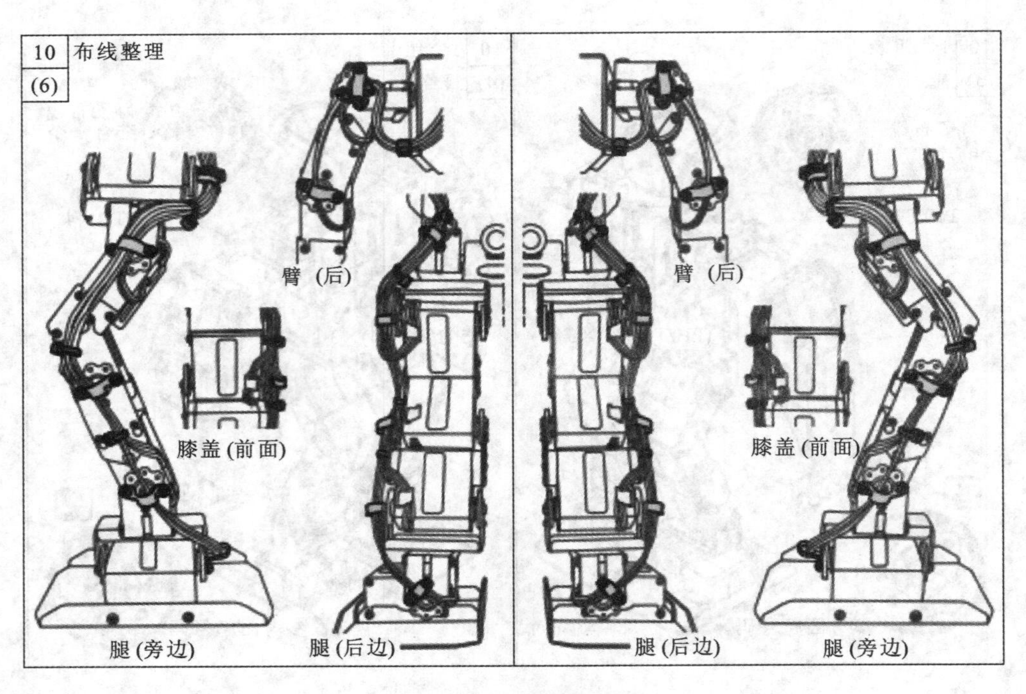

图 5-32 腿部电机连线

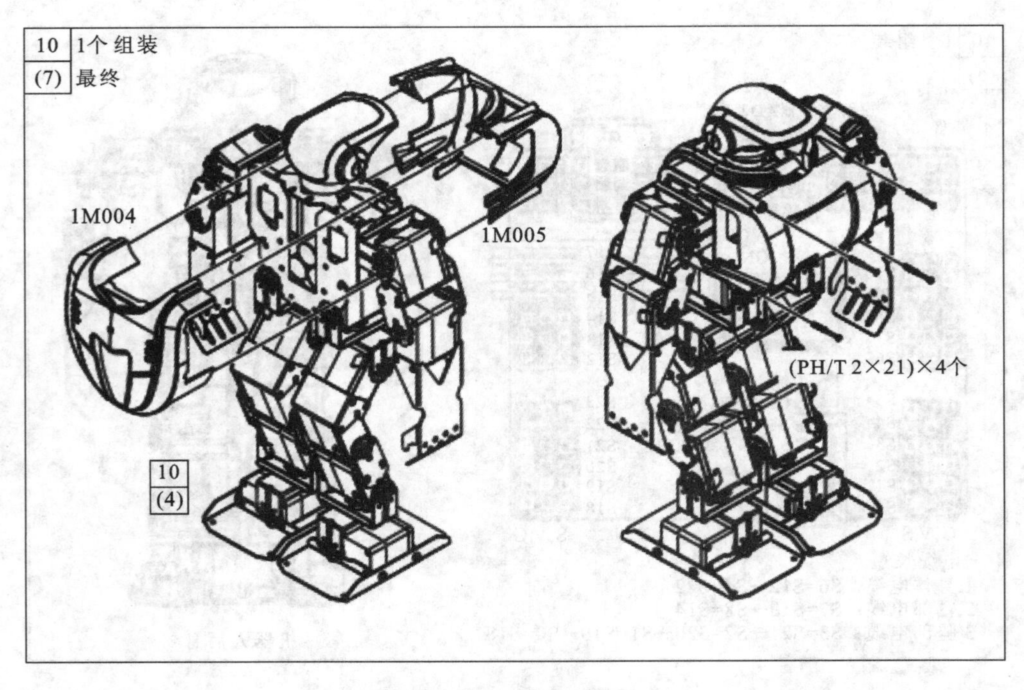

图 5-33 外壳安装

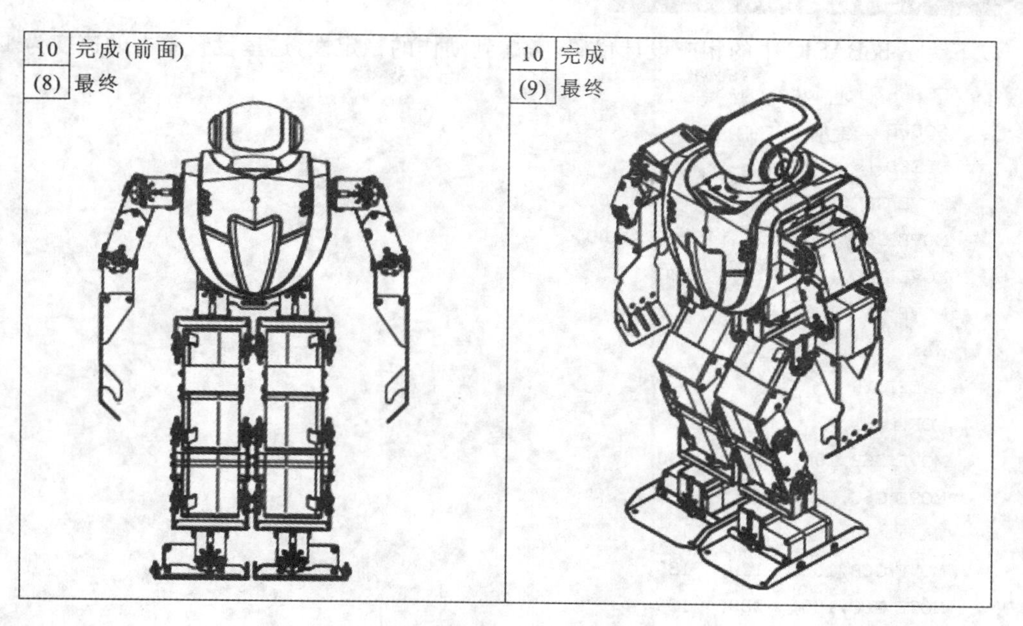

图 5-34　组装完毕

5.2　仿人机器人基本动作

组装好并完成初始设置的机器人充电完成后,即可用遥控器控制其动作。MF 机器人可以做大约 120 个动作。为了更有娱乐性,设置了"舞蹈模式""打斗模式""游戏模式""足球模式""障碍物竞走模式""照相机模式"等机器人动作模式。遥控器操作及机器人动作模式介绍可参阅相关说明书,在此不详细介绍。

5.2.1　站立欢呼的程序设计

机器人可以模拟人的站立欢呼的动作。站立欢呼的姿态控制流程图如图 5-35 所示。根据流程图分别建立站立欢呼的姿态的动作截图如图 5-36 所示。

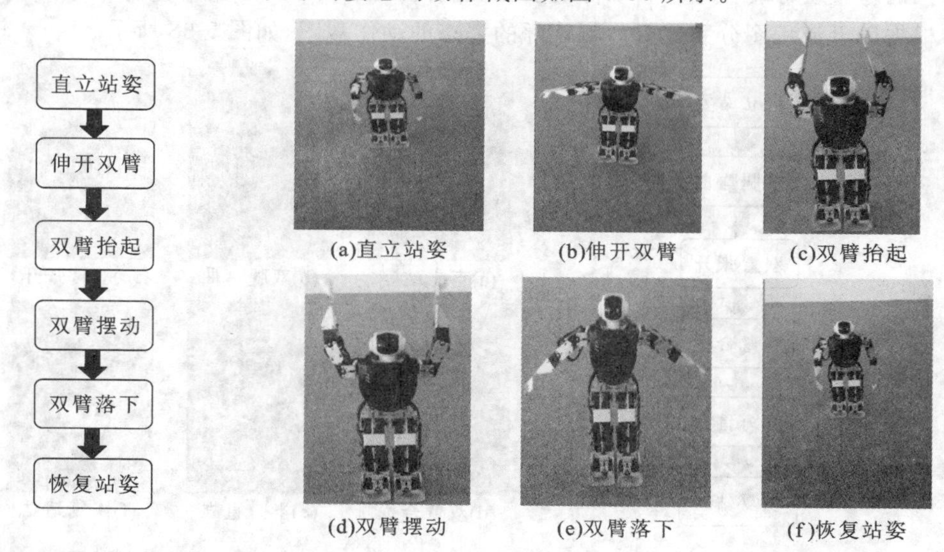

图 5-35　站立欢呼的姿态控制流程图

图 5-36　站立欢呼的姿态的动作截图

以下为 roboBASIC 中的相应设计代码，考虑到动作的稳定性，这里设置单击的速度为 15。

```
GOSUB Arm_motor_mode3
GOSUB Leg_motor_mode2
SPEED 15
MOVE G6A,100,   76,145,   93,100
MOVE G6D,100,   76,145,   93,100
MOVE G6B,100,   180,   120
MOVE G6C,100,   180,   120
WAIT
SPEED 10
FOR i= 1 TO 3
MOVE G6B,100,   145,   100
MOVE G6C,100,   145,   100
WAIT
MOVE G6B,100,   180,   130
MOVE G6C,100,   180,   130
WAIT
NEXT i
DELAY 200
SPEED 8
GOSUB stand_pose
GOSUB All_motor_Reset
RETURN
```

将上述程序下载到机器人控制面板中，按下按键，机器人会按照程序来完成欢呼的动作。

5.2.2 弯腰欢呼的程序设计

机器人有很多的基本动作，其中欢呼包括站立欢呼和弯腰欢呼的动作，下面介绍机器人模拟人的弯腰欢呼动作。弯腰欢呼的姿态控制流程图如图 5-37 所示。

根据以上流程图分别建立弯腰欢呼的姿态的动作截图，如图 5-38 所示。

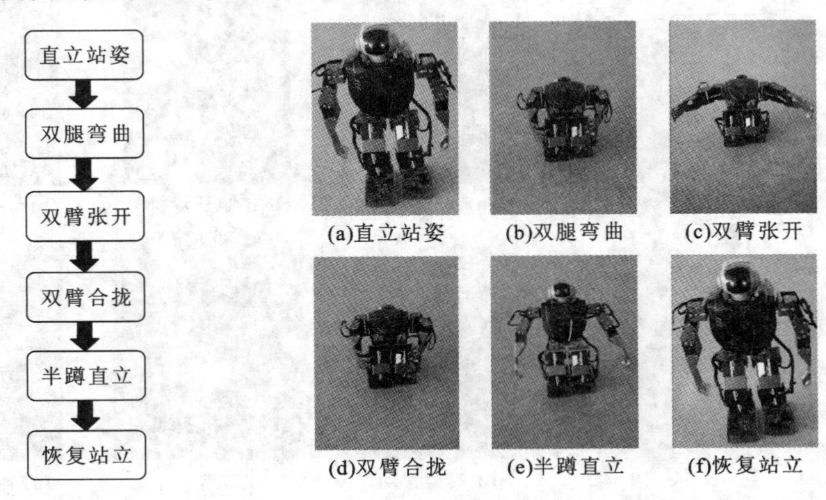

图 5-37　弯腰欢呼的姿态控制流程图

图 5-38　弯腰欢呼的姿态的动作截图

以下为 roboBASIC 中的相应设计代码，将其写入机器人的控制器中就可以让机器人完成弯腰欢呼的动作。

```
SPEED 10
GOSUB stand_pose
GOSUB All_motor_mode3
SPEED 8
MOVE G6A,100,163,  75,  15,100
MOVE G6D,100,163,  75,  15,100
MOVE G6B,185,100,90
MOVE G6C,185,100,90
WAIT
SPEED 2
MOVE G6A,100,165,  70,  10,100,100
MOVE G6D,100,165,  70,  10,100,100
MOVE G6B,185,100,90
MOVE G6C,185,100,90
WAIT
DELAY 400
SPEED 15
FOR I= 1 TO 5
MOVE G6B,185,20,50
MOVE G6C,185,20,50
WAIT
MOVE G6B,185,70,80
MOVE G6C,185,70,80
WAIT
NEXT I
MOVE G6B,100,70,80
MOVE G6C,100,70,80
WAIT
GOSUB Leg_motor_mode2
SPEED 8
MOVE G6A,100,145,  70,  80,100,100
MOVE G6D,100,145,  70,  80,100,100
MOVE G6B,100,40,90
MOVE G6C,100,40,90
WAIT
SPEED 8
MOVE G6A,100,121,  80,110,101,100
MOVE G6D,100,121,  80,110,101,100
MOVE G6B,100,  40,  80,,,
MOVE G6C,100,  40,  80,,,
WAIT
SPEED 8
```

```
GOSUB stand_pose
GOSUB All_motor_Reset
RETURN
```

5.2.3 获胜礼仪动作的程序设计

机器人可以模拟人获胜后的一些动作。模拟人的获胜礼仪动作的姿态控制流程图如图5-39 所示。

根据流程图分别建立获胜礼仪动作截图，如图 5-40 所示。

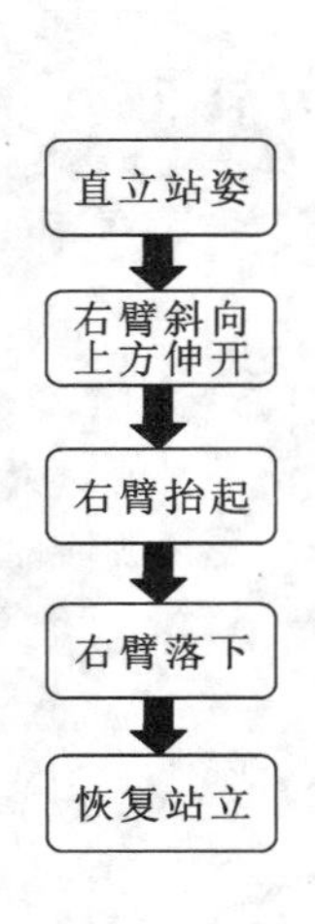

图 5-39　获胜礼仪动作的姿态控制流程图

(a)直立站姿

(b)右臂斜向上方伸开

(c)右臂抬起

(d)右臂落下

(e)恢复站立

图 5-40　获胜礼仪动作截图

以下为 roboBASIC 中的相应设计代码，将其写入机器人的控制器中就可以让机器人完成获胜礼仪动作。

```
SPEED 15
MOVE G6A,100,  76,145,  93,100
MOVE G6D,100,  76,145,  93,100
MOVE G6B,100,  40,  80
MOVE G6C,100,  180,  120
WAIT
SPEED 10
FOR i= 1 TO 4
MOVE G6C,100,  145,  100
WAIT
MOVE G6C,100,  180,  130
WAIT
NEXT i
```

```
DELAY 200
SPEED 8
GOSUB stand_pose
GOSUB All_motor_Reset
RETURN
```

5.2.4 敬礼动作的程序设计

我们在获胜之后还可以用敬礼来表达感情，所以可以让机器人模拟人获胜之后的敬礼动作。敬礼的程序设计需要使用循环语句，与人敬礼不同的是，机器人敬礼时其手部要高于头部。建立敬礼动作截图如图 5-41 所示。

图 5-41　敬礼动作截图

以下为 roboBASIC 中的相应设计代码，将其写入机器人的控制器中就可以让机器人完成敬礼动作。我们可以通过更改电机的速度来改变机器人敬礼动作的快慢。

```
GOSUB Arm_motor_mode3
SPEED 15
MOVE G6A,100,  76,145,  93,100
MOVE G6D,100,  76,145,  93,100
MOVE G6B,100,  30,  80
MOVE G6C,100,  185,  170
WAIT
SPEED 4
FOR i= 1 TO 8
MOVE G6C,100,  170,  185
WAIT
MOVE G6C,100,  185,  170
WAIT
NEXT i
DELAY 200
SPEED 8
GOSUB stand_pose
GOSUB All_motor_Reset
RETURN
```

5.2.5 倒地后站立的程序设计

机器人在表演的过程中可能遇到一些预料不到的情况，比如机器人在最初的时候没有调到零点，机器人电量不足等，这些因素都可能导致机器人倒地，所以设计机器人程序的时候应设计一个机器人在倒地后站立起来的程序。根据机器人在实际中的变化情况制作出动作的截图如图 5-42 所示。

图 5-42　倒地后站立的动作截图

根据动作的截图，可以在 roboBASIC 中完成代码设计，具体代码如下。

```
SPEED 10
MOVE G6A,100,140,  37,140,100,100
MOVE G6D,100,140,  37,140,100,100
WAIT
SPEED 3
MOVE G6A,100,143,  28,142,100,100
MOVE G6D,100,143,  28,142,100,100
MOVE G6B,100,  30,  80
MOVE G6C,100,  30,  80
WAIT
SPEED 8
MOVE G6B,140
MOVE G6C,140
WAIT
SPEED 4
MOVE G6A,95,163,  28,160,105
MOVE G6D,95,163,  28,160,105
```

```
MOVE G6B,160,  15,  90
MOVE G6C,185,  20,  85
WAIT
DELAY 400
SPEED 10
FOR i= 1 TO 8
MOVE G6C,165,  20,  85
WAIT
MOVE G6C,188,  20,  85
WAIT
NEXT i
DELAY 500
GOSUB Leg_motor_mode3
SPEED 10
MOVE G6A,  100,165,  28,162,100
MOVE G6D,  100,165,  28,162,100
MOVE G6B,  155,15,90
MOVE G6C,  155,15,90
WAIT
SPEED 10
MOVE G6A,  100,150,  27,162,100
MOVE G6D,  100,150,  27,162,100
MOVE G6B,  140,15,90
MOVE G6C,  140,15,90
WAIT
SPEED 6
MOVE G6A,  100,138,  28,155,100
MOVE G6D,  100,138,  28,155,100
MOVE G6B,113,  30,80
MOVE G6C,113,  30,80
WAIT
GOSUB Leg_motor_mode2
SPEED 8
GOSUB stand_pose
RETURN
```

5.2.6 机器人抱抱的程序设计

机器人能像人一样做出能够表达自己感情的动作，比如做出抱抱的动作。机器人抱抱动作的截图如图 5-43 所示。

图 5-43　抱抱动作的截图

根据动作的截图，可以在 roboBASIC 中完成代码的设计，具体代码如下。

```
SPEED 12
MOVE G6A,88,   71,152,  91,110
MOVE G6D,108,  76,146,  93,  92
MOVE G6B,100,  60,  80
MOVE G6C,160,  50,  80
WAIT
SPEED 15
MOVE G6A,85,  76,145,94,110
MOVE G6D,108,  81,135,  98,98
MOVE G6B,100,  60,  80
MOVE G6C,160,  50,  80
WAIT
SPEED 6
MOVE G6A,90,  92,115,109,125,100
MOVE G6D,103,  76,141,  98,  82,100
MOVE G6B,160,  50,  80
MOVE G6C,188,  50,  80
WAIT
SPEED 5
FOR i= 1 TO 6
MOVE G6B,160,  50,  50
MOVE G6C,188,  50,  50
WAIT
MOVE G6B,160,  55,  80
MOVE G6C,188,  55,  80
WAIT
```

```
NEXT i
SPEED 10
MOVE G6A,85,  76,145,94,110
MOVE G6D,108,  81,135,  98,98
MOVE G6B,100,  40,  80
MOVE G6C,160,  60,  80
WAIT
SPEED 10
MOVE G6A,88,  71,152,  91,110
MOVE G6D,108,  76,146,  93,  92
MOVE G6B,100,  40,  80
MOVE G6C,140,  60,  90
WAIT
SPEED 6
MOVE G6A,95,  75,146,  93,105
MOVE G6D,109,  76,146,  93,  92
WAIT
SPEED 3
GOSUB stand_pose
GOSUB All_motor_Reset
RETURN
```

以上程序能够让机器人做出抱抱的动作。

5.3 仿人机器人行走动作的程序设计

5.3.1 向前一步动作的程序设计

仿人机器人步行模拟人类步行。通过对人类行走的动作进行分解，再根据人走路的姿态和关节状态来设计机器人关节电机的旋转角度，从而实现机器人步行这一过程，如图 5-44 所示。

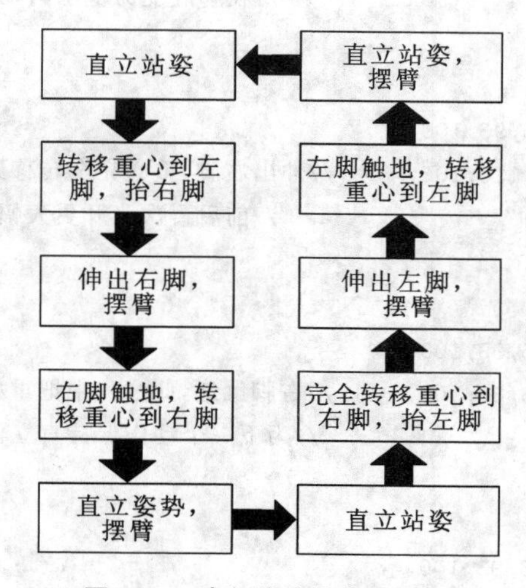

图 5-44　步行姿态控制流程图

根据以上流程图建立相应的动作截图，如图 5-45 所示。

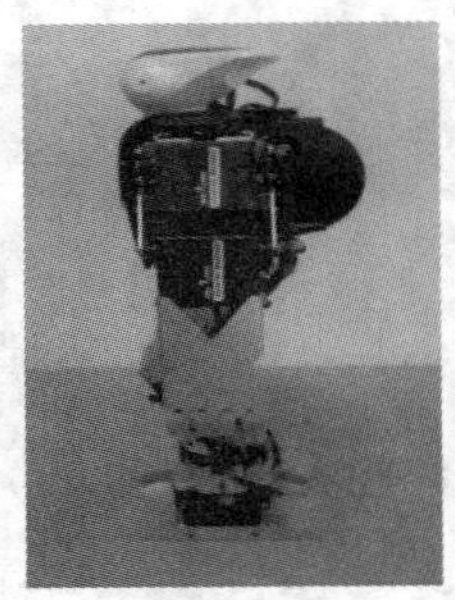
(a)直立站姿

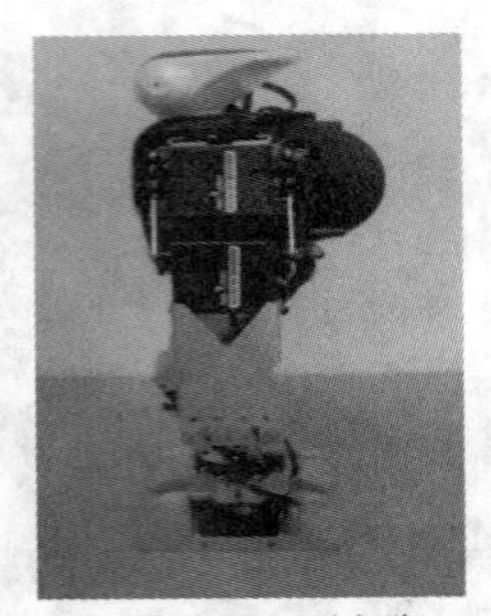
(b)转移重心到左脚

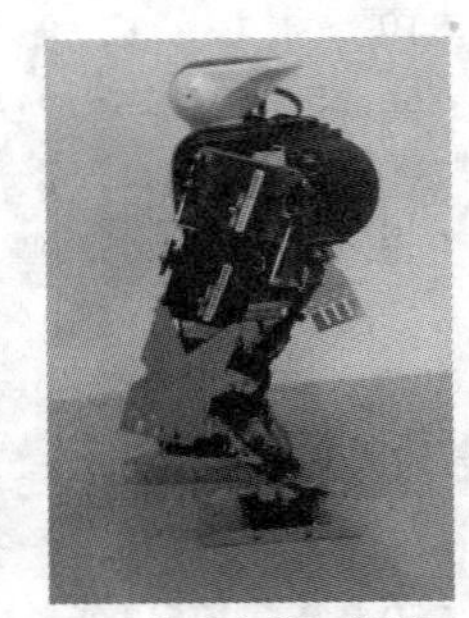
(c)伸出右脚，摆臂

(d)右脚触地，转移重心

(e)完全转移重心到右脚

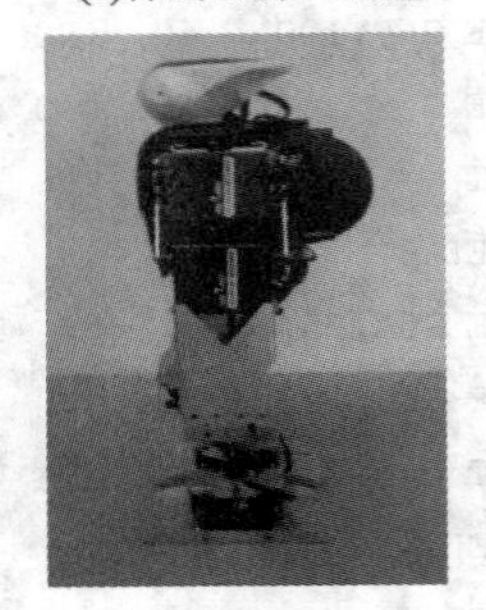
(f)直立站姿

图 5-45 (侧面)动作截图

以下为在 roboBASIC 中设计的相应代码。考虑到动作的稳定性，设置电机速度为 6。

```
SPEED 6
MOVE G6A,100,76,145,93,100
MOVE G6D,100,76,145,93,100          //此动作为直立,手臂下垂保持平衡
MOVE G6B,100,30,80
MOVE G6C,100,30,80
WAIT
MOVE G6A,108,76,145,98,100
MOVE G6D,100,96,135,88,100          //右脚稍微抬起,身体左倾,使重心的投影
MOVE G6B,120,30,80                      //在脚底受力范围内,为下一步的动作做准备
MOVE G6C,80,30,80
WAIT
MOVE G6A,111,75,145,93,100
MOVE G6D,95,46,165,128,106          //伸出右脚,重心完全转移到左脚,手臂
MOVE G6B,130,30,80                      //前后再次张开更大幅度,同时保持身体平衡
MOVE G6C,70,30,80
WAIT
MOVE G6D,108,76,145,98,100
MOVE G6A,100,96,135,88,103          //右脚触地,此过程中把重心向右脚转移
MOVE G6C,120,30,80                  //为下一个动作保持直立做准备
MOVE G6B,80,30,80
WAIT
MOVE G6A,100,76,145,93,100
```

```
MOVE G6D,100,76,145,93,100          //还原到初始直立姿势
MOVE G6B,100,30,80
MOVE G6C,100,30,80
WAIT
```

若直接将以上程序下载到机器人控制器中并运行，机器人会出现摔倒现象。其原因是在不同动作的衔接上有偏差。人在走路的时候，肌肉会不断地协调动作来保持人体的平衡性，而机器人在没有传感器协助的情况下无法自我调节，因此在设计静态动作的同时也必须考虑动作之间的协调性。优化后的步行姿态控制流程图如图 5-46 示。

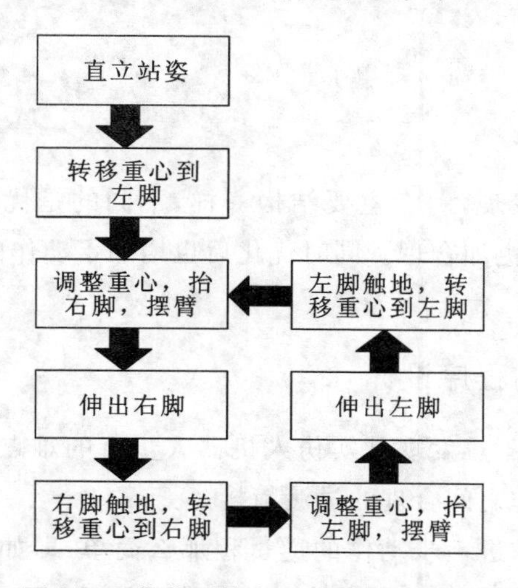

图 5-46 优化后的步行姿态控制流程图

对前述代码进行优化后形成以下代码。

```
TAKE ONE STEP:
SPEED 7
MOVE G6A,100,76,145,93,100
MOVE G6D,100,76,145,93,100         //此姿势为直立,手臂下垂,保持平衡
MOVE G6B,100,30,80
MOVE G6C,100,30,80
WAIT
SPEED 4
MOVE G6A,88,71,152,91,110
MOVE G6D,108,76,146,93,94          //身体左倾,使重心向左脚偏移
MOVE G6B,100,35                    //为了增强稳定性,增加了这一步
MOVE G6C,100,35
WAIT
SPEED 4
MOVE G6A,103,79,136,99,95,         //使重心完全转移到左脚
MOVE G6D,99,48,156,108,111,        //抬右脚,摆臂,保持平衡
MOVE G6B,147,30,81,,,
```

```
MOVE G6C,101,32,81,,,
WAIT
MOVE G6A,102,60,133,122,106,
MOVE G6D,99,69,145,99,103,
MOVE G6B,103,30,81,,,
MOVE G6C,152,34,82,,,
WAIT
MOVE G6A,100,76,145,93,100
MOVE G6D,100,76,145,93,100
MOVE G6B,100,30,80
MOVE G6C,100,30,80
WAIT
```

优化前和优化后比较发现，两者主要结构一样，不同的是优化后在动作上做了平滑处理，让动作在前后的衔接上更加合理。同时优化后也增加了动作的稳定性，这对步态设计来说是非常重要的。

5.3.2 后退一步动作的程序设计

通过前述内容的学习，不难发现其实仿人机器人步行的难点在于对其重心处与支撑区域的稳定性控制和不同动作之间合理的过渡衔接。

后退一步的动作绝非前进一步动作的逆过程那么简单，即如果将在前一节中设计的代码调换执行顺序后，下载到机器人控制器中并进行实际测试，会出现机器人摔倒的情况。但后退和前进的动作结构是类似的，还是要考虑重心的变化，可根据前进的步态控制流程来规划后退的动作流程。动作截图如图 5-47 和图 5-48 所示。

(a)直立站姿

(b)身体右倾，重心向右脚转移

(c)抬左脚，摆臂

(d)向后伸出左脚

(e)左脚触地，转移重心到左脚

(f)直立站姿，摆臂

图 5-47 (正面)动作截图

(a)直立站姿

(b)身体右倾，重心向右脚转移

(c)抬左脚，摆臂

(d)向后伸出左脚

(e)左脚触地，转移重心到左脚

(f)直立站姿，摆臂

图 5-48 (侧面)动作截图

在设计 roboBASIC 代码的过程中，如果发现机器人前后的动作在衔接上不连贯，则可以对静态动作稍加改动，或者在两个动作之间添加一个过渡动作来改善连贯性。设动作函数名为 TAKE A STEP BACK，代码设计如下：

```
TAKE A STEP BACK:
SPEED 7
MOVE G6A,100,76,145,93,100
MOVE G6D,100,76,145,93,100          //直立,手臂下垂,保持平衡
MOVE G6B,100,30,80
MOVE G6C,100,30,80
WAIT
SPEED 4
MOVE G6A,88,71,152,91,110
MOVE G6D,108,76,146,93,94           //身体右倾,重心向右脚转移
MOVE G6C,100,35
MOVE G6B,100,35
WAIT
SPEED 10
MOVE G6A,90,95,115,105,114
MOVE G6D,113,78,146,93,94           //重心完全转移到右脚,抬左脚,摆臂
MOVE G6B,90
MOVE G6C,110
```

```
WAIT
MOVE G6D,110,76,144,100,93
MOVE G6A,90,93,155,71,112        //向后伸左脚
WAIT

MOVE G6D,90,46,163,113,114
MOVE G6A,110,77,147,93,94        //左脚触地,把重心转移到左脚
WAIT


MOVE G6A,100,76,145,93,100
MOVE G6D,100,76,145,93,100        //还原直立姿势
MOVE G6B,100,30,80
MOVE G6C,100,30,80
WAIT
```

5.3.3 连续行走的程序设计

连续行走流程图参考图 5-46。

连续行走的程序设计与向前一步走的程序设计相比,不同之处在于循环体。向前一步走是对整个动作进行循环,连续行走则是把动作进一步分解为启动动作和循环体。启动动作是从直立到做循环体动作之间的缓冲动作。循环体相对于向前一步走中的循环要简单很多,去掉了冗余动作,代码设计量会少很多,错误的发生率会降低很多,同时也保证了代码的简洁性。连续行走机器人动作截图如图 5-49 和图 5-50 所示。

(a)直立站姿

(b)重心转移到右脚

(c)调整重心，抬左脚，摆臂

(d)伸出左脚

(e)左脚触地，重心转移

(f)调整重心，抬右脚，摆臂

(g)伸出右脚

(h)右脚触地，重心转移

图 5-49 连续行走机器人(正面)动作截图

(a)直立站姿

(b)重心转移到右脚

(c)调整重心，抬左脚，摆臂

(d)伸出左脚

(e)左脚触地，重心转移

(f)调整重心，抬右脚，摆臂

(g)伸出右脚

(h)右脚触地，重心转移

图 5-50 连续行走机器人(侧面)动作截图

代码设计如下：

```
front_walk_50:
    GOSUB Leg_motor_mode3
    SPEED 4
  MOVE G6A,88,  71,152,  91,110
    MOVE G6D,108,  76,146,  93,  94
    MOVE G6B,100,35
    MOVE G6C,100,35
    WAIT
    SPEED 10
    MOVE G6A,90,100,115,105,114
    MOVE G6D,113,  78,146,  93,  94
    MOVE G6B,90
    MOVE G6C,110
    WAIT
front_walk_50_1:
    SPEED 10
    MOVE G6A,85,  44,163,113,114
    MOVE G6D,110,  77,146,  93,  94
    WAIT

    SPEED 4
    MOVE G6A,110,  76,144,100,  93
    MOVE G6D,85,93,155,  71,112
```

```
    WAIT

    SPEED 10
    MOVE G6A,111,  77,146,  93,94
    MOVE G6D,90,100,105,110,114
    MOVE G6B,110
    MOVE G6C,90
    WAIT

    ERX 4800,A,front_walk_50_2
    IF A< >  A_old THEN
        HIGH SPEED SET OFF
        SPEED 5
        MOVE G6A,106,  76,146,  93,  96
        MOVE G6D,  88,  71,152,  91,106
        MOVE G6B,100,35
        MOVE G6C,100,35
        WAIT

        SPEED 3
        GOSUB standard_pose
        GOSUB Leg_motor_mode1

        GOTO MAIN
    ENDIF


front_walk_50_2:

    SPEED 10
    MOVE G6D,85,  44,163,113,114
    MOVE G6A,110,  77,146,  93,  94
    WAIT

    SPEED 4
    MOVE G6D,110,  76,144,100,  93
    MOVE G6A,85,93,155,  71,112
    WAIT

    SPEED 10
```

```
        MOVE G6A,90,100,105,110,114
    MOVE G6D,111,  77,146,  93,  94
        MOVE G6B,90
        MOVE G6C,110
        WAIT

        ERX 4800,A,front_walk_50_1
        IF A< >  A_old THEN
            HIGH SPEED SET OFF
            SPEED 5
            MOVE G6D,106,  76,146,  93,  96
            MOVE G6A,  88,  71,152,  91,106
            MOVE G6C,100,35
            MOVE G6B,100,35
            WAIT

            SPEED 3
            GOSUB standard_pose
            GOSUB Leg_motor_mode1
            GOTO MAIN
    ENDIF
```

以上程序能让机器人进行连续行走，但是这个程序让机器人行走的速度比较慢。请读者思考怎样让机器人行走的速度加快。

 5.4　仿人机器人原地动作的程序设计

5.4.1　原地踏步动作的程序设计

有些情况下需要让机器人原地等待，这时就需要对机器人的动作加以设计，就需要让机器人模拟人的原地踏步的动作。原地踏步走动作截图如图 5-51 所示。

图 5-51　原地踏步走动作截图

以下为在 roboBASIC 中设计的相应代码，将其写入机器人的控制器中就可以让机器人完成原地踏步的动作。

```
FOR i= 0 TO 4
SPEED 4
MOVE G6A,105,   76,146,   93,98,100
MOVE G6D,85,   73,151,   90,108,100
WAIT
SPEED 12
MOVE G6A,113,   76,146,   93,95,100
MOVE G6D,90,   100,95,   120,110,100
MOVE G6B,120
MOVE G6C,80
WAIT
SPEED 10
MOVE G6A,109,   76,146,   93,97,100
MOVE G6D,90,   76,148,   92,107,100
WAIT
SPEED 4
MOVE G6A,98,   76,146,   93,100,100
MOVE G6D,98,   76,146,   93,100,100
WAIT
SPEED 4
MOVE G6D,105,   76,146,   93,98,100
MOVE G6A,85,   73,151,   90,108,100
WAIT
SPEED 12
MOVE G6D,113,   76,146,   93,95,100
MOVE G6A,90,   100,95,   120,110,100
MOVE G6C,120
MOVE G6B,80
WAIT
SPEED 10
MOVE G6D,109,   76,146,   93,97,100
MOVE G6A,90,   76,148,   92,107,100
WAIT
SPEED 4
MOVE G6D,98,   76,146,   93,100,100
MOVE G6A,98,   76,146,   93,100,100
WAIT
NEXT i
SPEED 5
GOSUB stand_pose
GOSUB Leg_motor_mode1
RETURN
```

5.4.2 向左跨步的程序设计

在机器人进行表演或者比赛(比如舞蹈表演、小品表演、拳击比赛及马拉松比赛等)的过程中,通常需要机器人自动地进行步伐调整,这就需要找到一种能够让机器人自动调整或者按照遥控器指令来进行步伐的调整的方法。

以下为在 roboBASIC 中设计的相应代码。

```
SPEED 3
MOVE G6A,88,  71,152,  91,110,'60
MOVE G6D,108,  76,146,  93,  92,'60
MOVE G6B,100,  40,  80
MOVE G6C,100,  40,  80
WAIT
SPEED 5
MOVE G6A,85,  80,140,95,114,100
MOVE G6D,112,  76,146,  93,98,100
MOVE G6B,100,  40,  80
MOVE G6C,100,  40,  80
WAIT
SPEED 5
MOVE G6D,110,  92,124,  97,  93,  100
MOVE G6A,76,  72,160,  82,128,  100
MOVE G6B,100,  40,  80,,,,
MOVE G6C,100,  40,  80,,,,
WAIT
SPEED 5
MOVE G6A,94,  76,145,  93,106,100
MOVE G6D,94,  76,145,  93,106,100
MOVE G6B,100,  40,  80
MOVE G6C,100,  40,  80
WAIT
SPEED 5
MOVE G6A,110,  92,124,  97,  93,  100
MOVE G6D,76,  72,160,  82,120,  100
MOVE G6B,100,  40,  80,,,,
MOVE G6C,100,  40,  80,,,,
WAIT
SPEED 6
MOVE G6D,85,  80,140,95,110,100
MOVE G6A,112,  76,146,  93,98,100
MOVE G6B,100,  40,  80
MOVE G6C,100,  40,  80
WAIT
SPEED 4
MOVE G6D,88,  71,152,  91,110,'60
```

```
MOVE G6A,108,  76,146,  93,  92,'60
MOVE G6B,100,  40,  80
MOVE G6C,100,  40,  80
WAIT
SPEED 2
GOSUB stand_pose
GOSUB All_motor_Reset
RETURN
```

5.4.3 向右跨步的程序设计

向右跨步的程序设计与向左跨步的程序设计类似，只是方向有所变化。以下为在roboBASIC中设计的相应代码，将其写入机器人的控制器中就可以让机器人完成向右跨步的动作。向右跨步动作截图如图5-52所示。

图 5-52　向右跨步动作截图

```
SPEED 3
MOVE G6D,88,  71,152,  91,110,'60
MOVE G6A,108,  76,146,  93,  92,'60
MOVE G6C,100,  40,  80
MOVE G6B,100,  40,  80
WAIT
SPEED 5
MOVE G6D,85,  80,140,95,114,100
MOVE G6A,112,  76,146,  93,98,100
MOVE G6C,100,  40,  80
MOVE G6B,100,  40,  80
WAIT
SPEED 5
MOVE G6A,110,  92,124,  97,  93,  100
MOVE G6D,76,  72,160,  82,128,  100
MOVE G6C,100,  40,  80,,,
MOVE G6B,100,  40,  80,,,
WAIT
```

```
SPEED 5
MOVE G6D,94,  76,145,  93,106,100
MOVE G6A,94,  76,145,  93,106,100
MOVE G6C,100,  40,  80
MOVE G6B,100,  40,  80
WAIT
SPEED 5
MOVE G6D,110,  92,124,  97,  93,  100
MOVE G6A,76,  72,160,  82,120,  100
MOVE G6C,100,  40,  80,,,,
MOVE G6B,100,  40,  80,,,,
WAIT
SPEED 6
MOVE G6A,85,  80,140,95,110,100
MOVE G6D,112,  76,146,  93,98,100
MOVE G6C,100,  40,  80
MOVE G6B,100,  40,  80
WAIT
SPEED 4
MOVE G6A,88,  71,152,  91,110,'60
MOVE G6D,108,  76,146,  93,  92,'60
MOVE G6C,100,  40,  80
MOVE G6B,100,  40,  80
WAIT
SPEED 2
GOSUB stand_pose
GOSUB All_motor_Reset
RETURN
```

5.4.4 原地向左右转动作的程序设计

1. 原地向左转动作的程序设计

在设计原地左转时要注意机器人的电机速度，如果速度设置不恰当，则会使机器人在转动的时候摔倒。原地向左转的动作截图如图 5-53 所示。

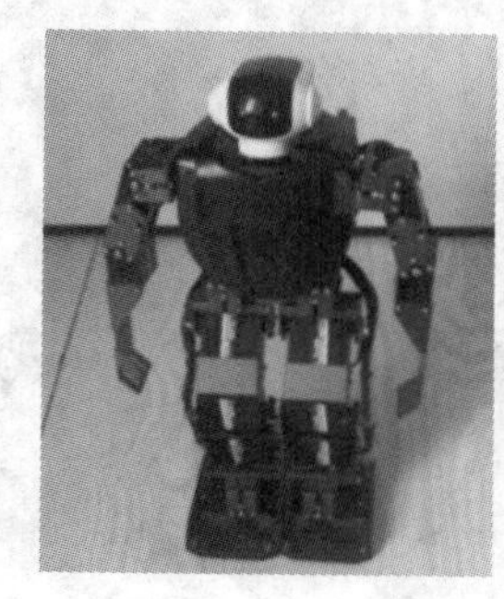

图 5-53 原地向左转的动作截图

以下为在 roboBASIC 中设计的相应代码。

```
SPEED 5
MOVE G6A,97,  86,145,  83,103,100
MOVE G6D,97,  66,145,  103,103,100
WAIT

SPEED 12
MOVE G6A,94,  86,145,  83,101,100
MOVE G6D,94,  66,145,  103,101,100
WAIT
SPEED 6
MOVE G6A,101,  76,146,  93,98,100
MOVE G6D,101,  76,146,  93,98,100
MOVE G6B,100,  30,  80
MOVE G6C,100,  30,  80
WAIT
GOSUB stand_pose
```

2. 原地向右转动作的程序设计

原地向右转的程序设计与原地向左转的程序设计类似，在这里就不做介绍了，具体的实现可以参考以下代码，把下面的代码写入机器人的控制器中，看能否实现向右转的动作，并对其进行改写。

```
FOR i= 0 TO 7
SPEED 8
MOVE G6A,  92,  41,170,108,113,
MOVE G6D,100,  76,145,  93,100,
MOVE G6B,  90,  40,  80,  ,  ,
MOVE G6C,100,  30,  80,  ,  ,
WAIT
SPEED 20
MOVE G6A,94,  66,145,  103,101,100
MOVE G6D,94,  86,145,  83,101,100
WAIT
SPEED 9
MOVE G6A,101,  76,146,  93,98,100
MOVE G6D,101,  76,146,  93,98,100
MOVE G6B,100,  30,  80
MOVE G6C,100,  30,  80
WAIT
NEXT i
GOSUB stand_pose
GOTO RX_EXIT
```


5.4.5 飞翔动作的程序设计

机器人不仅能模仿人的简单动作（如行走动作），也能够模仿人的一些复杂动作（如飞翔动作）。机器人飞翔动作截图（正面）如图 5-54 所示。

(a)转移重心

(b)张开双臂

(c)抬左脚

(d)单腿站立并保持平衡

(e)做飞翔动作

(f)做飞翔动作

(g)单腿站立并保持平衡

(h)还原直立

(i)左脚落地

(j)直立姿势

图 5-54 机器人飞翔动作截图(正面)

根据以上动作截图,在 roboBASIC 中设计程序代码如下。

```
SPEED 12
MOVE G6D,88,  71,152,  91,110,100
MOVE G6A,112,  76,146,  93,  92,100
MOVE G6B,100,  100,  100
MOVE G6C,100,  100,  100
WAIT
SPEED 10
MOVE G6D,90,  98,105,  115,115,100
MOVE G6A,114,  74,145,  98,  93,100
MOVE G6B,100,  100,  100
MOVE G6C,100,  100,  100
WAIT
SPEED 6
MOVE G6D,90,121,  36,105,115,  100
MOVE G6A,114,  60,146,138,  93,  100
MOVE G6B,130,  100,  100
MOVE G6C,130,  100,  100
WAIT
SPEED 6
GOSUB Leg_motor_mode2
MOVE G6D,90,  98,145,  54,115,  100
MOVE G6A,114,  45,170,160,  93,  100
MOVE G6B,170,100,100
MOVE G6C,170,100,100
WAIT
GOSUB Leg_motor_mode4
FOR I= 0 TO 3
    SPEED 6
    MOVE G6D,90,  98,145,  54,115,  100
```

```
        MOVE G6A,114,  45,170,160,  93,  100
        MOVE G6B,170,150,140
        MOVE G6C,170,50,70
        WAIT
        SPEED 6
        MOVE G6D,90,  98,145,  54,115,  100
        MOVE G6A,114,  45,170,160,  93,  100
        MOVE G6C,170,150,140
        MOVE G6B,170,50,70
        WAIT
    NEXT I
    DELAY 300
    SPEED 10
    MOVE G6D,90,  98,145,  54,115,  100
    MOVE G6A,114,  45,170,160,  93,  100
    MOVE G6B,170,100,100
    MOVE G6C,170,100,100
    WAIT
    SPEED 5
    MOVE G6D,90,  98,105,  64,115,  100
    MOVE G6A,114,  45,170,160,  93,  100
    MOVE G6B,170,100,100
    MOVE G6C,170,100,100
    WAIT
    GOSUB Leg_motor_mode2
    SPEED 5
    MOVE G6D,90,121,  36,105,115,  100
    MOVE G6A,113,  64,146,138,  93,  100
    MOVE G6B,140,  100,  100
    MOVE G6C,140,  100,  100
    WAIT
    SPEED 4
    MOVE G6D,85,  98,105,  115,115,100
    MOVE G6A,113,  74,145,  98,  93,100
    MOVE G6B,100,  100,  100
    MOVE G6C,100,  100,  100
    WAIT
    SPEED 8
    MOVE G6D,85,  71,152,  91,110,100
    MOVE G6A,108,  76,146,  93,  92,100
    MOVE G6B,100,  70,  80
    MOVE G6C,100,  70,  80
    WAIT
    GOSUB Leg_motor_mode3
    SPEED 5
    MOVE G6D,98,  76,145,  93,101,100
    MOVE G6A,98,  76,145,  93,101,100
    MOVE G6B,100,  35,  80
```

```
MOVE G6C,100,  35,  80
WAIT
SPEED 2
GOSUB stand_pose
GOSUB All_motor_Reset
RETURN
F_B_tilt_check:
FOR i= 0 TO COUNT_MAX
A= AD(F_B_tilt_AD_port)
IF A>  250 OR A< 5 THEN RETURN
IF A>  MIN AND A< MAX THEN RETURN
DELAY tilt_check_CNT
NEXT i
IF A< MIN THEN GOSUB tilt_front
IF A>  MAX THEN GOSUB tilt_back
RETURN
```

5.4.6 单脚抬起独立动作的程序设计

前面已经学习了机器人飞翔动作的程序设计，在这个基础上，对程序代码进行改写，就可以设计出机器人单脚抬起独立动作的程序。这里以右脚抬起独立动作的程序设计为例进行说明。右脚抬起独立动作截图如图 5-55 所示。

(a)向左脚转移重心

(b)抬右脚

(c)半蹲

(d)单脚站立

图 5-55　右脚抬起独立动作截图

在 roboBASIC 中设计的程序代码如下。

```
SPEED 8
MOVE G6A,112,77,146,93,60
MOVE G6D,80,71,152,91,60          //向左脚转移重心
MOVE G6C,100,100,100
MOVE G6B,100,100,100
WAIT
SPEED 8
MOVE G6A,113,77,146,93,92
MOVE G6D,80,150,27,143,114         //抬右脚
MOVE G6C,100,100,100
MOVE G6B,100,100,100
WAIT
DELAY 500                          //让动作稳定下来
SPEED 8
MOVE G6A,113,152,27,140,92
```

```
MOVE G6D,85,154,27,143,114          //单脚下蹲
MOVE G6C,100,100,100
MOVE G6B,100,100,100
WAIT
DELAY 1000
SPEED 3
MOVE G6A,115,152,35,140,92          //调整重心
WAIT
SPEED 8
MOVE G6A,113,77,146,93,92          //单脚起立
WAIT
DELAY 500
SPEED 8
MOVE G6A,113,152,27,140,92
MOVE G6D,85,154,27,143,114          //单脚下蹲
MOVE G6C,100,100,100
MOVE G6B,100,100,100
WAIT
DELAY 1000
SPEED 3
MOVE G6A,115,152,35,140,92          //调整重心
WAIT
SPEED 8
MOVE G6A,113,77,146,93,92          //单脚起立
WAIT
DELAY 500
SPEED 8
MOVE G6A,113,152,27,140,92
MOVE G6D,85,154,27,143,114          //单脚下蹲
MOVE G6C,100,100,100
MOVE G6B,100,100,100
WAIT
DELAY 1000
SPEED 3
MOVE G6A,115,152,35,140,92          //调整重心
WAIT
SPEED 8
MOVE G6A,113,77,146,93,92          //单脚起立
WAIT
DELAY 500
MOVE G6A,112,77,146,93,92
MOVE G6D,80,88,125,100,115
MOVE G6B,100,100,100
MOVE G6C,100,100,100
WAIT
SPEED 4
GOSUB stand_pose                    //还原直立姿势
RETURN
```

5.5 仿人机器人翻滚动作的程序设计

5.5.1 倒立动作的程序设计

1. 向前倒立动作的程序设计

这里说的倒立并非是双手撑地，而是指采用三点触地来支撑起身体，即以两只手和头部为支撑点构成三角形区域来实现倒立支撑的稳定性。因为在倒立的过程中重心变化很大，所以对重心运动轨迹的设计要连续、合理。

可将倒立运动分为倒地、倒立、起立三个过程，代码设计也分为三部分。主函数为 hand_standing(倒立)，调用 front_lie_down(倒地)和 back_standup(起立)两个函数，三个函数相互配合使用，这样的模式思路清晰，结构简单，易懂且容易发现代码设计错误。机器人倒立动作截图(正面)如图 5-56 所示。

(a)直立姿势

(b)半蹲，张开双臂

(c)双手撑地

(d)趴到地上

(e)双手支撑

(f)屈腿，用手把身体撑起来

(g)倒立

(h)摆脚

(i)做各种姿态

(j)还原倒立

(k)屈腿，降低重心

(l)把身体放下来

(m)趴在地上

(n)张开双臂

(o)双手撑地

(p)支撑身体离开地面

图 5-56 机器人倒立动作截图(正面)

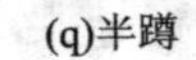

(q)半蹲　　(r)直立

续图 5-56

在 roboBASIC 中设计的程序代码如下。

```
SPEED 10
MOVE G6B,115,  45,  70,  ,  ,  ,
MOVE G6C,115,  45,  70,  ,  ,  ,
WAIT
MOVE G6A,100,125,  65,  10,100
MOVE G6D,100,125,  65,  10,100
MOVE G6B,130,  45,  70,  ,  ,  ,
MOVE G6C,130,  45,  70,  ,  ,  ,
WAIT
SPEED 6
MOVE G6A,100,  89,129,  57,100,
MOVE G6D,100,  89,129,  57,100
MOVE G6B,180,  45,  70,  ,  ,  ,
MOVE G6C,180,  45,  70,  ,  ,  ,
WAIT
MOVE G6A,100,  64,169,  60,100,
MOVE G6D,100,  64,169,  60,100
MOVE G6B,190,  45,  70,  ,  ,  ,
MOVE G6C,190,  45,  70,  ,  ,  ,
WAIT
DELAY 500
SPEED 12

FOR i= 1 TO 4
MOVE G6A,100,141,  30,120,100
MOVE G6D,100,  64,169,  60,100
WAIT
MOVE G6D,100,141,  30,120,100
MOVE G6A,100,  64,169,  60,100
WAIT
NEXT i
MOVE G6A,100,  64,169,  60,100,
MOVE G6D,100,  64,169,  60,100
MOVE G6B,190,  45,  70,  ,  ,  ,
```

```
MOVE G6C,190,  45,  70,  ,  ,  ,
WAIT
DELAY 300
SPEED 4
FOR i= 1 TO 3
MOVE G6A,70,  64,169,  60,130,
MOVE G6D,70,  64,169,  60,130
WAIT
MOVE G6A,100,  64,169,  60,100,
MOVE G6D,100,  64,169,  60,100
WAIT
NEXT i
DELAY 300
SPEED 10
MOVE G6A,100,  89,129,  65,100,
MOVE G6D,100,  89,129,  65,100
MOVE G6B,180,  45,  70,  ,  ,  ,
MOVE G6C,180,  45,  70,  ,  ,  ,
WAIT
SPEED 10
MOVE G6A,100,125,  65,  10,100,
MOVE G6D,100,125,  65,  10,100
MOVE G6B,160,  45,  70,  ,  ,  ,
MOVE G6C,160,  45,  70,  ,  ,  ,
WAIT
SPEED 10
MOVE G6A,100,125,  65,  10,100,
MOVE G6D,100,125,  65,  10,100
MOVE G6B,110,  45,  70,  ,  ,  ,
MOVE G6C,110,  45,  70,  ,  ,  ,
WAIT
SPEED 10
GOSUB stand_pose
RETURN
```

2. 向后倒立动作的程序设计

在 roboBASIC 中设计的向后倒立的程序代码如下，将其写入控制器，就可以让机器人完成向后倒立的动作。

```
SPEED 15
MOVE G6A,100,15,  70,140,100,
MOVE G6D,100,15,  70,140,100,
MOVE G6B,20,  140,  15
MOVE G6C,20,  140,  15
WAIT
SPEED 12
MOVE G6A,100,136,  35,80,100,
MOVE G6D,100,136,  35,80,100,
MOVE G6B,20,  30,  80
```

```
MOVE G6C,20,  30,  80
WAIT
SPEED 12
MOVE G6A,100,165,  70,30,100,
MOVE G6D,100,165,  70,30,100,
MOVE G6B,30,  20,  95
MOVE G6C,30,  20,  95
WAIT
SPEED 10
MOVE G6A,100,165,  45,90,100,
MOVE G6D,100,165,  45,90,100,
MOVE G6B,130,  50,  60
MOVE G6C,130,  50,  60
WAIT
SPEED 10
GOSUB stand_pose
RETURN
```

5.5.2　左右翻滚动作的程序设计

翻滚运动根据运动方向可以分为前后翻滚和左右翻滚两种方式。前后翻滚运动的中间阶段和倒立过程类似。前后翻滚动作可以看作是倒立动作、倒地动作、起立动作的结合。而左右翻滚对重心的控制要求较高,其示意图如图 5-57 所示。

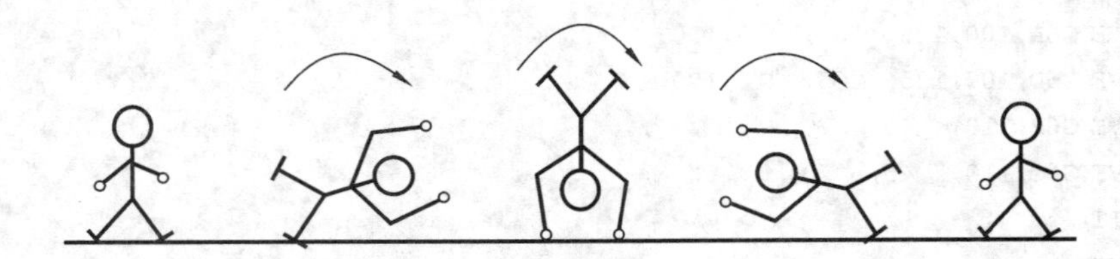

图 5-57　左右翻滚示意图

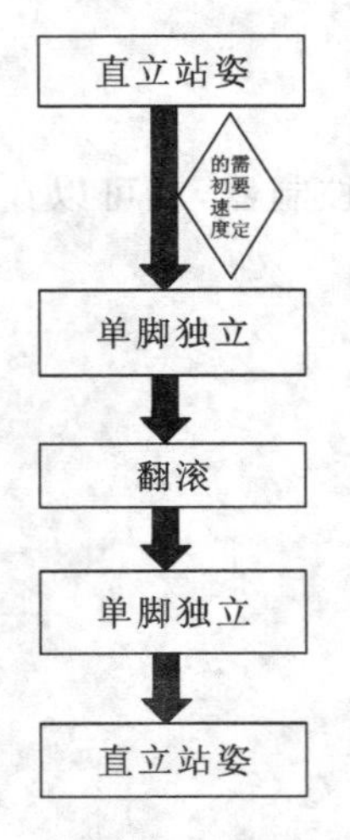

图 5-58　左右翻滚运动的流程图

在机器人单腿站立的动作之上添加一个合理的初速度可以构成翻滚运动的前半部分的动作。

因为侧翻对重心的要求较高,所以在设计过程中,对动作的分析需要细化。细化的一种方法就是插值,加入多个中间状态使其保持整体运动的稳定性。左右翻滚运动的流程图如图 5-58 所示。

1. 向左翻滚动作的程序设计

机器人向左翻滚动作截图如图 5-59 所示。机器人实现这个动作的时候,在多种情况下都可能会摔倒,因此在设计代码时一定要注意保证机器人的稳定性。

(a)直立姿势

(b)半蹲，抬手

(c)转移重心

(d)抬左脚

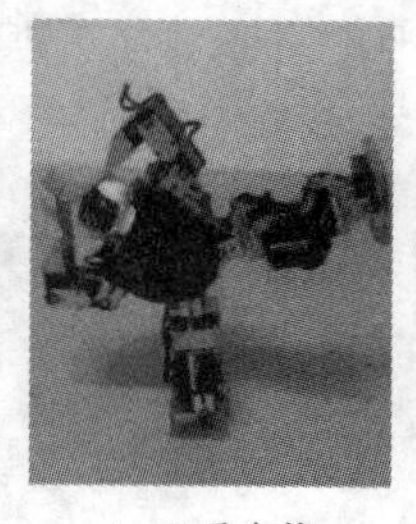

(e)双手合拢

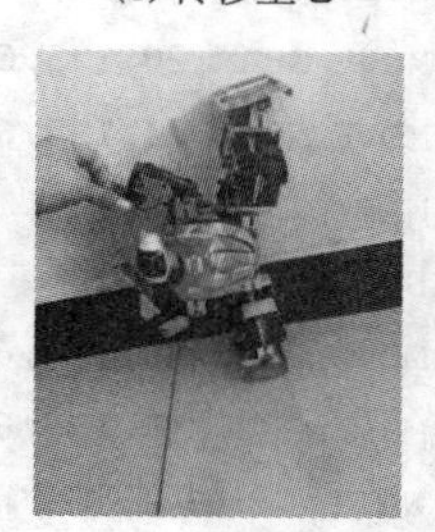

(f)调整重心角度

(g)用手支撑身体

(h)半蹲

(i)直立姿势

图 5-59　向左翻滚动作截图

代码如下。

```
left_tumbling:
    SPEED 15
    GOSUB stand_pose          //直立姿势
    SPEED 15
    MOVE G6A,100,125,60,132,100
    MOVE G6D,100,125,60,132,100              //半蹲,抬手
    MOVE G6B,105,150,140
    MOVE G6C,105,150,140
    WAIT
    SPEED 7
    MOVE G6A,83,108,85,125,105              //重心向左脚转移
    MOVE G6D,108,125,60,132,110
    MOVE G6B,105,155,145
    MOVE G6C,105,155,145
    WAIT
    SPEED 10
    MOVE G6A,89,125,60,132,110               //调整重心,抬腿
    MOVE G6D,110,125,60,132,122
```

```
WAIT
SPEED 8
MOVE G6A,89,125,60,132,150                //调整姿势
MOVE G6D,106,125,60,132,150
MOVE G6B,105,167,190
MOVE G6C,105,167,190
WAIT
SPEED 6
MOVE G6A,120,125,60,132,170               //把重心向身体外调整,获得速度
MOVE G6D,104,125,60,132,170
WAIT
SPEED 12
MOVE G6A,120,125,60,132,183
MOVE G6D,110,125,60,132,185
WAIT
DELAY 400
SPEED 14
MOVE G6A,120,125,60,130,168               //手和脚支撑身体
MOVE G6D,120,125,60,130,185
MOVE G6B,105,120,145
MOVE G6C,105,120,145
WAIT
SPEED 12
MOVE G6A,105,125,60,130,183               //调整重心
MOVE G6D,86,112,73,127,100
MOVE G6B,105,120,135
MOVE G6C,105,120,135
WAIT
SPEED 8
MOVE G6A,107,125,62,132,113               //重心转移到右脚,半蹲状态
MOVE G6D,82,110,90,120,100
MOVE G6B,105,50,80
MOVE G6C,105,50,80
WAIT
SPEED 6
MOVE G6A,97,125,60,132,102                //半蹲
MOVE G6D,97,125,60,132,102
MOVE G6B,100,50,80
MOVE G6C,100,50,80
WAIT
SPEED 10
GOSUB stand_pose                          //还原成直立姿势
RETURN
```

2. 向右翻滚动作的程序设计

代码如下。

```
SPEED 15
GOSUB stand_pose
SPEED 15
MOVE G6D,100,125,  60,132,100,100
MOVE G6A,100,125,  60,132,100,100
MOVE G6B,105,150,140
MOVE G6C,105,150,140
WAIT
SPEED 7
MOVE G6D,83,108,  85,125,105,100
MOVE G6A,108,125,  60,132,110,100
MOVE G6B,105,155,145
MOVE G6C,105,155,145
WAIT
SPEED 10
MOVE G6D,89,  125,  60,132,110,100
MOVE G6A,110,125,  60,132,122,100
WAIT
SPEED 8
MOVE G6D,89,125,  60,132,150,100
MOVE G6A,106,125,  60,132,150,100
MOVE G6B,105,167,190
MOVE G6C,105,167,190
WAIT
SPEED 6
MOVE G6D,120,125,  60,132,170,100
MOVE G6A,104,125,  60,132,170,100
WAIT
SPEED 12
MOVE G6D,120,125,  60,132,183,100
MOVE G6A,110,125,  60,132,185,100
WAIT
DELAY 400
SPEED 14
MOVE G6D,120,125,  60,130,168,100
MOVE G6A,120,125  60,130,185,100
MOVE G6B,105,120,145
MOVE G6C,105,120,145
WAIT
SPEED 12
MOVE G6D,105,125,  60,130,183,100
MOVE G6A,86,112,  73,127,100,100
MOVE G6B,105,120,135
```

```
MOVE G6C,105,120,135
WAIT
SPEED 8
MOVE G6D,107,125,  62,132,113,100
MOVE G6A,82,110,  90,120,  100,100
MOVE G6B,105,50,80
MOVE G6C,105,50,80
WAIT
SPEED 6
MOVE G6A,97,125,  60,132,102,100
MOVE G6D,97,125,  60,132,102,100
MOVE G6B,100,50,80
MOVE G6C,100,50,80
WAIT

SPEED 10
GOSUB stand_pose
RETURN
```

5.5.3 前后翻滚动作的程序设计

1. 向前翻滚动作的程序设计

向前翻滚动作截图如图 5-60 所示。

(a)直立姿势

(b)半蹲，张开双臂

(c)双手撑地

(d)趴地上

(e)双手撑地，抬脚

(f)快速抬脚

(g)利用惯性带动身体翻滚

(h)双手撑地

(i)双手把身体撑起来

(j)半蹲

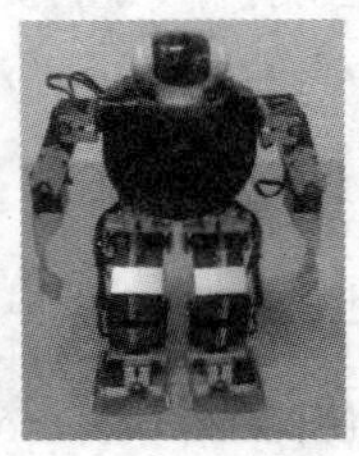

(k)直立姿势

图 5-60　向前翻滚动作截图

向前翻滚对动作的速度有一定的要求。在 roboBASIC 中设计的代码如下。

```
SPEED 15
MOVE G6A,100,155,  27,140,100,100
MOVE G6D,100,155,  27,140,100,100
MOVE G6B,130,  30,  85
MOVE G6C,130,  30,  85
WAIT
SPEED 10
MOVE G6A,100,165,  55,165,100,100
MOVE G6D,100,165,  55,165,100,100
MOVE G6B,185,  10,100
MOVE G6C,185,  10,100
WAIT
SPEED 15
MOVE G6A,100,160,110,140,100,100
MOVE G6D,100,160,110,140,100,100
MOVE G6B,140,  70,  20
MOVE G6C,140,  70,  20
WAIT
SPEED 15
MOVE G6A,100,  56,110,  26,100,100
MOVE G6D,100,  71,177,162,100,100
MOVE G6B,170,  40,  70
MOVE G6C,170,  40,  70
WAIT
SPEED 15
MOVE G6A,100,  60,110,  15,100,100
MOVE G6D,100,  70,120,30,100,100
MOVE G6B,170,  40,  70
MOVE G6C,170,  40,  70
WAIT
SPEED 15
MOVE G6A,100,  60,110,  15,100,100
MOVE G6D,100,  60,110,  15,100,100
MOVE G6B,190,  40,  70
MOVE G6C,190,  40,  70
WAIT
DELAY 50
SPEED 15
MOVE G6A,100,110,70,  65,100,100
MOVE G6D,100,110,70,  65,100,100
MOVE G6B,190,160,115
MOVE G6C,190,160,115
WAIT
```

```
SPEED 10
MOVE G6A,100,170,  70,  15,100,100
MOVE G6D,100,170,  70,  15,100,100
MOVE G6B,190,155,120
MOVE G6C,190,155,120
WAIT
SPEED 10
MOVE G6A,100,170,  30,  110,100,100
MOVE G6D,100,170,  30,  110,100,100
MOVE G6B,190,  40,  60
MOVE G6C,190,  40,  60
WAIT
SPEED 13
GOSUB sit_pose
SPEED 10
GOSUB stand_pose
RETURN
```

2. 向后翻滚动作的程序设计

在 roboBASIC 中设计的代码如下。

```
SPEED 15
MOVE G6A,100,170,  71,  23,100,100
MOVE G6D,100,170,  71,  23,100,100
MOVE G6B,80,  50,  70
MOVE G6C,80,  50,  70
WAIT
MOVE G6A,100,133,  49,  23,100,100
MOVE G6D,100,133,  49,  23,100,100
MOVE G6B,45,116,  15
MOVE G6C,45,116,  15
WAIT
SPEED 15
MOVE G6A,100,133,  49,  23,100,100
MOVE G6D,100,  70,180,160,100,100
MOVE G6B,45,  50,  70
MOVE G6C,45,  50,  70
WAIT
SPEED 15
MOVE G6A,100,133,180,160,100,100
MOVE G6D,100,  133,180,160,100,100
MOVE G6B,10,  50,  70
MOVE G6C,10,  50,  70
WAIT
HIGH SPEED SET ON
MOVE G6A,100,95,180,160,100,100
```

```
MOVE G6D,100,95,180,160,100,100
MOVE G6B,160,  50,  70
MOVE G6C,160,  50,  70
WAIT
HIGH SPEED SET OFF
SPEED 15
MOVE G6A,100,130,120,  80,100,100
MOVE G6D,100,130,120,  80,100,100
MOVE G6B,160,160,  10
MOVE G6C,160,160,  10
WAIT
SPEED 15
MOVE G6A,100,145,150,  90,100,100
MOVE G6D,100,145,150,  90,100,100
MOVE G6B,180,90,  10
MOVE G6C,180,90,  10
WAIT
SPEED 10
MOVE G6A,100,145,  85,150,100,100
MOVE G6D,100,145,  85,150,100,100
MOVE G6B,185,  40,60
MOVE G6C,185,  40,60
WAIT
SPEED 15
MOVE G6A,100,165,  55,155,100,100
MOVE G6D,100,165,  55,155,100,100
MOVE G6B,185,  10,100
MOVE G6C,185,  10,100
WAIT
GOSUB Leg_motor_mode2
SPEED 15
MOVE G6A,  100,165,  27,162,100
MOVE G6D,  100,165,  27,162,100
MOVE G6B,  155,15,90
MOVE G6C,  155,15,90
WAIT
SPEED 10
MOVE G6A,  100,150,  27,162,100
MOVE G6D,  100,150,  27,162,100
MOVE G6B,  140,15,90
MOVE G6C,  140,15,90
WAIT

SPEED 6
MOVE G6A,  100,138,  27,155,100
MOVE G6D,  100,138,  27,155,100
```

```
MOVE G6B,113,  30,80
MOVE G6C,113,  30,80
WAIT

DELAY 100
SPEED 10
GOSUB stand_pose
RETURN
```

5.6 复杂动作的程序设计

5.6.1 单杠运动的程序设计

单杠运动需要考虑机器人的直腿摇摆、弯腿摇摆、倒立、正向旋转、反向旋转等动作，并对这些动作进行规划，同时还需考虑动作的观赏性。首先需要对 MF 机器人的手进行机械性加工，让机器人能固定在单杠上，手和杠子之间存在空隙，而动作实现的关键在于如何利用惯性的叠加给机器人提供旋转的动力。

机器人单杠运动示意图如图 5-61 所示。

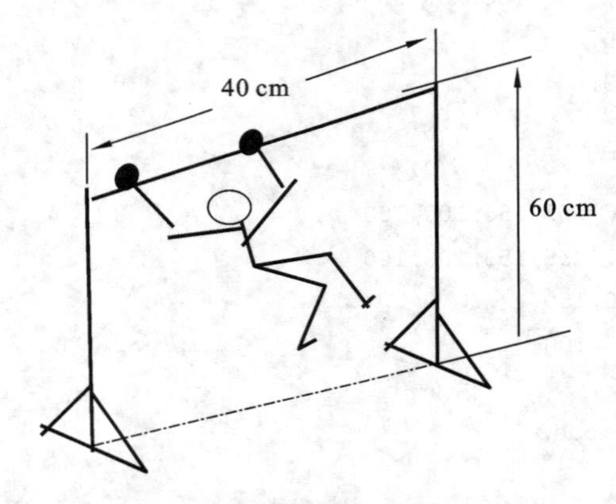

图 5-61　机器人单杠运动示意图

在 roboBASIC 中设计的程序代码如下。

```
MAIN:
    ERX 4800,SIGNAL,MAIN
    ON SIGNAL GOTO MAIN,KEY1,KEY2,KEY3,KEY4,KEY5,KEY6
RX_EXIT:
    ERX 4800,SIGNAL,MAIN
    GOTO RX_EXIT
  KEY1:
SPEED 6
    GOSUB STANDARD_POSE_SHORT
TIME0= 250
SPEED 10
    HIGH SPEED SET ON
```

```
    FOR N= 0 TO 2
  GOSUB FORWARD               //开关电机
    DELAY TIME0               //能量可以积累,但要协调好时间的延迟
    GOSUB BACKWARD            //前一个 DELAY 的时间决定翻转时间和加大力度的起始点
    TIME0= TIME0+ 25          //后一个 DELAY 的时间决定加大力度的时间和翻转的起始点
    DELAY TIME0               //DELAY 的时间和在 1000 左右,时间越长,力度越小,但转动更连贯
    NEXT N                    //800 力度太大,对电机寿命影响很大
    HIGH SPEED SET OFF
    GOSUB STANDARD_POSE_SHORT
    GOTO RX_EXIT
KEY2:
SPEED 6
GOSUB STANDARD_POSE_SHORT
SPEED 10
    HIGH SPEED SET ON
    TIME0= 400
    FOR N= 0 TO 1
TIME0= 120* N+ TIME0
GOSUB POS1
DELAY TIME0
GOSUB POS2
DELAY TIME0
    NEXT N
    TIME1= 625
    TIME2= 375
    FOR I= 0 TO 5
GOSUB POS1
DELAY TIME1
GOSUB POS2
DELAY TIME2
    NEXT I
    HIGH SPEED SET OFF
    SPEED 6
    GOSUB STANDARD_POSE_SHORT
    GOTO RX_EXIT
KEY3:
GOTO RX_EXIT
KEY4:
SPEED 6
    GOSUB STANDARD_POSE_SHORT
    GOTO RX_EXIT
KEY5:
SPEED 6
    GOSUB STANDARD_POSE_LONG
    GOTO RX_EXIT
```

```
STANDARD_POSE_LONG:
    MOVE G6A,103,81,140,91,102
    MOVE G6D,97,81,140,91,102
    MOVE G6B,184,11,99
    MOVE G6C,190,11,99
    WAIT
    RETURN
STANDARD_POSE_SHORT:
    MOVE G6A,103,46,140,91,102
    MOVE G6D,97,46,140,91,102
    MOVE G6B,184,64,50
    MOVE G6C,190,64,50
    WAIT
    RETURN
FORWARD:
    MOVE G6A,103,81,140,20,102
    MOVE G6D,97,81,140,21,102
    MOVE G6B,184,64,50
    MOVE G6C,190,64,50
    WAIT
    RETURN
BACKWARD:
    MOVE G6A,103,61,140,150,102
    MOVE G6D,97,61,140,151,102
    MOVE G6B,124,64,50
    MOVE G6C,130,64,50
    WAIT
    RETURN
POS1:
MOVE G6A,105,77,160,157,101
MOVE G6D,100,77,160,157,101
MOVE G6B,44,64,50
MOVE G6C,51,64,50
WAIT
RETURN
POS2:
MOVE G6A,100,55,173,77,100
MOVE G6D,100,55,174,77,100
MOVE G6B,100,64,50
MOVE G6C,100,64,50
WAIT
RETURN
```


5.6.2 斜坡运动的程序设计

从机器人向前一步动作等的程序设计中可以看出，对重心的调整一直是一个难点，且重心的调整直接影响到整个动作的成功率。斜坡运动可以采用设置机器人站姿零点与斜坡保持水平,或者在原有零点的基础上分步调整每个姿态的方式来实现。此处采用后一种方式来实现斜坡运动。斜坡运动流程图如图 5-62 所示。

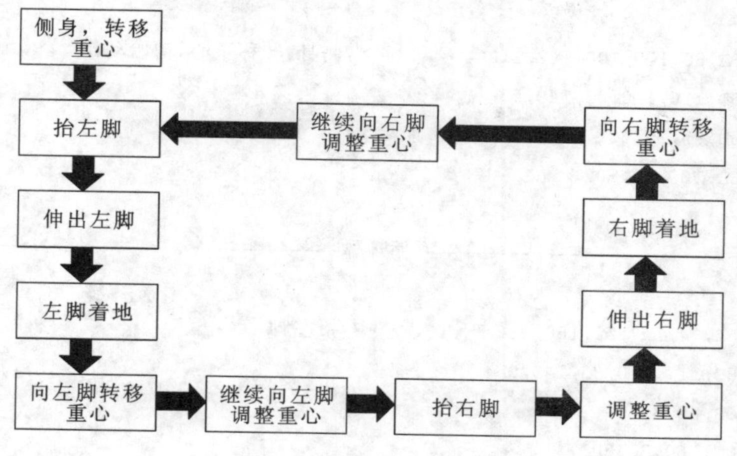

图 5-62 斜坡运动流程图

根据斜坡运动流程图,设计机器人的静态模型。实验环境是铺有硬毛毯的倾角为 15°、宽为 30 cm 的斜坡。斜坡运动动作截图如图 5-63 所示。

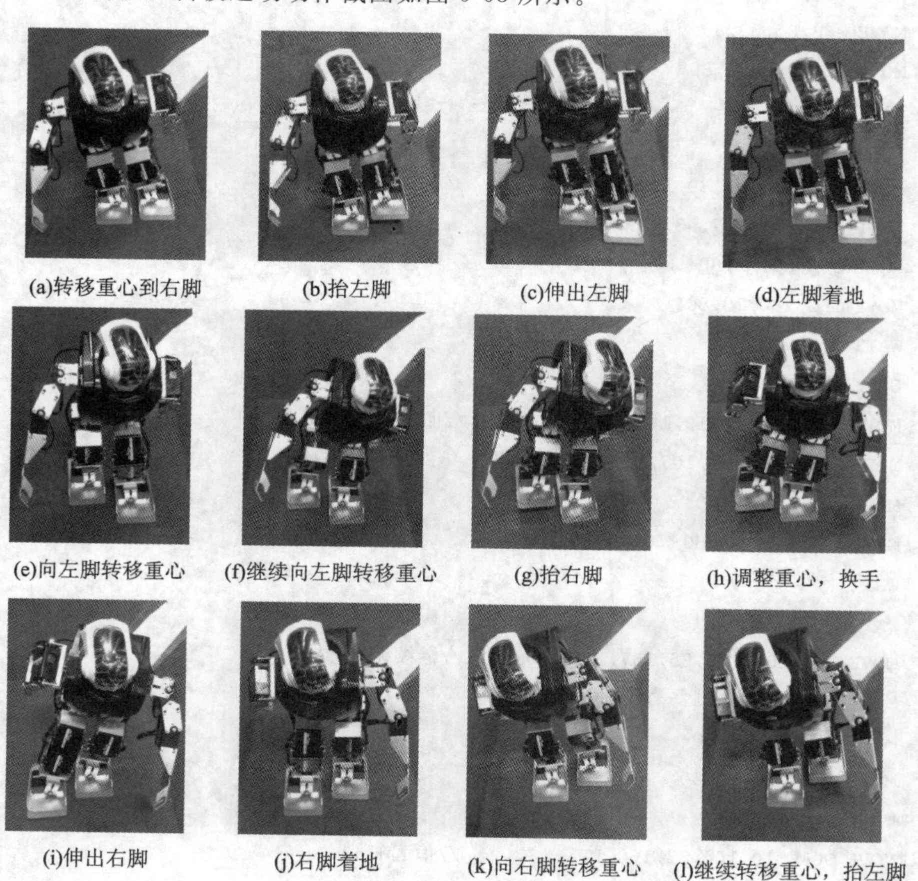

图 5-63 斜坡运动动作截图

代码设计如下,取函数名为 front_walk:

```
front_walk:
SPEED 4
MOVE G6A,80,100,100,142,112          //侧身,转移重心,初始动作
MOVE G6D,116,110,83,149,93
MOVE G6B,85,33,80
MOVE G6C,160,30,80
WAIT
-------------------------------- 循环体 --------------------------------
Loop:
MOVE G6A,84,127,52,160,115           //抬左脚
MOVE G6D,117,110,83,149,93
MOVE G6B,85,33,80
MOVE G6C,160,30,80
WAIT
MOVE G6A,81,48,142,160,115           //伸出左脚
MOVE G6D,117,100,98,149,93
MOVE G6B,85,33,80
MOVE G6C,160,30,80
WAIT

MOVE G6A,83,50,139,160,115           //左脚着地
MOVE G6D,111,107,93,149,93
MOVE G6B,85,33,80
MOVE G6C,160,30,80
WAIT
SPEED 3
MOVE G6A,95,75,110,163,115           //向左脚转移重心
MOVE G6D,101,107,107,133,93
MOVE G6B,85,33,80
MOVE G6C,160,30,80
WAIT

MOVE G6A,107,100,85,157,115          //继续调整重心
MOVE G6D,88,107,125,110,93
MOVE G6B,85,33,80
MOVE G6C,160,30,80
WAIT
MOVE G6A,110,104,83,160,115          //抬起右脚
MOVE G6D,92,132,73,144,93
MOVE G6B,85,33,80
```

```
MOVE G6C,160,30,80
WAIT
MOVE G6A,116,110,83,149,93          //调整重心,换手
MOVE G6D,78,122,57,160,117
MOVE G6B,160,30,80
MOVE G6C,85,33,80
WAIT
SPEED 4
MOVE G6A,117,100,98,149,93           //伸出右脚
MOVE G6D,78,52,143,156,115
MOVE G6B,160,30,80
MOVE G6C,85,33,80
WAIT

MOVE G6A,112,100,100,149,93          //右脚着地
MOVE G6D,84,53,142,154,115
MOVE G6B,160,30,80
MOVE G6C,85,33,80
WAIT
SPEED 3
MOVE G6A,97,95,126,136,93            //向右脚转移重心
MOVE G6D,99,74,115,168,115
MOVE G6B,160,30,80
MOVE G6C,85,33,80
WAIT

MOVE G6A,87,94,138,120,92            //继续调整重心
MOVE G6D,109,94,94,163,115
MOVE G6B,160,30,80
MOVE G6C,85,33,80
WAIT
SPEED 3
MOVE G6A,97,95,126,136,93            //向右脚转移重心
MOVE G6D,99,74,115,168,115
MOVE G6B,160,30,80
MOVE G6C,85,33,80
WAIT

MOVE G6A,87,94,138,120,92            //继续调整重心
MOVE G6D,109,94,94,163,115
MOVE G6B,160,30,80
MOVE G6C,85,33,80
```

```
WAIT
MOVE G6A,92,132,73,144,93                    //抬起左脚
MOVE G6D,112,105,88,160,115
MOVE G6B,160,30,80
MOVE G6C,85,33,80
WAIT
GOTO Loop                                    //跳到循环体第一步
```

5.6.3 阶梯运动的程序设计

阶梯运动对仿人机器人来说也是复杂运动之一。由于仿人机器人本身结构的限制,因此其所能运动的阶梯高度具有一定的范围。下面介绍机器人是如何完成上阶梯这一复杂运动的,流程图如图 5-64 所示。

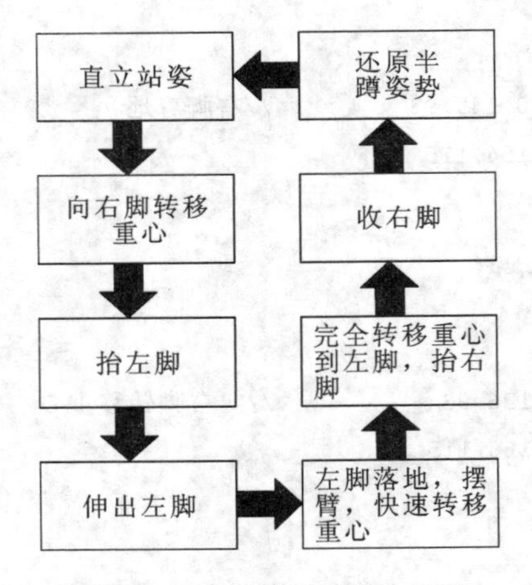

图 5-64 上阶梯运动的流程图

机器人上阶梯运动的动作截图如图 5-65 所示。

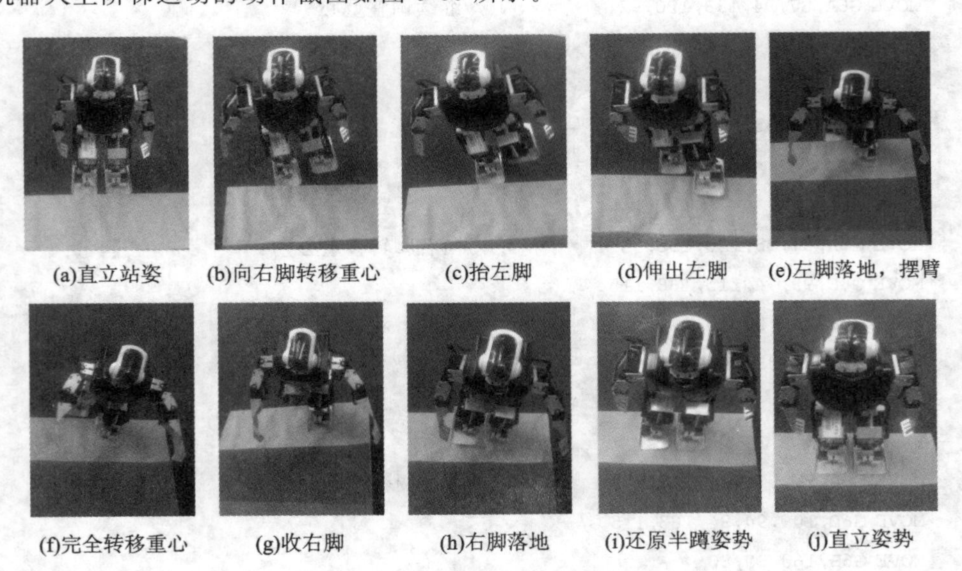

图 5-65 机器人上阶梯运动的动作截图

在 roboBASIC 中设计的代码如下。

```
SPEED 4
MOVE G6A,80,75,148,91,110
MOVE G6D,110,77,146,93,94          //向右脚转移重心
MOVE G6B,100,40
MOVE G6C,100,50
WAIT
SPEED 8
MOVE G6A,90,100,110,100,114         //抬左脚
MOVE G6D,114,78,146,93,96
WAIT
SPEED 8
MOVE G6A,90,140,35,130,114
MOVE G6D,114,71,155,90,96           //把脚抬到一定高度
WAIT

SPEED 12
MOVE G6A,80,55,130,140,114          //伸出左脚
MOVE G6D,112,70,155,90,94
WAIT
SPEED 7
MOVE G6A,105,75,100,158,102
MOVE G6D,95,90,165,68,100           //左脚落地,摆臂,快速转移重心
MOVE G6B,160,50
MOVE G6C,160,40
WAIT

SPEED 6
MOVE G6A,114,90,90,155,102
MOVE G6D,95,100,165,65,102          //完全转移重心到左脚,抬右脚
MOVE G6B,180,50
MOVE G6C,180,30
WAIT
SPEED 8
MOVE G6A,114,90,100,150,95          调整重心,保持平衡
MOVE G6D,95,90,165,70,110
WAIT
SPEED 12
MOVE G6A,114,90,100,150,95
```

```
MOVE G6D,90,120,40,140,108            //收右脚
WAIT
SPEED 10
MOVE G6A,114,90,110,130,95
MOVE G6D,90,95,90,145,108             //还原半蹲姿势
MOVE G6B,140,50
MOVE G6C,140,30
WAIT
SPEED 10
MOVE G6A,110,90,110,130,95            //还原半蹲姿势
MOVE G6D,80,85,110,135,108
MOVE G6B,110,40
MOVE G6C,110,40
WAIT
SPEED 5
MOVE G6D,98,90,110,125,99             //还原半蹲姿势
MOVE G6A,98,90,110,125,99
MOVE G6B,110,40
MOVE G6C,110,40
WAIT
SPEED 6
MOVE G6A,100,77,145,93,100            //直立姿势
MOVE G6D,100,77,145,93,100
MOVE G6B,100,30,80
MOVE G6C,100,30,80
WAIT
RETURN
```

在现实生活中应有上阶梯的动作，也应有下阶梯的动作。下面介绍下阶梯的动作是如何实现的，流程图如图 5-66 所示。

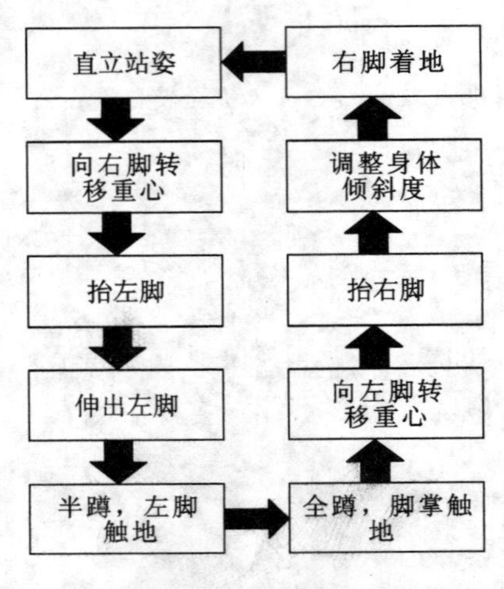

图 5-66 下阶梯运动的流程图

机器人下阶梯运动的动作截图如图 5-67 所示。

(a)直立姿势

(b)向右脚转移重心

(c)抬左腿

(d)伸出左脚

(e)半蹲，左脚触地

(f)全蹲，脚掌触地

(g)向左脚转移重心

(h)完全转移重心

(i)抬右脚

(j)调整身体

(k)直立姿势

图 5-67　机器人下阶梯运动的动作截图

在 roboBASIC 中设计的代码如下。

```
stairs_left_down:
SPEED 4
MOVE G6A,88,75,148,91,110
MOVE G6D,108,77,145,93,94         //向右脚转移重心
MOVE G6B,100,40
MOVE G6C,100,40
WAIT

SPEED 10
MOVE G6A,90,100,115,105,114       //抬左脚
MOVE G6D,112,76,145,93,94
WAIT
SPEED 12
MOVE G6A,80,30,155,150,114
MOVE G6D,112,65,155,90,94         //伸出左脚
```

```
WAIT

SPEED 7
MOVE G6A,80,30,175,150,114          //半蹲,左脚触地
MOVE G6D,112,115,65,140,94
MOVE G6B,70,50
MOVE G6C,70,40
WAIT
SPEED 5
MOVE G6A,90,20,150,155,105
MOVE G6D,110,155,45,120,94          //全蹲,脚掌触地
MOVE G6B,100,50
MOVE G6C,140,40
WAIT

SPEED 8
MOVE G6A,108,30,150,155,105
MOVE G6D,85,160,96,100,100          //向左脚转移重心
MOVE G6B,140,50
MOVE G6C,100,40
WAIT
SPEED 10
MOVE G6C,130,60
MOVE G6A,116,70,130,150,94
MOVE G6D,75,125,140,88,114          //继续向左脚调整重心
MOVE G6B,170,40
WAIT

SPEED 10
MOVE G6A,116,70,130,150,94
MOVE G6D,80,125,50,150,114          //抬右脚
WAIT
SPEED 9
MOVE G6A,114,75,130,120,94
MOVE G6D,80,85,90,150,114           //调整身体
WAIT

SPEED 8
MOVE G6A,112,80,130,110,94
MOVE G6D,80,75,130,115,114          //右脚触地
MOVE G6B,130,50
MOVE G6C,100,40
WAIT
```

```
SPEED 6
MOVE G6D,98,80,130,105,99            //直立姿势
MOVE G6A,98,80,130,105,99
MOVE G6B,110,40
MOVE G6C,110,40
WAIT
RETURN
```

第6章 机器人编程语言

6.1 机器人语言系统概述

伴随着机器人的发展，机器人语言也得到了发展和完善，机器人语言已经成为机器人技术的一个重要组成部分。早期的机器人由于功能单一，动作简单，因此可采用固定程序或者示教方式来控制机器人的运动。机器人作业动作逐渐多样化、作业环境逐渐复杂化，固定的程序或示教方式已经满足不了要求，需要依靠能适应作业内容和环境随时变化的机器人语言程序来控制机器人完成工作。

通过使用机器人语言，操作者对动作进行描述，机器人根据描述语言完成各种作业。

机器人编程语言是一种程序描述语言，它能十分简洁地描述工作环境和机器人的动作，能将复杂的操作内容通过尽可能简单的程序来实现。机器人编程语言也和一般的程序语言一样，应当具有结构简明、概念统一、容易扩展等特点。从实际应用的角度来看，很多情况下都是操作者实时地操纵机器人工作，为此，机器人编程语言还应当简单易学。

高级机器人编程语言还能够做出目标物体和环境的几何模型。在工作进行过程中，几何模型又是不断变化的，因此较好的机器人语言能极大地减少编程的困难。

现在还有一种正在开发的系统，它能按某种原则给出最初的环境状态和最终的工作状态，然后让机器人自动进行推理、计算，最后自动生成机器人的动作。这种系统现在仍处于基础研究阶段，还没有形成机器人语言。

目前，已经有多种机器人语言问世，其中有的是研究室里的实验语言（比较有名的有美国斯坦福大学开发的 AL 语言、IBM 公司开发的 AUTOPASS 语言、英国爱丁堡大学开发的 RAPT 语言等），有的是实用的机器人语言（比较有名的有由 AL 语言演变而来的 VAL 语言、日本九州大学开发的 IML 语言、IBM 公司开发的 AML 语言等）。

6.1.1 机器人语言的特点

机器人语言以三种方式发展着：①产生一种全新的语言；②对老版本语言（计算机通用语言）进行修改，增加一些语法规则；③在计算机编程语言中增加新的子程序。机器人语言有一般程序设计语言所具有的特征。

1. 简易性和一致性

机器人语言的简易性和一致性的特点能促进机器人的发展，使机器人广泛应用于各领域。

2. 程序结构的清晰性

结构化程序设计技术的引入，如 while-do-if-then-else 这种类似自然语言的语句代替简单的 if 语句和 goto 语句，使程序结构清晰明了。

3. 应用的自然性

正是由于这一特征的要求，使得机器人语言逐渐增加各种功能，由低级向高级发展。

4. 易扩展性

从技术不断发展的角度来说,各种机器人语言都能满足各自机器人的需要,又能在扩展后满足未来新应用领域以及传感设备改进的需要。

5. 调试和外部支持工具

利用调试和外部支持工具能快速、有效地对程序进行修改。已商品化的较低级别的语言有非常丰富的调试手段。

6. 效率

语言的效率取决于编程的容易性即编程效率和语言适应新硬件环境的能力(即可移植性)。随着计算机技术的不断发展,系统处理速度越来越快,已能满足一般机器人控制的需要,各种复杂的控制算法实用化已指日可待。

6.1.2 机器人语言系统的结构

机器人语言实际上是一个语言系统。机器人语言系统既包含语言本身(给出作业指示和动作指示),又包含处理系统。机器人语言系统如图 6-1 所示,它能够支持机器人编程、控制,以及外围设备、传感器和机器人接口,同时还能支持与计算机系统的通信。

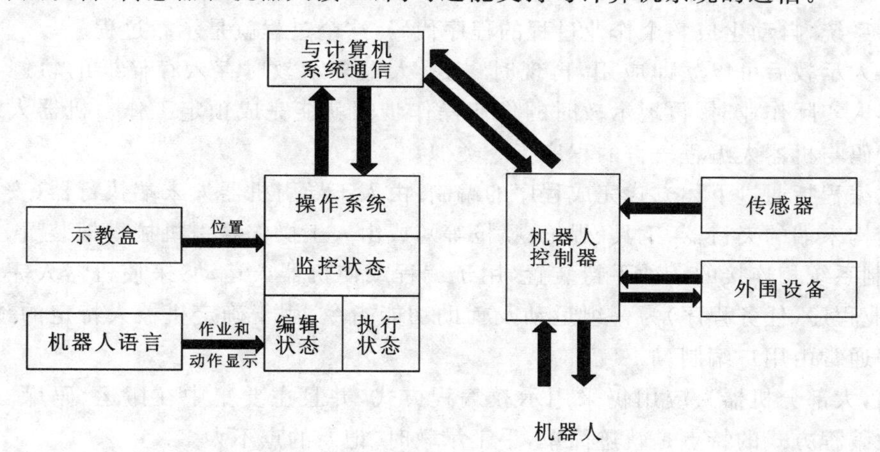

图 6-1 机器人语言系统

机器人语言操作系统包括监控状态、编辑状态和执行状态三种基本的操作状态。

(1)监控状态是用来进行整个系统的监督、控制的。在监控状态下,操作者可以用示教盒定义机器人的空间位置,设置机器人的运动速度,存储和调出程序等。

(2)在编辑状态下,操作者可编制程序或编辑程序。尽管不同语言的编辑操作不同,但一般编辑操作均包括写入指令、修改或删除指令及插入指令等。

(3)执行状态是用来执行机器人程序的。在执行机器人程序的过程中,操作者可以通过调试程序来修改错误。例如:在程序执行过程中,某一位置关节超过限制,机器人无法执行指令,并停止运行,操作者可以返回到编辑状态修改程序。大多数机器人语言允许在程序执行过程中,直接返回监控状态或编辑状态。

6.1.3 机器人的控制方式

机器人的控制方式有远程控制、编程控制与人工控制,按控制方式分类,机器人有操作型机器人、程控型机器人、示教再现型机器人、数控型机器人、感觉控制型机器人、适应控制型机器人、学习控制型机器人、智能机器人等。

1. 顺序控制形式

顺序控制形式主要用于程控型机器人，即按预先要求的顺序及条件，依次控制机器人的机械动作。由操作者设置固定的限位开关，实现启动、停止的程序操作，这种顺序控制形式只能用于机器人简单的拾起和放置作业中。

在顺序控制的机器人中，所有的控制都是由机械的或电气的顺序控制器实现的，没有程序设计的要求，因此，也就不存在编程方式。

顺序控制的灵活性小，这是因为所有的工作过程都已事先组织好，或由机械挡块，或由其他确定的办法所控制。大量的自动机都采用的是顺序控制形式。顺序控制形式的主要优点是成本低，易于控制和操作。

2. 在线编程(示教编程)

在线编程又叫示教编程或示教再现编程，用于示教再现型机器人，它是目前大多数工业机器人运用的编程方式。所谓示教编程，即操作者根据机器人作业的需要把机器人末端执行器送到目标位置，且处于相应的姿态，然后把这一位置、姿态所对应的关节角度信息保存到存储器中。在机器人作业空间的各点重复以上操作，把整个作业过程记录下来，再通过适当的软件系统，自动生成整个作业过程的程序代码，这个过程就是示教过程。

机器人示教后可以立即应用，再现时，机器人重复示教时存入存储器的轨迹和各种操作。机器人实际作业时，再现示教时的作业操作步骤就能完成预定工作。机器人示教产生的程序代码与机器人编程语言的程序指令类似。

示教编程指通过下述方式完成程序的编制：由人工导引机器人末端执行器(安装于机器人关节结构末端的夹持器、工具、焊枪、喷枪等)，或由人工操作导引机械模拟装置，或用示教盒(与控制系统相连接的一种手持装置，用于编程或使机器人运动)来使机器人完成预期的动作；作业程序(任务程序)为一组运动及辅助功能指令，用于确定机器人特定的预期作业，这类程序通常由用户编制。

目前，大部分机器人应用仍采用示教编程方式，并且主要集中在搬运、码垛、焊接等领域。示教编程方式的特点是轨迹简单，手工示教时，记录的点不太多。

示教编程的优点：操作简单，不需要环境模型；易于掌握，操作者不需要具备专门知识，不需要复杂的装置和设备，对实际的机器人进行示教时，可以修正机械结构带来的误差。

示教编程的缺点：示教在线编程过程烦琐、效率低；精度靠示教者目测确定，而且复杂的路径示教在线编程难以取得令人满意的效果；示教器种类太多，学习量太大；示教过程容易发生事故，轻则撞坏设备，重则撞伤人；对实际的机器人进行示教时要占用机器人。

1)直接示教

直接示教适用于可重复再现通过示教编程存储起来的作业程序的机器人。

直接示教是一项成熟的技术，易于被熟悉工作任务的人员掌握，而且采用的控制装置等很简单。示教过程短，示教过后，马上可应用。

直接示教方式的缺点：难以与传感器的信息相配合；不能用于某些危险的情况；当操作大型机器人时，这种方法不实用；难以获得高速度和直线运动；难以与其他操作同步。

2)示教盒示教

示教盒适用于可编程机器人。利用示教盒，不必使机器人动作，通过数值、语言等对机器人进行示教，利用装在控制盒上的按钮可以驱动机器人按需要的顺序进行操作。机器人根据示教后形成的程序进行作业。图 6-2 所示为几种常见的示教盒。

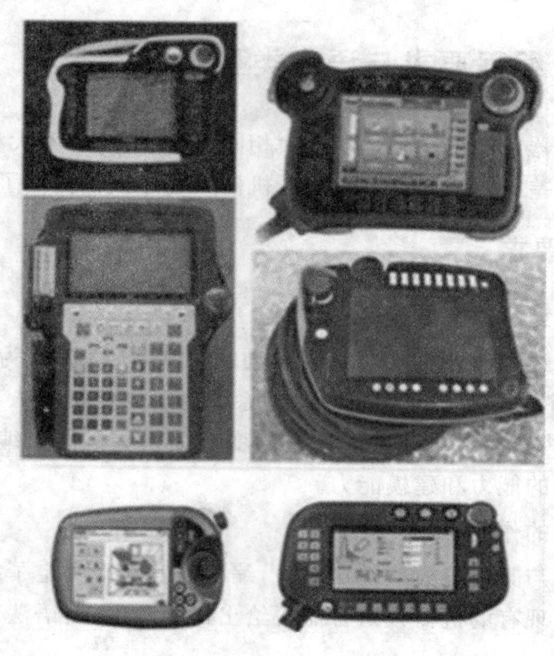

图 6-2 几种常见的示教盒

在示教盒中，每一个关节都有一对按钮，分别控制该关节在两个方向上的运动。虽然为了获得最高的运行效率，人们希望机器人能实现多关节合成运动，但在用示教盒示教的方式下，难以同时移动多个关节。

示教盒示教方式的缺点：示教相对于再现所需的时间较长，即机器人的有效工作时间短；很难示教复杂的运动轨迹及准确度要求高的运动轨迹；示教轨迹的重复性差，两个不同的操作者通常无法示教出相同的轨迹，即使同一操作者两次示教通常也不能产生相同的轨迹；无法接收传感器信息；难以与其他操作或其他机器人操作同步。示教盒一般用于对大型机器人或危险作业条件下的机器人示教。利用示教盒示教方式仍然难以获得高的控制精度。

3. 离线编程（预编程）

离线编程和预编程的含义相同，是指用机器人程序语言预先进行程序设计，而不是用示教的方法编程。离线编程克服了在线编程的许多缺点，主要用于操作型机器人，能自动控制，可重复编程，功能多。

离线编程是指在专门的软件环境支持下用专用或通用程序在离线情况下进行机器人轨迹规划编程的一种方法。离线编程程序通过支持软件的解释或编译产生目标程序代码，最后生成机器人路径规划数据。一些离线编程系统带有仿真功能，这使得在编程过程中就能解决路径优化等问题。

机器人离线编程系统不仅要求在计算机上建立机器人系统的物理模型，而且要求对其进行编程和动画仿真，以及对编程结果进行后置处理。一般说来，机器人离线编程系统主要有传感器、机器人系统 CAD 建模、图形仿真及后置处理等模块。

此外，由于离线编程系统是基于机器人系统的图形模型来模拟机器人在实际环境中的工作进行编程的，因此为了使编程结果能符合实际情况，离线编程系统应能够计算仿真模型和实际模型之间的误差，并尽量减小二者间的误差。

6.2 机器人编程要求与语言类型

由于不同类型的机器人的结构和运动不大相同，机械结构也不大相同，因而其程序设计也与一般程序设计有所差异，独具特色，进而对机器人程序设计提出了特别的要求。

6.2.1 机器人编程要求

1. 能够建立世界模型

编程时需要一种描述物体在三维空间内运动的方式，所以需要为机器人及相关物体建立一个基础坐标系，这个坐标系也称为世界坐标系。为了方便机器人工作，也需要建立其他坐标系，并同时建立这些坐标系与基础坐标系的变换关系。机器人编程系统应具有在各种坐标系下描述物体位置的能力和建模能力。

2. 能够描述机器人的作业

机器人作业的描述与其环境模型密切相关，编程语言水平决定了描述水平，其中以自然语言输入为最高水平。现有的机器人语言需要给出作业顺序，由语法和词法定义输入语言，并由它描述整个作业。

3. 能够描述机器人的运动

描述机器人需要进行的运动是机器人编程语言的基本功能之一。

对于简单的运动语句，大多数编程语言具有相似的语法。不同语言在主要运动基元上的差别是比较表面的。

4. 允许用户规定执行流程

机器人编程系统允许用户规定执行流程，包括循环、调用子程序等。

5. 要有良好的编程环境

如同任何计算机一样，一个好的编程环境有助于提高程序员的工作效率。机器人编程趋向于试探对话式。如果用户忙于应付连续重复的编译语言的编辑—编译—执行循环，那么其工作效率必然低下。因此，现在大多数机器人编程语言含有中断功能，以便能够在程序开发和调试过程中每次只执行一条单独语句。

根据机器人编程的特点，其支持软件应具有下列功能：在线修改和立即重新启动；传感器的输出和程序追踪。

6. 需要人机接口和综合传感信号

在编程和作业过程中，应便于人与机器人之间进行信息交换，以便在出现故障后能及时处理，确保安全。而且，随着作业环境和作业内容复杂程度的增加，需要有功能强大的人机接口。

机器人语言的一个极其重要的部分是与传感器的相互作用。语言系统应能提供一般的决策结构，以便根据传感器的信息来控制程序的流程。

6.2.2 机器人编程语言类型

为机器人编程是有效使用机器人的前提。由于机器人的控制装置和作业要求多种多样，国内外尚未制订统一的机器人控制代码标准，因此机器人编程语言也是多种多样的。

机器人语言可以按照其作业描述水平的程度分为动作级编程语言、对象级编程语言和任务级编程语言三类。

1. 动作级编程语言

动作级编程语言以机器人末端执行器的动作为中心来描述各种操作，要在程序中说明每个动作。这是一种最基本的描述方式。

动作级编程语言主要描述机器人的运动，通常一条指令对应机器人的一个动作。动作级编程语言的优点是比较简单，编程容易。其缺点是功能有限，无法进行繁复的数学运算；不能接收复杂的传感器信息，只能接收传感器开关信息；与计算机的通信能力很差。VAL语言为典型的动作级编程语言。

动作级编程语言编程时分为关节级编程和末端执行器级编程两种。

1）关节级编程

关节级编程是指以机器人的关节为对象，编程时给出机器人各关节位置的时间序列，在关节坐标系中进行的一种编程方法。

对于直角坐标型机器人和圆柱坐标型机器人，由于直角关节和圆柱关节的表示比较简单，适合采用这种方法编程；而对于具有回转关节的关节型机器人，由于关节位置的时间序列表示困难，即使一个简单的动作也要经过许多复杂的运算，整个编程过程很不方便，不适合采用这种方法。

关节级编程得到的程序不具有通用性。这样得到的程序也不能模块化，它的扩展也十分困难。关节级编程可以通过简单的编程指令来实现，也可以通过示教盒示教和键入示教实现。

2）末端执行器级编程

末端执行器级编程是指一种在作业空间的各种设定好的坐标系中编程的方法。

2. 对象级编程语言

使用对象级编程语言时，必须明确地描述操作对象之间的关系及机器人与操作对象之间的关系。

对象级编程语言（如 AML 语言及 AUTOPASS 语言等）具有以下特点。

（1）运动控制：具有动作级编程语言的全部动作功能。

（2）处理传感器信息：可以接收较复杂的传感器信号，有较强的感知能力，能处理复杂的传感器信息，可以利用传感器信息来修改、更新环境的描述和模型，也可以利用传感器信息进行控制、测试和监督。

（3）扩展性：具有良好的开放性，语言系统提供了开发平台，用户可以根据需要增加指令，扩展语言功能。

（4）通信和数字运算：数据处理能力强，可以处理浮点数，能与计算机进行即时通信。

3. 任务级编程语言

采用任务级编程语言时不需要用机器人的动作来描述作业任务，也不需要描述机器人对象物的中间状态，只需要按照某种规则描述机器人对象物的初始状态和最终目标状态，机器人语言系统即可利用已有的环境信息和知识库、数据库自动进行推理、计算，从而自动生成机器人详细的动作等。

任务级机器人编程系统能够自动执行许多规划任务。任务级机器人编程系统必须能把指定的工作任务翻译为相应的程序。例如，一台装配机器人欲完成某一螺钉的装配，螺钉的初始位置和装配后的目标位置已知，当发出抓取螺钉的命令时，语言系统寻找从初始位置到目标位置的路径，在复杂的作业环境中找出一条不会与周围障碍物产生碰撞的合适路径，在初始位置处选择恰当的姿态抓取螺钉，沿此路径运动到目标位置。在此过程中，作业中间状态(作业方案的设计、工序的选择等)都由计算机自动完成。

任务级编程语言的结构十分复杂，需要人工智能的理论基础和大型知识库、数据库的支持，目前还不是十分完善，是一种理想状态下的语言，有待于进一步的研究。但可以相信，随着人工智能技术及数据库技术的不断发展，任务级编程语言必将成为机器人语言的主流，使得机器人的编程应用变得十分简单。

以下多种因素决定了各种机器人编程语言具有不同的特点。

(1)语言模式，如文本、清单等。

(2)语言形式，如新语言等。

(3)几何学数据形式，如坐标系、矢量变换以及路径等。

(4)旋转矩阵的规定与表示。

(5)控制多个机械手的能力。

(6)控制结构。

(7)控制模式。

(8)运动形式，如曲线运动等。

(9)信号线，如数字信号的输入/输出及模拟信号的输入/输出等。

(10)传感器接口。

(11)调试性能。

6.3 机器人编程语言的基本功能和发展

6.3.1 机器人编程语言的基本功能

机器人编程语言基本功能包括运算、决策、通信、机械手运动、工具指令及传感器数据处理等。许多正在运行的机器人系统，只提供机械手运动和工具指令及某些简单的传感器数据处理功能。

1. 运算

如果机器人未装有任何传感器，那么就可能不需要对机器人程序规定什么运算。没有传感器的机器人只不过是一台适于编程的数控机器。

对装有传感器的机器人所进行的最有用的运算是解析几何计算。这些运算结果能使机器人自行做出决定，如下一步把工具置于何处等。

2. 决策

机器人系统能够根据传感器输入信息做决策，这种决策能力使机器人控制系统的功能更强。

3. 通信

人和机器人能够通过许多不同方式进行通信。机器人向人提供信息所需的主要设备有：①信号灯；②字符打印机、显示器；③绘图仪；④语言合成器或其他音响设备(铃、扬声器等)。

4. 机械手运动

可用多种方法来规定机械手的运动。最简单的方法是向各关节伺服装置提供一组关节位置,然后等待伺服装置到达这些规定位置。用与机械手的形状无关的坐标来表示工具位置是比较先进的方法。

5. 工具指令

一条工具指令通常是由闭合某个开关或继电器而触发的,而继电器又可能接通或断开电源,以直接控制工具运动,或者送出一个小功率信号给电子控制器,让电子控制器去控制工具。直接控制是最简单的方法,而且对控制系统的要求较少。

6. 传感器数据处理

传感器数据处理是许多机器人程序编制的十分重要而又复杂的组成部分。当采用触觉、听觉或视觉传感器时,更是如此。例如,当应用视觉传感器获取视觉特征数据、辨识物体和进行机器人定位时,需要处理的视觉数据往往是极其大量的。

6.3.2 机器人编程语言的发展

自机器人出现以来,美国、日本等国就开始了机器人语言的研究。美国斯坦福大学于1973年研制出世界上第一种机器人语言——WAVE语言。

在WAVE语言的基础上,1974年斯坦福大学人工智能实验室又开发出一种新的语言——AL语言。AL语言不仅能描述手爪的动作,而且可以记忆作业环境及该环境内物体和物体之间的相对位置,实现多台机器人的协调控制。

美国IBM公司也一直致力于机器人语言的研究,取得了不少成果。1975年,IBM公司研制出ML语言,其主要用于机器人的装配作业。随后该公司又研制出另一种语言——AUTOPASS语言,这是一种用于装配的更高级语言,它可以对几何模型类任务进行半自动编程。

美国的Unimation公司于1979年推出了VAL语言。它是在BASIC语言基础上扩展的一种机器人语言,因此具有BASIC的内核与结构,编程简单,语句简练。VAL语言成功地用于PUMA和UNIMATE型机器人。1984年,Unimation公司又推出了在VAL语言基础上改进的机器人语言——VAL Ⅱ语言。VALⅡ语言除了具有VAL语言的全部功能外,还增加了对传感器信息的读取功能。

20世纪80年代初,由美国开发的ARIL语言可以利用传感器的信息进行零件作业的检测。麦道公司开发的MCL语言是一种在数控自动编程语言——APT语言的基础上发展起来的机器人语言。MCL语言特别适用于由数控机床、机器人等组成的柔性加工单元的编程。

6.4 常用机器人编程语言

机器人编程语言具有良好的通用性,同一种机器人语言可用于不同类型的机器人。目前主要的机器人编程语言有以下几种,如表6-1所示。

表 6-1 主要的机器人编程语言

序号	语言名称	简要说明
1	AL	用于机器人动作及对象的的描述，是今日机器人语言研究的源流
2	AUTOPASS	组装机器人用语言
3	LAMA-S	高级机器人编程语言
4	VAL	用于 PUMA 机器人
5	ARIL	用视觉传感器检查零件时采用的机器人编程语言
6	WAVE	操作器控制符号语言
7	DIAL	具有 RCC 柔顺性手腕控制的特殊指令
8	RPL	可与 Unimation 机器人操作程序结合，预先定义子程序库
9	TEACH	适用于两臂协调动作
10	MCL	数控自动编程语言，特别适用于由数控机床、机器人等组成的柔性加工单元的编程
11	INDA	相当于 RTL/2 编程语言的子集，具有使用方便的处理系统
12	RAPT	类似于 NC 语言
13	LM	用于装配机器人
14	ROBEX	具有与高级 NC 语言 EXAPT 相似结构的脱机编程语言
15	SIGLA	SIGMA 机器人编程语言
16	MAL	两臂机器人装配语言，其特征是方便，易于编程
17	SERF	SKILAM 装配机器人
18	PLAW	用于 RW 系列弧焊机器人
19	IML	动作级机器人编程语言

下面简单介绍几种常用的机器人编程语言。

6.4.1 AL 语言

AL 语言是 20 世纪 70 年代中期美国斯坦福大学人工智能研究所开发的一种机器人语言，它是在 WAVE 语言的基础上开发出来的，也是一种动作级编程语言，但兼有对象级编程语言的某些特征，使用于装配作业。它的结构及特点类似于 PASCAL 语言，可以编译成机器语言在实时控制机上运行，具有实时编译语言的结构和特征，如可以同步操作、条件操作等。AL 语言设计的目的是用于具有传感器信息反馈的多台机器人或机械手的并行或协调控制编程。

1. AL 语言的编程格式

（1）程序由 BEGIN 开始，由 END 结束。

（2）语句与语句之间用分号隔开。

（3）变量先定义说明其类型，后使用。变量名以英文字母开头，由字母、数字和下划线组成，字母不区分大小写。

(4)程序的注释用大括号括起来。

(5)在变量赋值语句中，如所赋的内容为表达式，则先计算表达式的值，再把该值赋给等式左边的变量。

2. AL 语言中数据的类型

1)标量

可以是时间、距离、角度及力等，可以进行加、减、乘、除和指数运算，也可以进行三角函数、自然对数和指数换算。

2)向量

与数学中的向量类似，可以由若干个量纲相同的标量来构造一个向量。

3)旋转

用来描述一根轴的旋转或绕某根轴的旋转以表示姿态。用 rot 变量表示旋转变量时带有两个参数，一个代表旋转轴的简单矢量，另一个表示旋转角度。

4)坐标系

用来建立坐标系。

5)变换

用来进行坐标变换，具有旋转和向量两个参数，执行时先旋转再平移。

3. AL 语言的语句介绍

1)MOVE 语句

MOVE 语句用来描述机器人手爪的运动，如手爪从一个位置运动到另一个位置。MOVE 语句的格式为：

```
MOVE <HAND> TO <目的地>
```

2)手爪控制语句[OPEN(打开)和 CLOSE(闭合)]

格式为：

```
OPEN <HAND> TO <SVAL>
CLOSE <HAND> TO <SVAL>
```

其中 SVAL 为开度距离值，在程序中已预先指定。

3)控制语句

格式分别为：

```
IF <条件> THEN <语句> ELSE <语句>
WHILE <条件> DO <语句>
CASE <语句>
DO <语句> UNTIL <条件>
FOR…STEP…UNTIL…
```

4)AFFIX 和 UNFIX 语句

语句 AFFIX 为两物体结合的操作，语句 UNFIX 为两物体分离的操作。

5)力觉的处理

在 MOVE 语句中，使用条件监控子语句可利用传感器信息来完成一定的动作。监控子语句如：

```
ON <条件> DO <动作>
```

例如：

```
MOVE BARM TO ⊕-0.1*INCHES ON FORCE(Z)>10*OUNCES DO STOP
```

6.4.2 VAL 语言

VAL 语言是美国 Unimation 公司于 1979 年推出的一种机器人编程语言，是一种专用的动作类描述语言。VAL 语言是在 BASIC 语言的基础上发展起来的，所以其结构与 BASIC 语言的结构很相似。VAL 语言命令简单，实时功能强，在线和离线状态下均可编程，适用于多种计算机控制的机器人；能够迅速地计算出不同坐标系下复杂运动的连续轨迹，能连续产生机器人的控制信号；包含一些子程序库；能与外部存储器进行快速数据传输以保存程序和数据。

1. VAL 语言系统

VAL 语言系统包括文本编辑、系统命令和编程语言三个部分。

在文本编辑状态下可以通过键盘输入文本程序，也可通过示教盒在示教方式下输入程序。系统命令包括位置定义、程序和数据列表、系统状态设置和控制、系统开关控制、系统诊断和修改等。

编程语言把一条条程序语句转换执行。

2. VAL 语言的主要特点

(1)编程方法和全部指令可用于多种计算机控制的机器人。

(2)指令简明，指令语句由指令字及数据组成，实时及离线编程均可应用。

(3)指令及功能均可扩展，可用于装配线及制造过程控制。

(4)可调用子程序以组成复杂操作控制。

(5)可连续实时计算，迅速实现复杂运动控制；能连续产生机器人控制指令，同时实现人机交互。

3. VAL 语言的指令

VAL 语言包括监控指令和程序指令两种。其中监控指令有六类，分别为位置及姿态定义指令、程序编辑指令、列表指令、存储指令、控制程序执行指令和系统状态控制指令。

1)监控指令

(1)位置及姿态定义指令主要有以下几种。

POINT 指令：执行终端位置、姿态的齐次变换或以关节位置表示的精确点位赋值。其格式为：

```
POINT <变量> [=<变量 2> …<变量 n>] 或 POINT <精确点> [=<精确点 2>]
```

DPOINT 指令：删除包括精确点或变量在内的任意数量的位置变量。

HERE 指令：使变量或精确点的值表示的是当前机器人的位置。

WHERE 指令：用来显示机器人在直角坐标空间中的当前位置和关节变量值。

BASE 指令：用来设置参考坐标系。

(2)程序编辑指令主要有以下几种。

EDIT 指令：允许用户建立或修改一个指定名字的程序。其格式为：

```
EDIT [<程序名>],[<行号>]
```

用 EDIT 指令进入编辑状态后，可以用 C、D、E、I、L、P、R、S、T 等命令来进一步编辑。如：

C 命令：改变编辑的程序，用一个新的程序代替。

D 命令：删除从当前行算起 n 行程序，n 缺省时为删除当前行。

E 命令:退出编辑模式,返回监控模式。

I 命令:将当前指令下移一行,以便插入一条指令。

P 命令:显示从当前行往下 n 行的程序文本内容。

T 命令:初始化关节插值程序示教模式,在该模式下,按一次示教盒上的"RECODE"按钮就可将 MOVE 指令插到程序中。

(3)列表指令主要有以下几种。

DIRECTORY 指令:显示存储器中的全部用户程序名。

LISTL 指令:显示任意数量的位置变量值。

LISTP 指令:显示任意数量的用户的全部程序。

(4)存储指令主要有以下几种。

FORMAT 指令:执行磁盘格式化。

STOREP 指令:在指定的磁盘文件内存储指定的程序。

STOREL 指令:存储用户程序中注明的全部位置变量名和变量值。

LISTF 指令:显示软盘中当前输入的文件目录。

LOADP 指令:将文件中的程序送入内存。

LOADL 指令:将文件中指定的位置变量送入系统内存。

DELETE 指令:撤销磁盘中指定的文件。

COMPRESS 指令:只用来压缩磁盘空间。

ERASE 指令:擦除磁盘中的内容并初始化。

(5)控制程序执行指令主要有以下几种。

ABORT 指令:紧急停止执行程序。

DO 指令:执行单步指令。

EXECUTE 指令:执行用户指定的程序 n(−32 768~32 767)次,当 n 被省略时,执行程序一次。

NEXT 指令:控制程序在单步方式下执行。

PROCEED 指令:在某一步暂停、急停或运行错误后,自下一步起继续执行。

RETRY 指令:在某一步出现运行错误后,仍自那一步重新运行程序。

SPEED 指令:指定程序控制下机器人的运动速度。

(6)系统状态控制指令主要有以下几种。

CALIB 指令:校准关节位置传感器。

STATUS 指令:显示用户程序的状态。

FREE 指令:显示当前未使用的存储容量。

ENABL 指令:用于开、关系统硬件。

ZERO 指令:清除全部用户程序和定义的位置,重新初始化。

DONE:停止监控程序,进入硬件调试状态。

2)程序指令

(1)运动指令　包括 GO、MOVE、DRAW、APPRO、DEPART、DRIVE、READY、OPEN、CLOSE、RELAX、GRASP 及 DELAY 等。

(2)机器人位姿(机器人末端操作器在指定坐标系中的位置和姿态)控制指令　包括 RIGHTY、LEFTY、ABOVE、BELOW、FLIP 等。

(3)赋值指令　包括 HERE、SET、SHIFT、TOOL、INVERSE 及 FRAME 等。

(4)控制指令　包括 GOTO、GOSUB、RETURN、IF、IGNORE、SIGNAL、WAIT、PAUSE 及 STOP 等。其中 GOTO、GOSUB 实现程序的无条件转移，而 IF 指令执行有条件转移。IF 指令的格式为：

```
IF <整型变量 1> <关系式> <整型变量 2> <关系式> THEN <标识符>
```

(5)开关量赋值指令　包括 SPEED、FINE、NULL 等。

(6)其他指令　包括 REMARK 及 TYPE 等。

6.4.3　IML 语言

IML 语言也是一种着眼于末端执行器的动作级语言。IML 语言的特点是编程简单，能人机对话，适合于现场操作，许多复杂动作可由简单的指令来实现，易被操作者掌握。

IML 语言的主要指令有运动指令(MOVE)、速度指令(SPEED)、停止指令(STOP)、手指开合指令(OPEN 及 CLOSE)、坐标系定义指令(COORD)、轨迹定义命令(TRAJ)、位置定义命令(HERE)、程序控制指令(IF…THEN)、FOR EACH 语句、CASE 语句及 DEFINE 语句等。

第7章 未来机器人

7.1 发展趋势

机器人与人类的生活更为密切地结合起来，二十年后，家中清洁的工作或老人的护理保健的工作等可能全由机器人取代。美国旧金山的医院已开始使用机器人为病人送药、配药等。

机器人仿生性、生物性的大趋向，使制造的机器狗、猫、鱼等动物具有趣味性、生物性。譬如日本三菱重工附属公司 Ryomei Engineering 研制成功的金色机械鱼“金鱼虎”，能畅游于水中，可协助收集鱼汛信息、监测河水污染情况等。索尼公司研制的 AIBO 机器狗对主人声音有情绪反应，如喜、怒、哀、乐、恐惧等情绪。这类仿生性机器人还被广泛用于情报侦察、情报传送、救援等。2005 年俄罗斯迷你潜艇为渔网所缠，被困于 190 m 深的海水下，最终由英国的“天蝎”号救援艇助其脱险，“天蝎”号就是海底机器人。

机器人的重要发展方向之一是人性化。

2015 年日本爱知举行的万国博览会，被称为机器人的大集合之展览会，有人甚至将之称作“机器人万国博览会”，从中可看出日本这一产业的优势及成果。博览会的接待工作、清扫工作、警备工作等，多由机器人完成。博览会期间还举办多项人与机器人有关的活动，其中最引人注目的是人工智能及人性化的机器人的表演，譬如接待处的一台机器人能听、说六国语言，而且说话时眼、嘴皆会动，面部肌肉也有活动。大阪大学工学院在人工智能机器人的开发方面有不俗的成绩，石黑浩教授制作的机器人 Actroid Repliee 的手、头和上身皆可自如活动，外形逼真，惟妙惟肖。

此外，具有“视觉”“味蕾”的机器人（红外检测技术的应用）可以迅速对食物的成分及其含量做出判定，譬如将一个苹果摆在其手臂前，可以打印出该苹果的维生素等的含量。

机器人管乐队可以演奏真正的乐器，而且能不断变换队形，演奏技术上乘。

东京大学已开发出仿真性皮肤（可感知冷热等），甚至可为其设定一些人的皮肤都不具有的功能，这对机器人的发展具有极大的促进作用。

机器人将会应用到人类生活的各个领域，成为人类的良好助手和亲密伙伴，并且将会给人类社会带来巨大的变化。本章将介绍机器人的未来发展及趋势。

7.2 仿生机器人

仿生机器人是指模仿生物、从事生物特点工作的机器人，如机械宠物、仿麻雀机器人（可以担任环境监测的任务）等。发展仿人机器人能弥补年轻劳动力的不足，能解决老龄化社会的家庭服务和医疗等社会问题，并能开辟新的产业，创造新的就业机会。

研究仿生机械的学科称为仿生机械学，它是 20 世纪 60 年代末由生物学、生物力学、医学、机械工程、控制论和电子技术等学科相互渗透、结合而成的一门学科。近代生物学和控制论的出现，为机器与生物可以类比奠定了理论基础。

仿生机械学研究的主要领域有生物力学、控制体和机器人。其中生物力学研究生命的力学现象和规律；控制体是指根据生物知识建造用人脑控制的工程技术系统，如肌电假手等；机器人则是指用计算机控制的工程技术系统。

现在仿生机械学的研究和应用仅仅迈出了第一步。从所取得的成果看，利用生物界的知识来发展机器人技术是未来发展的一个重要方向。人们不仅要研究生物系统在进化过程中逐渐形成的那些结构和机能，更要着重揭示其组织结构的原理，评定其机能关系、适应方法、存活方法和自我更新方法等。人类综合利用生物系统中可能应用的优越结构和物理学的特性，就可能制造出在某些性能上比自然界形成的体系更为完善的仿生机械。

昆虫大小的微型机器人在多个领域得到应用，其可以携带各种传感器，可用来收集信息等。

7.2.1 兽型机器人

从 2003 年开始，美军一直在努力地开发一种货运骡子机器人。骡子机器人是由海军陆战队作战实验室和 TORC 技术公司及弗吉尼亚理工学院共同设计的，在夏威夷进行的大型试验中，骡子机器人的四个原型均参加了训练，它们都表现出色。图 7-1 所示为大狗机器人，它们可以在交通不便的山区为士兵运送弹药、食物和其他物品。它们不但能够行走和奔跑，而且还可跨越一定高度的障碍物。它们的动力主要来自带有液压系统的汽油发动机。

猎豹机器人（见图 7-2）是美国波士顿动力公司的研究成果，这款机器人能够冲刺、急转弯，并能急刹停止。猎豹机器人是一款四腿机器人，具有灵活的脊椎和铰接式头部，装配有一系列高科技装备（如照相机、随载计算机等）。

图 7-1 大狗机器人

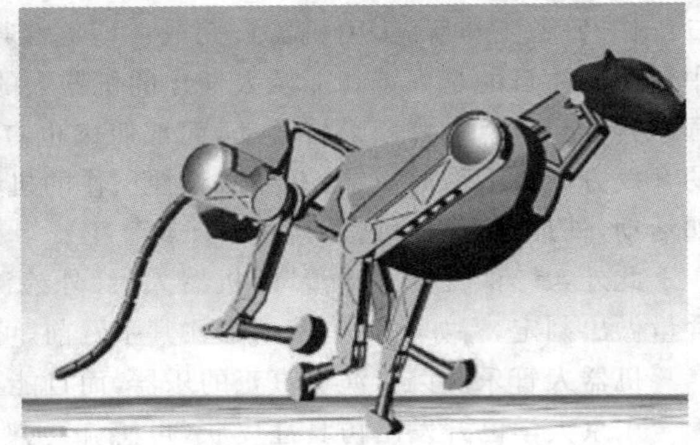

图 7-2 猎豹机器人

图 7-3 所示为韩国犬马型机器人，该机器人可以为老弱病残服务，可以运送物资等。

7.2.2 蛇形机器人

蛇形机器人，是一种能够模仿生物蛇运动的新型仿生机器人，由于能像生物一样实现“无肢运动”，因而被国际机器人业界称为“最富于现实感的机器人”。挪威科技工业研究院已经设计出一种用于火星表面探测的蛇形机器人。日本东京科技大学于 1972 年研制出世界上第一台蛇形机器人，其速度可达 40 cm/s。2000 年 10 月，美国航空航天局在加利福尼亚装备研制中心展示了一种用于外太空探险的蛇形机器人，它在地形复杂区域行走时如履平地，运动十分灵活，并具有探测、侦探等多种功能。

在我国，蛇形机器人的研究起步较晚，但是进步较快。哈尔滨工业大学机器人研究所、上海交通大学等单位进行了蛇形机器人仿生方面的一些研究工作。上海交通大学崔显世、颜国正于1999年3月研制出了我国第一台微型仿蛇机器人样机,该样机由一系列刚性连杆连接而成,步进电机控制相邻两刚性连杆之间的夹角,使连杆可以在水平面内摆动,样机底部装有滚动轴承作为被动轮,用以改变纵向和横向摩擦系数,其后又相继做了一些相关的研究。2002年,国防科学技术大学研制出了一台蛇形机器人样机,该样机不但可以在地面运动,而且采用密封外皮后,能在水面上实现蜿蜒运动。

中科院沈阳自动化所机器人重点实验室提出了一种新型蛇形机器人结构设想,可实现多种适应环境的平面和空间运动形式,并做了深入的研究。沈阳航空航天大学等单位也开始蛇形机器人的相关研究工作。图7-4所示为沈阳航空航天大学研制出的蛇形机器人。

图 7-3 犬马型机器人

图 7-4 沈阳航空航天大学研制出的蛇形机器人

7.2.3 昆虫机器人

昆虫机器人可以在炮火连天的战场上,完成危险的间谍任务,而不引起人的注意。英国BAE公司与美国军方签订合同,负责为其开发一系列微型昆虫机器人。这些昆虫机器人需有不同的超常能力,有的身装卫星摄像头,负责勘察地形和观察情况,有的则配备了各种传感器,能探测出化学、生物或放射性武器等。

昆虫机器人所做的就是强化士兵的感知能力,也就是延伸士兵的眼睛或耳朵。这些昆虫机器人能进入大楼,也能潜入洞穴,甚至能爬进废墟,将图像传递给士兵。

DARPA(美国国防高级研究计划局)已经研制出了一种可以执行间谍任务的电子生物武器"间谍甲虫",科研人员将微型电子芯片植入甲虫大脑,通过笔记本电脑对其实现无线遥控。

加州大学伯克利分校的动物生物智能系统实验室对三种来自喀麦隆的大型甲虫进行了测试。它们最小的2 cm长,最大的20 cm长。目前,对其中部分甲虫已经试验成功。

英国科学家研制的体积小巧的苍蝇机器人,可以在狭窄的空间内自由飞行,既可胜任地震救灾,又可充当反恐特工,准确地击中敌方要害。科学家之所以要以苍蝇为仿生对象,是因为它是地球上最有天分的"空气动力学家"。比如,一只小小的家蝇可以在1 s内转6次弯,能够在空中盘旋、直上直下、向后飞、翻筋斗、停在天花板上。

瑞士理工大学的研究人员研制出一种不需要人类控制就能够彼此识别并自主合作飞行

的蜜蜂机器人。蜜蜂机器人由电机、微型计算机、识别系统、飞行传动装置和车轮组成，外形就像一架小小的方形直升机。如果有一台蜜蜂机器人不慎掉队，它们还能够迅速调整组合结构和动力分布以保证飞行平稳。飞行结束后，蜜蜂机器人个体无法有效地控制自己的飞行装置进行飞行，它们会自动断开彼此的磁力连接，落到地上后靠底部的车轮漫无目的地移动，并用红外线识别系统寻找同伴。

7.2.4　蝎子机器人

一般来说，智能程度较低、结构简单的机器人可以在高智能机器人无法适应的环境中活动。蝎子机器人是仅仅依靠可编程自动反射作用而生存的简单机器人，长约 50 cm，由美国东北大学设计。

之所以选择蝎子作为机器人模仿的对象，一方面是因为蝎子能在地形较复杂的地区轻易地行走，另一方面是因为蝎子的反射作用过程要比一些哺乳动物的反射作用过程简单得多。蝎子机器人几乎完全依靠反射功能来解决行走问题，这就使得它能够迅速对困扰它的任何事物做出反应。蝎子机器人根据其头部的两个超声波传感器传来的信息做出反应，当碰到高出它身高 50％的障碍物时，它就会绕开，而且当其左边的传感器探测到障碍物时，它就会自动向右转。为了不至于迷失方向，蝎子机器人配有电子指南针和电子地图装置。

蝎子机器人能自动地寻找目的地，可利用其尾巴上的照相机来拍摄图片并传送给用户。

2016 年比利时根特大学的大学生利用 3D 打印技术、激光切割技术和计算机数控技术制作了一台六足蝎子机器人（见图 7-5），这只蝎子机器人体型巨大，可以感应前方“敌情”，并在攻击者手上留下标记。

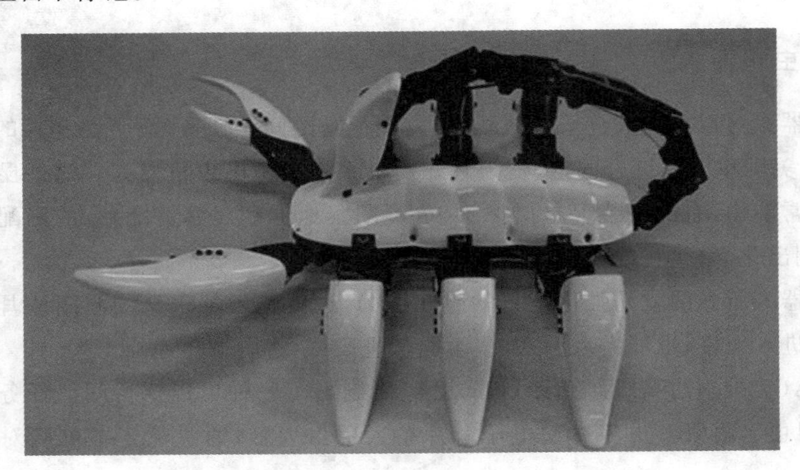

图 7-5　六足蝎子机器人

7.2.5　蜗牛机器人

2013 年美国马萨诸塞理工学院研制成一种蜗牛机器人，它能沿墙壁或天花板爬行。研制工程师认为，尽管蜗牛机器人爬行速度非常缓慢，但是这种缓慢运动可以用来解决一系列独特的问题。众所周知，生物蜗牛是利用单“足”移动的，表面上看每一时刻受力“足”只是用力肌肉的一小段，这一小段肌肉的移动就像波在连续介质中的传播一样，因此模拟蜗牛爬行同样使物理学家和生物学家感兴趣。除此之外，与直立行走机器人或轮子机器人相比，蜗牛机器人能够在更多的地方爬行。图 7-6 所示为蜗牛机器人。

图 7-6　蜗牛机器人

7.2.6　壁虎机器人

壁虎机器人是指根据仿生学原理，模仿壁虎所设计出的一种机器人。这种机器人能吸附在墙上行走，代替人类来执行高难度的任务。由美国斯坦福大学教授马克・库特科斯基的研究小组开发的壁虎机器人，其足底长着人造毛（由人造橡胶制成），能确保足底和墙壁接触的面积大，如图 7-7 所示。

2011 年南京航空航天大学就研发出了能代替人来执行探测、拍摄等任务的仿生壁虎机器人（见图 7-8）。其外形像壁虎，能代替人类来执行反恐侦察、地震搜救等高难度的任务。

图 7-7　壁虎机器人

图 7-8　仿生壁虎机器人

7.2.7　爬树机器人

Rise v3 是宾夕法尼亚州大学的研究人员推出的一款四足机器人，除了能够在地面上奔跑以外，还拥有爬树绝技，如图 7-9 所示。

Rise v3 的脚部位置以外科手术针作为材料，这样它就可以在垂直物体上进行移动。根据介绍，Rise v3 爬高速度可达到 21 cm/s，这个速度还是相当快的。Rise v3 可执行搜索、救援、侦察和监视任务等。

图 7-9　爬树机器人

7.3　未来机器人

未来机器人主要包括极限作业机器人、自适应机器人、微型机器人、纳米机器人、无线机器人等。极限作业机器人是指可以在人类难以接受的环境下工作的机器人。由于极限作业机器人的工作环境不适合人为示教操作，因此极限作业机器人属于第二代机器人，主要具有传感器系统（可以为操作者提供各种操作信息）、遥控系统（使操作者能远程控制机器人）、移动机构（方便机器人进入操作区）、故障自诊断和自救系统（自动检查和排除故障）、末端操作器等组成部分。

常见的极限作业机器人有多种，如原子能辐射下作业的机器人、水下作业机器人、救灾排险机器人、空间作业机器人、地下采掘机器人等。世界各国都比较重视极限作业机器人的研究，正在进一步地开发具有智能、能接收面向任务的命令、自动搜索目标、自动制订规划并完成任务的极限作业机器人。

7.3.1　自适应机器人

美国的 Bongard（邦加德）和 Hod Lipson（霍德 · 利普森）及 Victor Zykov（维克多 · 季科夫）从生物的适应方式中获得灵感，一起开发了一种能自我调整，适应本身或环境变化的自适应机器人。

自适应机器人的关键性的进步就是其在完全不需要辅助控制的情况下能够自我进行调整。邦加德从最基础的地方规划自适应机器人，比如每部分的大小和形状。他曾在示范中拆下自适应机器人的四条腿中的一条，自适应机器人来回摇摆，激活了两个倾斜传感器，随后自适应机器人自己利用仿真软件，建立了一个虚拟模型，并采用该模型来测试在缺腿的情况下的漫步方式。一旦虚拟的测试获得成功，自适应机器人就会采用同样的方式进行真正的行走。

7.3.2 球形机器人

球形机器人是指一类驱动系统位于球壳（或球体）内部，通过内驱动方式实现球体运动的机器人。BHQ-1、BHQ-2、BHQ-3为三种不同结构形式的、可安装视觉相机的球形移动机器人样机。如北京航空航天大学机器人研究所研制出的机器人就是将运动执行机构、传感器、控制器、能源装置安装在一个球形壳体内的球形机器人。

球形机器人由于具有良好的动态和静态平衡性及很好的密封性，因此可以行驶在无人、沙尘、潮湿、腐蚀性的恶劣环境中，具有水陆两栖功能，以及可应用于行星探测、环境监测、娱乐等领域。

美国智能玩具初创公司Orbotix开发的一款智能玩具小球Sphero（见图7-10），可以通过蓝牙4.0连接智能设备。Sphero应用了“三防”（防水、防尘、防震）设计，且内部还加入了LED发光模块，可以发出多彩的LED光线。

图7-10 Sphero

2015年，我国腾讯游戏和美国著名玩具研发商Orbotix共同出品了一款智能球形机器人微宝（见图7-11）。微宝采用球形设计，直径为7.35 cm，外壳采用聚碳酸酯材料，整个球体没有接口，防水效果好。

图7-11 微宝

7.3.3 微型机器人

微型机器人虽然只有苍蝇般大小，但是装有移动、通信等设备，甚至能通过太阳能电池板来产生自身活动所需的能量。

Philips iPill(胶囊机器人，如图 7-12 所示)是非常小的医疗机器人，但是它小小的身体里面有无线通信装置、电池和药物储存器，还有酸度、温度、位置等感应器。通过遥控的方式，可让已被吃入患者体内的胶囊机器人在病患位置定量投药。

图 7-12 胶囊机器人

DelFly Micro(飞行昆虫机器人，如图 7-13 所示)是由荷兰戴夫特技术大学研发小组发明的。它体积微小，飞行速度快，是一款非常棒的侦察机器人。

虫虫机器人(见图 7-14)的灵感来源于昆虫，它体积小，并且可立于指甲盖上，能在一秒钟内迅速爬升 1 英尺(30.48 cm)，动作可谓神速，被人们称为“攀爬高手”。

图 7-13 飞行昆虫机器人

图 7-14 虫虫机器人

美国研制出来的大黄蜂无人机(见图 7-15)，外形似蚊虫，飞行速度与蚊虫的飞行速度相近。大黄蜂无人机虽然体积非常小，但是能够实施有效的侦察、监控。因为它不能被人发现，并且无法探测到，甚至能对敌人发起进攻，因此它被人们称为“致命微型无人机”。

图 7-15　大黄蜂无人机

管道机器人(见图 7-16)指头般大小,还浑身长刺,看着有点像“毛毛虫”,能够深入到核电厂蒸汽发生器的管道内,检查管道的状况。管道机器人的运动基于谐振原理,只需 6 V 电压驱动,其体内所带的微型电机带动偏心轮转动,产生一定的振动,毛刺与管壁发生非对称的碰撞、摩擦,从而驱动管道机器人运动。

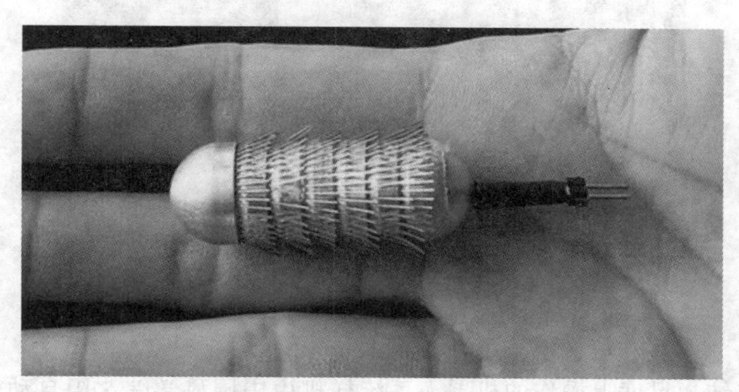

图 7-16　管道机器人

7.3.4　纳米机器人

纳米生物学的设想,是在纳米尺度上应用生物学原理,发现新现象,研制可编程的分子机器人,也称纳米机器人。

纳米机器人可以用于医疗事业,帮助人类识别并杀死癌细胞以达到治疗癌症的目的,完成外科手术,清理动脉血管垃圾等。

美国哥伦比亚大学科学家研制出一种由 DNA 分子构成的微型机器人——纳米蜘蛛(见图 7-17)。纳米蜘蛛能够跟随 DNA 的运行轨迹自由地行走、移动、转向以及停止,并且能够自由地在二维物体的表面行走。

图 7-18 所示为送药机器人。运送药物的纳米机器人是美国一所大学研发出来的,其体积超级小,因此可以被放入单个细胞之中。这种纳米机器人的电机的寿命比其他纳米机器人的电机的寿命长,并且能够维持较高的转速。

图 7-17　纳米蜘蛛

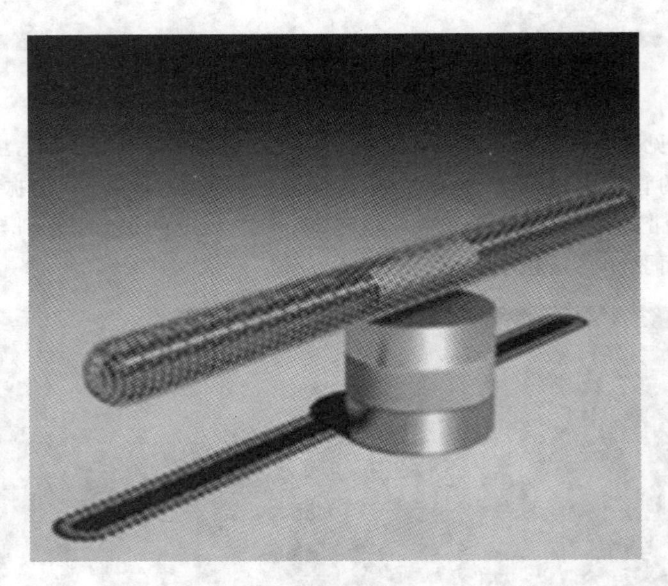

图 7-18　送药机器人

我国能够在纳米尺度上操作的机器人系统样机由中国科学院沈阳自动化所研制。在一个演示中，沈阳自动化所的研究人员操纵纳米微操作机器人，在一块硅基片上 1 μm×2 μm 的区域清晰刻出英文字母“SIA”；另一个演示显示，在一块 5 μm×5 μm 的硅基片上，操作者将一根 4 μm 长、100 nm 粗细的碳纳米管准确移动到刻好的沟槽里。

在理论上，纳米机器人可以构建所有的物体。当然从理论到真正实现应用是不能等同的，但纳米机械专家已经表明，实现纳米技术的应用是可行的。在扫描隧道电子显微镜帮助下，纳米机械专家已经能将独立的原子安排成自然界从未有的结构。此外，纳米机械专家还设计出了只由几个分子组成的微小齿轮和电机。

纳米微操作机器人可广泛应用于纳米科学实验研究、生物工程与医学实验研究等领域。如生物学研究领域中，使用纳米微操作机器人可完成对细胞染色体的切割操作，也可在 DNA 或分子水平上进行生化检测及病理、生理测试实验研究。

7.3.5　无线机器人

无线机器人能让人类的生活更轻松、舒适。无线机器人可以在多形式、多角度的控制下进行合作（如袋鼠机器人）或者竞争（如足球机器人）。母袋鼠有供小袋鼠停靠和出发的“泊车位”。当母袋鼠的视觉系统受损时,小袋鼠可以通过无线通信和自治功能为母袋鼠提供信息。袋鼠机器人系统可以在搜索营救和处理危险事务等方面大显神通。

袋鼠机器人的特点是它们是完全合作的关系,没有任何的竞争因素。机器人世界杯足球赛正是一个“多智能体协作和高动态环境下的控制”的例子,机器人世界杯足球赛的有趣之处在于每台机器人(两种视觉方式:全局视觉和单一视觉)都有可调自治技术。那些带有全局视觉的机器人安装有一部高架在头顶的像帽子一样的摄像机,通过无线网与场外的 PC 通信,让场外的人通过视频图像确认和跟踪机器人的路线。而单一视觉的机器人则预先处理信息后才向 PC 发送信息。

随着无线机器人技术的日益成熟,无线网络也日趋复杂,安全问题日益突出,人们需要安全监视管理软件等来减小风险和填补安全漏洞。

7.4 其他机器人

7.4.1 太阳能飞机

太阳能飞机的动力装置由太阳能电池组、直流电动机、减速器、螺旋桨和控制装置组成。为了获得足够的能量,飞机上应有较大的摄取阳光的表面积,因此太阳能飞机的机翼面积较大。

著名的太阳能飞机有“太阳神”号(见图 7-19)无人机等。

图 7-19 “太阳神”号

“太阳神”号在外形方面的最大特点就是机翼很宽,其机身长 2.4 m,而活动机翼全面伸展时却达 75 m。“太阳神”号的动力来源于机翼上的太阳能电池板。

“天空使者”号是苏黎世瑞士联邦理工学院和欧洲宇航局合作设计的一款太阳能驱动火星研究飞行器。

2015 年 2 月 26 日,阳光动力 2 号(见图 7-20)太阳能飞机在阿联酋首都阿布扎比上空飞行。阳光动力 2 号在从日本名古屋飞往夏威夷的接近 5 天的时间中,创造了三项世界纪录,即太阳能飞机最长时间不间断飞行、最长时间单人驾驶飞行和最远距离太阳能动力飞行。

图 7-20 阳光动力 2 号

7.4.2 超级机器人

欧盟资助的JAST项目组织了一个研究小组，该小组致力于开发超级机器人。

2016年俄罗斯推出了一款名为Fedor(见图7-21)的人形超级机器人。这款机器人不仅能够自己驾车出行，未来还可能被送到国际空间站完成危险的太空任务。Fedor可以独立完成攀爬、跌倒后自行站立、匍匐前进等简单动作，同时还能够利用工具完成一些基本的建造任务。

图 7-21 Fedor

7.4.3 智能广域机器人

随着更高电压等级交流输电线路的建设，我国电网互联的程度不断提高，目前已形成世界上最大的交流同步电网，其安全、经济运行面临着诸多前所未有的挑战。大规模新型可再生能源发电基地的接入，电动汽车等新型客户与负荷性微电网的大量涌现，以及电源性微电网和分布式电源等组成的新电网的调度运行，是我国智能电网安全、可靠运行中面临的主要问题。中国科学院院士、清华大学教授卢强认为："与欧美智能电网建设偏重配电网不同，我国智能电网建设中的问题集中反映在电网调度运行上。将整个电力大系统控制得如同一台智能机器人是一个异常宏伟的目标。"这种具有多指标自趋优运行能力的电网是电网智能的最高形式，也可以称为智能广域机器人。

智能广域机器人的理论基础是电力混成控制论，它的主导思想是将一切不满足要求和不满意的状态都分类地定义为事件，通过控制使得系统回归至无事件运行状态，则系统的各项指标(电能质量、稳定性和经济性)一定是足够满意的。运用该理论可在实践上解决大电网的多重目标趋优控制问题。

智能广域机器人在已有的系统运行状态可视化基础上，采用“焦点＋背景”等信息可视化技术，实现系统运行指标可视化、事件可视化、控制命令可视化、操作指令可视化以及指令执行情况可视化。

参考文献

[1] 王天然.机器人[M].北京:化学工业出版社,2002.

[2] 徐缤昌,阙至宏.机器人控制工程[M].西安:西北工业大学出版社,1991.

[3] John Blankenship,Samuel Mishal.机器人编程设计与实现[M].卜迟武,唐庆菊,译.北京:科学出版社,2010.

[4] 蔡自兴.机器人学[M].北京:清华大学出版社,2000.

[5] 李团结.机器人技术[M].北京:电子工业出版社,2009.

[6] 吴振彪,王正家.工业机器人[M].2版.武汉:华中科技大学出版社,2006.

[7] 万三国.工业机器人技术及应用[M].北京:中国轻工业出版社,2016.

[8] 张伯鹏.机器人工程基础[M].北京:机械工业出版社,1989.

[9] 郭巧.现代机器人学——仿生系统的运动 感知与控制[M].北京:北京理工大学出版社,1999.

[10] 胡佑德,曾乐生,马东升.伺服系统原理与设计[M].北京:北京理工大学出版社,1993.

[11] 王庭树.机器人运动学及动力学[M].西安:西安电子科技大学出版社,1990.

[12] 钟秋波,童春芽,刘良旭.机器人程序设计——仿人机器人竞技娱乐运动设计[M].西安:西安电子科技大学出版社,2013.

[13] 马培荪,曹曦,赵群飞.两足机器人步态综合研究进展[J].西南交通大学学报,2006,41(4).

[14] 毛勇.半被动双足机器人的设计与再励学习控制[D].北京:清华大学,2007.

[15] 包志军.仿人型机器人运动特性的研究[D].上海:上海交通大学,2000.

[16] 刘志远.两足机器人的动态行走研究[D].哈尔滨:哈尔滨工业大学出版社,1991.

[17] 张涛.机器人引论[M].北京:机械工业出版社,2010.

[18] 陶国良,谢建蔚,周洪.气动人工肌肉的发展趋势与研究现状[J].机械工程学报,2009(10).

[19] 张毅,罗元,郑太雄.移动机器人技术及其应用[M].北京:电子工业出版社,2007.

[20] 丁学恭.机器人控制研究[M].杭州:浙江大学出版社,2006.

名校志向塾

日本留学考试(EJU)系列
实战问题集 共10回

数学
Course1 Vol.1

MATHEMATICS COURSE 1

[日] 株式会社名校教育集团 编著

图书在版编目（CIP）数据

日本留学考试（EJU）系列.实战问题集.数学
Course1.Vol.1/日本株式会社名校教育集团编著.-
上海：上海交通大学出版社，2020
ISBN 978-7-313-22678-5

Ⅰ.①日… Ⅱ.①日… Ⅲ.①日语-高等学校-入学
考试-日本-习题集 ②数学-高等学校-入学考试-日本
-习题集 Ⅳ.①H360.41

中国版本图书馆CIP数据核字（2019）第272078号

日本留学考试（EJU）系列.实战问题集.数学 Course1 Vol.1
RIBEN LIUXUE KAOSHI（EJU）XILIE.
SHIZHAN WENTI JI. SHUXUE Course1 Vol.1

编　　著：日本株式会社名校教育集团
出版发行：上海交通大学出版社
邮政编码：200030
印　　制：苏州市越洋印刷有限公司
开　　本：787mm×1092mm 1/16
字　　数：172千字
版　　次：2020年1月第1版
书　　号：ISBN 978-7-313-22678-5
定　　价：88.00元
地　　址：上海市番禺路951号
电　　话：021-64071208
经　　销：全国新华书店
印　　张：10.75
印　　次：2020年1月第1次印刷

監修 | 豊原明（東京大学 PhD） 馮嘉卿（電気通信大学）
执筆 | 馬佳駿（東京大学大学院） 楊斌（上智大学）
校正 | 程柯棟（早稲田大学） 阮魯玉（早稲田大学）

は じ め に

日本留学試験（EJU）は，外国人留学生が日本の大学に入学するにあたり，日本語および基礎学力の評価を目的に，2002年から実施されている試験です。試験は，6月と11月の年に2回実施されており，日本だけでなく，アジアを中心とした多くの国で受験することが可能です。

日本留学試験の試験科目は，日本語，理科（生物・化学・物理），総合科目と数学の大きく分けて4つあり，理科は生物・化学・物理の3科目から2科目，数学はコース1とコース2どちらか一つのコースを選択します。それぞれの科目の時間配分は日本語が125分，日本語以外の科目は80分です。配点は日本語が450点満点，他の科目については各200点満点です。各科目には専門用語も多数用いられるため，語彙力，また問題によっては読解力も必要です。

名校志向塾では，日本留学試験の傾向，分析などの研究を日々徹底して行っております。本校で作成した実戦問題を授業に取り入れたところ，実際の試験で高得点を獲得した本校の生徒から，授業での実戦問題が非常に役立ったという意見が寄せられてきました。そういった経緯から，一人でも多くの日本留学試験を受験する方の力になりたいと思い，このたび本書の出版に至りました。

本書は，過去の日本留学試験の出題内容に基づいて作成しており，各科目とも，過去に出題された問題に限りなく近い内容となっています。難易度や出題範囲の傾向も的確に把握し，毎年少しずつ変化していく傾向にも対応しております。また，解説においては，問題の要点が明確に記載されているので，自分が不足している知識や間違いやすい分野が把握しやすくなっています。

学習するにあたっては，マークシートの出題形式に慣れるとともに，間違えた問題は繰り返し解きましょう。単に暗記するだけでなく，なぜその答えになるのか，解説を参考に解答の意味まできちんと理解しましょう。

本書に取り組んでいただき，皆さんが本番の試験で高得点を達成して目標の大学に進学する夢が実現できるよう，心から応援しています。

名校志向塾

2019年10月

前　言

“日本留学考试”(Examination for Japanese University Admission for International Students，简称EJU，下称“留考”)是自2002年起实施，对外国留学生的日语及基础学力进行综合测评的日本高校入学考试。该考试在一年内共举行两次(分别为每年的6月和11月)。随着全球化的发展，留学生在很多其他亚洲国家也都能参加留考，考场不局限于日本。

留考的科目主要分为日语、理科(生物・化学・物理)、综合科目及数学四大板块。其中，日语是每个专业的必考科目，而其他科目按照文理分科的不同，考生将面临不同的选项：绝大多数文科生需要选择综合科目及数学1完成考试，而理科生则需要从生物、化学、物理当中选出两科，并参加数学2考试。从时间分配上看，日语考试耗时125分钟，其余科目均为80分钟。从具体分值来说，日语满分为450分，其余科目分别为200分。同时，因每科题面都以日语写成，且均涉及大量的专业术语，如果词汇量不足，或不具备充分的日语阅读能力，将导致很多不必要的失分。

名校志向塾以多年的留学生教育实际经验为基础，集本校所有高分学员对授课内容在留考中所发挥作用的见解，反馈于一身，去伪存真，庖丁解牛，对历年的日本留学考试倾向进行了透彻的分析，并以本书的出版向各位学子郑重承诺，只要你有“名校”，心之所向的名校就会有你。

本书以历年留考真题为基准，准确把握难易度及实际出题范围、倾向，书中题目涵盖了每年真题各种细微的变化，使各科内容与真题情况尽可能接近。此外，在题目解说中，还重点突出了每个问题的要点，让使用者能够最大限度地了解自己现阶段的知识盲区及相关易错点。

为保证每一位考生都能最大化地发挥本书的作用，编者建议使用者配合答题纸进行答题。一方面可以使考生尽快适应考场真实答题的模式，另一方面便于对错题进行重复练习。另外，对于错题，一定要回顾当时做题的心态，弄清自己为什么要这样答题，并彻底理解答案中的解说部分，仅仅靠背诵答案是起不到真正的学习效果的。

值此书出版之际，名校志向塾教研团队的所有成员祝愿每一位考生都能通过自身努力，最终在考场上发挥出最佳水平，斩获理想的分数，各自步入心之所属的高等学府。

名校志向塾

2019年10月

本書について

[本書の特徴]

1. 実際の試験に即した形式

本書に収録されている全10回の実戦問題はこれまでの過去の数学の試験を徹底的に研究し，実際の試験と同じ形式，出題範囲で作成しています。そのため，本書に収録されている問題への対応力を身につけることで，実際の試験でもあわてることなく，しっかりと解答できる力が身につきます。

2. 厳選された出題ポイント

本書の全10回の実戦問題，計100問は過去の数学科目コース1とコース2の試験の傾向を元に，分野ごとの問題数や出題ポイントが設定されています。微分・積分や場合の数・確率といった超頻出ポイントはもちろん，今後数年間で出題が予想される出題範囲に含まれている問題や，近年登場した新しい形式と項目の問題まで，日本留学試験の数学科目の出題形式に合わせた形で収録しています。本書に収録された問題を解くことを通して，良い結果が得られることを願っています。

3. 豊富な振り返りポイント

本書の問題に解答した後は，巻末の解答を活用しましょう。自分が解けなかった問題だけでなく，それを元にさらに知識を深めることができ，幅広い出題ポイントに備えることができます。

关于本书

[本书的特色]

1. 与真实考试全面贴合的实战形式

本书所包含的10套实战习题是在对于留考数学历年真题进行彻底钻研的基础之上编著而成的，与实际考试形式完全一致，出题范围也尽可能地严丝合缝。完成本书的考生将能够切实地提高数学解题能力，最终轻松上阵应对留考数学。

2. 通过层层把关严格甄选的考点

为了最大限度地保证练习效果，本书所包含的共计100个题目（10套）是在对于上述真题出题倾向严格把控的情况下，按里面所涉及的全部知识考点分门别类，并分配每道题的分数精心打造，不仅包括微积分、排列组合、概率等热门知识点，还包含了今后的考试中极有可能出现的出题范围及近年出现的新题型。

3. 让你可以轻松举一反三的卷后解说

做题不是最终目的，提高思维能力才有意义。只要活用本书的书后解答，即可深化相关知识，拓宽备考知识面。

[本書の使い方]

数学で指定されている範囲の学習が終わったら，まずは実際の試験と全く同じ制限時間で本書の実戦問題に取り組んでみましょう。

問題を解き終わったら，正解とともに，得点と得点分布を確認してみましょう。自分の得点に加え，他の受験生の得点と比較することが可能です。自分の学習の進捗状況を認識するために活用してください。また，得点分布に関しては日本留学試験と同様に，項目反応理論を用いた得点等化を実施しておりますので，本番の試験を想定しやすい結果を得ることができます。巻末には実際の試験と同じ形式のマークシート記入用紙がありますので，そちらも利用してみましょう。

得点を確認したら自分の点数に一喜一憂するのではなく，Web 上や巻末の解答・解説を利用して，解答できなかった問題はどうして解答できなかったのか，解答するのにどのような知識が必要だったのかを確認してください。さらに，正解した問題についても，解答・解説に関連する項目などが記載されていますので，自分の知識を深めるためにしっかりと復習しましょう。そして，何回か問題を解く過程で，自分の得意な分野・苦手な分野を把握し，学習の時間配分を決めることに役立てましょう。

本書は単純に実戦問題に解答して終わりではありません。その結果を振り返り，さらに知識を深めることで本当の価値を得ることができます。

本書の問題に何回も取り組み，数学への対策を万全にした皆さんは，実際の試験でも必ずよい結果を残すことができるはずです！

さあ，がんばりましょう！

[本书的使用方法]

编者建议各位考生在完成留考数学指定的所有相关知识点学习之后，完全按照实际考试时间要求使用这本题集。

完成该页面一套解题之后，在对照正确答案的同时，请参考自己的得分和该分数在总体得分分布中的排名。通过得分分布系统，考生可以轻松得知自己和其他完成该套题解答的考生之间得分的差距，以此对自身的学习进度能有充分的了解。同时，本程序的得分计算方式和留考计分方式——得分同化（每题的分值根据考试的样本大小和实际考生的水平会发生变化，正确率高的题分值往往较高，正确率低的题则反之）大体一致，考生可以获得使自身水平进一步提高的参考。此外，为了帮助考生从各方面都尽早地适应留考，书末还附有与实际考试形式完全一样的答题纸，敬请使用。

如上所述，做题绝不应该是使用本书的最终目的。希望各位考生能够通过书后及网页上的解说，弄清自己每个错题产生的根本原因，并彻底理解背后所涉及的各类知识点。同时，对于做对的题，也要常常复习，加深相关知识点的记忆。通过多次练习，在对自己擅长以及薄弱的领域都有一定了解的情况下，必将利于考生在日常的复习中更加合理地分配时间，从全局上提高复习效率。

此外，中日数学运算符号与概念也存在着一定的差异，下表中左列为日本数学符号与概念，右列为对应中国的符号与概念。本书为贴合留考形式，以日本数学运算符号书写习惯与概念进行编著。

中日数学符号对应表

日本使用符号与概念	中国对应符号与概念
log( )	ln( ) 或 $\log_e$( )
≦	⩽
≧	⩾
自然数	正整数
a以上	大于等于a
a以下	小于等于a

得点分布の確認

● STEP 1

book.mekoedu.com/eju にアクセスして，該当する問題集を選択してください。

● STEP 2

読み取ると，解答用紙が表示されます。解答だと思う番号をクリックして進めていきましょう。最後まで解き終わったら，画面の下にある「提出と正解表」ボタンを押しましょう。

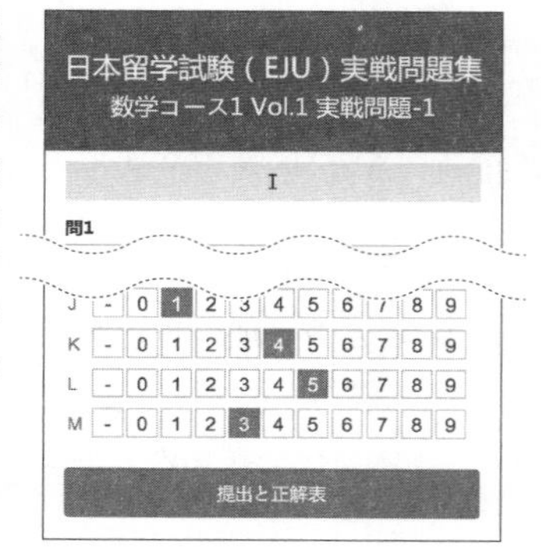

● STEP 3

正解表が表示されます。誤った問題は正解番号が赤になっていますので，しっかりと復習しましょう。「解説」ボタンを押すと，解説を確認することができます。また，画面下の「得点分布を見る」というボタンから，自分の得点と，全受験者の中での自分の位置を確認することができます。

※確認するためには登録とログインが必要です。（→操作方法はSTEP4へ）

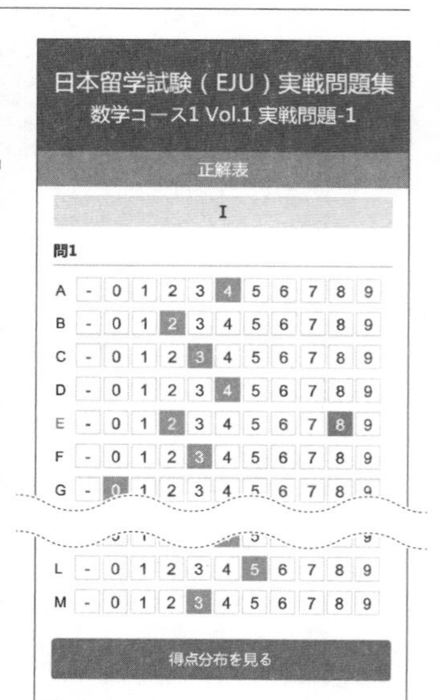

● STEP 4

「得点分布を見る」というボタンを押すと，登録画面が表示されます。必須項目をすべて記入したら，「登録」ボタンを押してください。

● STEP 5

自分の得点および，得点分布図が表示されます。

※実戦問題は何回でも受けることができますが，得点と得点分布の算出は一人一回のみです。

※日本留学試験とほぼ同様の，項目反応理論による得点等化を行っております。

※受験者数が増加していくにつれて，得点基準が変化することをご了承ください。

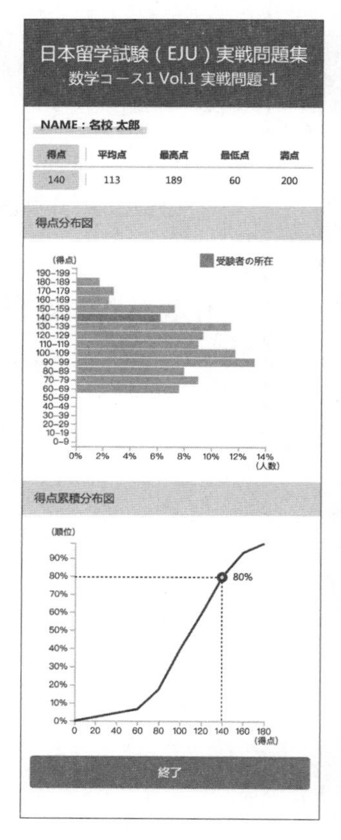

得分分布确认

● **STEP 1**

请在浏览器中输入 book.mekoedu.com/eju 进入相关书籍界面后，选择相应的习题集。

● **STEP 2**

页面会自动出现线上答题纸。请选择网页上的选项，自行作答。解答完毕后，请点击“提出と正解表”按钮提交答案。

● **STEP 3**

成功提交答案之后页面会弹出正解表。如果之前的选择存在错误，正解答案会以红色出现，请一一对应，反复练习。核实答案正误之后，请点击“解说”按钮查看答案解析。在这之后，若想要进一步了解自己的分数在所有做过这套题的人当中的排名，请点击“得点分布を見る”按钮。

※如需查看排名，则需登录相关账号（操作方法详见STEP 4）。

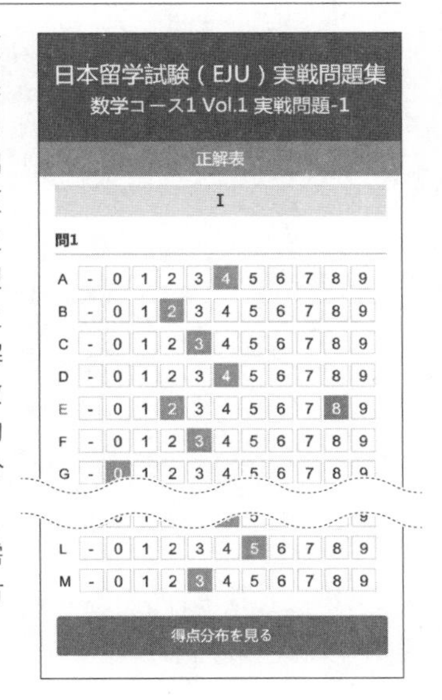

● **STEP 4**

按下“得点分布を見る”按钮后，就会出现登录页面。请在该页面登入必要信息后按下“登録”按钮。

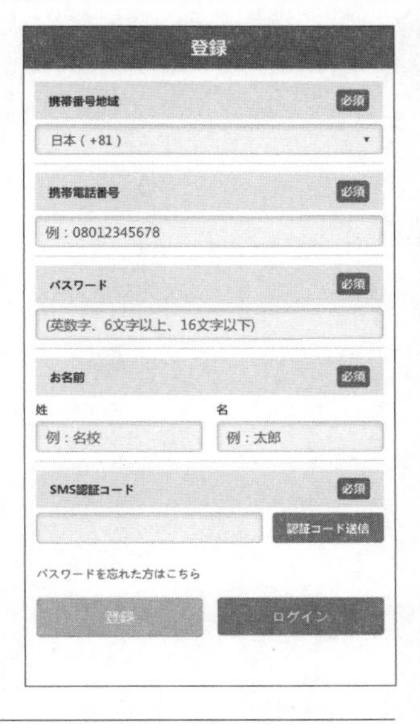

● **STEP 5**

完成上述步骤之后，使用者将可以进入得分分布图页面，同时得到自己的分数和排名。

※实战问题可以重复练习，但得分和得分分布的计算，一个账户仅支持一次。

※本程序的得分计算方式和留考计分方式得分同化（每题的分值根据考试的样本大小和实际考生的水平会发生变化，正确率高的题分值往往较高，正确率低的题则反之）大致一致。

※注：参与评分的人越多，得分基准会随之产生变化。

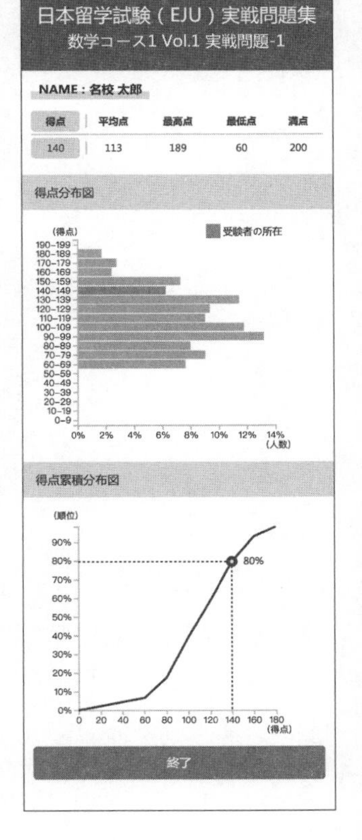

日本留学試験（EJU）実戦問題集
数学 Course1 Vol.1

CONTENTS

004　はじめに
006　本書について
010　得点分布の確認

013　第１回　実戦問題
027　第２回　実戦問題
041　第３回　実戦問題
055　第４回　実戦問題
069　第５回　実戦問題
083　第６回　実戦問題
097　第７回　実戦問題
111　第８回　実戦問題
125　第９回　実戦問題
139　第10回　実戦問題

153　解答用紙
157　正解表

第1回

実戦問題

解答時間 80分

問1　a, b を定数とし，x の 2 次関数

$$f(x) = x^2 - 2ax + b$$

のグラフを F とする。グラフを 2 点 $(0, 3)$ と $(1, k)$ を通るとすると，

$$a = \frac{\boxed{\mathsf{A}} - k}{\boxed{\mathsf{B}}},\ b = \boxed{\mathsf{C}}$$

を得る。グラフ F は x 軸と A, B 2 点で交わるような k の値の範囲は

$$k < \boxed{\mathsf{D}} - \boxed{\mathsf{E}}\sqrt{\boxed{\mathsf{F}}} \quad \text{または} \quad k > \boxed{\mathsf{D}} + \boxed{\mathsf{E}}\sqrt{\boxed{\mathsf{F}}}$$

である。また，線分 AB の長さは 2 以上となるような k の値の範囲は

$$k \leqq \boxed{\mathsf{G}} \quad \text{または} \quad k \geqq \boxed{\mathsf{H}}$$

である。

注）2 次関数：Quadratic Function

－計算欄 (memo)－

問 2　P 最初に原点 $(0, 0)$ にいて，さいころを投げるごとに，次の 3 つの規則に従って移動するものとする。

i）$(0, 0)$ にいるとき，さいころの 2 以下の目が出たら $(1, 0)$ に移動し，それ以外の数の目が出たら $(0, 0)$ に留まる。

ii）$(1, 0)$ にいるとき，さいころの奇数の目が出たら $(0, 0)$ に，偶数の目が出たら $(1, 1)$ に移動する。

iii）$(1, 1)$ に着いたら，ゲームが終わる。

4 回以内にさいころを投げて移動した後に $(1, 1)$ にいる確率を求めよう。

(1)　2 回でさいころを投げて移動した後に $(1, 1)$ にいる確率は $\frac{\boxed{\text{I}}}{\boxed{\text{J}}}$ である。

(2)　3 回でさいころを投げて移動した後に $(0, 0)$ にいる確率は $\frac{\boxed{\text{KL}}}{\boxed{\text{MN}}}$ である。

(3)　4 回でさいころを投げて移動した後に $(1, 1)$ にいる確率は $\frac{\boxed{\text{OP}}}{\boxed{\text{QRS}}}$ である。

注）さいころ：Dice

－ 計算欄 (memo) －

I の問題はこれで終わりです。I の解答欄 T ～ Z はマークしないでください。

II

問 1　x の整式

$$Q = 2x^2 - xy - y^2 + 7x + 2y + 3$$

を考える。

(1)　Q を因数分解すると，

$$Q = (x - y + \boxed{\textbf{A}})(\boxed{\textbf{B}}x + y + \boxed{\textbf{C}})$$

である。

(2)　$x = -2,\ y = \dfrac{1}{2 - \sqrt{3}}$ のとき，

$$Q = \boxed{\textbf{DE}}$$

である。

－計算欄 (memo)－

問2　a は正の整数とする。2つの x の2次不等式

$$x^2+(8-a^2)x-8a^2 \leqq 0 \quad \cdots\cdots\cdots \quad ①$$
$$x^2+3ax \geqq 0 \quad \cdots\cdots\cdots \quad ②$$

を考える。

(1)　不等式 ① の解は

$$\boxed{\mathbf{FG}} \leqq x \leqq a^2$$

である。

(2)　不等式 ② の解は

$$x \leqq \boxed{\mathbf{HI}}\,a,\ x \geqq \boxed{\mathbf{J}}$$

である。

(3)　不等式 ① と ② 同時に満たす負の整数があるような a の値は

$a=\boxed{\mathbf{K}}$, または $a=\boxed{\mathbf{L}}$ である。

ただし, $\boxed{\mathbf{K}} < \boxed{\mathbf{L}}$ とする。

- 計算欄 (memo) -

Ⅱ の問題はこれで終わりです。Ⅱ の解答欄 **M** ～ **Z** はマークしないでください。

p, q, r は $p < q < r$ である素数とする。等式

$$r = q^2 + pq - 2p^2$$

を満たす (p, q, r) の組をすべて求めよう。

まず，式の右辺を因数分解より，

$$r = (q - p)(q + \boxed{\textbf{A}}\,p)$$

を得る。

r は素数であるから，$(q - p) = \boxed{\textbf{B}}$ である。

よって，

$$p = \boxed{\textbf{C}},\ q = \boxed{\textbf{D}},\ r = \boxed{\textbf{E}}$$

が得られる。

注）素数：Prime Number

－ 計算欄 (memo) －

III の問題はこれで終わりです。III の解答欄 F ～ Z はマークしないでください。

三角形ABCの辺AB, ACの上にそれぞれ点D, Eを

$$AD:AE=3:5$$

となるようにとする。直線DEと直線BCは点Fで交わるとする。

(1)　AD:BD＝2:3, AE:CE＝2:1であるとき，三角形ADEの面積をS，四角形BCEDの面積をTとすれば，

$$S:T=\boxed{\textbf{A}}:\boxed{\textbf{BC}}$$

である。

(2)　BD:CE＝3:1とし，このとき，

$$BF:CF=\boxed{\textbf{D}}:\boxed{\textbf{E}}$$

である。

さらに，四点B, C, D, Eが同一円周上にあるとき，

$$AD=3a, BD=3b$$

とおくと，

$$\frac{a}{b}=\frac{\boxed{\textbf{F}}}{\boxed{\textbf{G}}}$$

である。したがって，

$$AE:EC=\boxed{\textbf{H}}:\boxed{\textbf{I}}$$

$$AD:BD=\boxed{\textbf{J}}:\boxed{\textbf{K}}$$

$$AB:AC=\boxed{\textbf{L}}:\boxed{\textbf{M}}$$

である。

－ 計算欄 (memo) －

IV の問題はこれで終わりです。IV の解答欄 N ～ Z はマークしないでください。
コース１の問題はこれですべて終わりです。解答用紙の V はマークしないでください。

解答用紙の解答コース欄に「コース１」が正しくマークしてあるか，
もう一度確かめてください。

この問題冊子を持ち帰ることはできません。

第2回

実戦問題

解答時間 80分

I

問1　$-1 \leqq x \leqq 2$ の範囲において，x の2次関数

$$f(x) = ax^2 - 2ax + a + b$$

の最大値が3で，最小値が-5であるとき，a と b の値を求めよう。

$$f(x) = a(x - \boxed{\mathsf{A}})^2 + b$$

より，

(1)　$a > 0$ のとき，

$$\begin{cases} \boxed{\mathsf{B}}\,a + b = \boxed{\mathsf{C}} \\ b = \boxed{\mathsf{DE}} \\ a = \boxed{\mathsf{F}} \end{cases}$$

である。

(2)　$a < 0$ のとき，

$$\begin{cases} \boxed{\mathsf{G}}\,a + b = \boxed{\mathsf{HI}} \\ b = \boxed{\mathsf{J}} \\ a = \boxed{\mathsf{KL}} \end{cases}$$

である。

注）2次関数：Quadratic Function

- 計算欄 (memo) -

問 2

(1)　次の **M** ～ **O** には，下の ⓪ ～ ③ の中から適するものを選びなさい。

i）　$ab>0$ は，$a^2+b^2>0$ が成立するための **M** 。

ii）　$|a|<1$ かつ $|b|<1$ は $a^2+b^2<1$ が成立するための **N** 。

iii）　$a \geqq 0$ は $\sqrt{a^2}=a$ が成立するための **O** 。

⓪　必要十分条件である

①　必要条件であるが，十分条件ではない

②　十分条件であるが，必要条件ではない

③　必要条件でも十分条件でもない

(2)　A, B, C の要素の個数がどれも 10 であるとき，$A \cap B \cap C = \varnothing$ であり，$A \cap B$，$B \cap C$，$C \cap A$ は $\varnothing$ ではなく，かつこれらの要素の個数は等しい。ただし，$\varnothing$ は空集合である。このとき，$A \cup B \cup C$ の要素の個数が多くとも **PQ** であり，少なくとも **RS** である。

－ 計算欄 (memo) －

I の問題はこれで終わりです。 I の解答欄 T ～ Z はマークしないでください。

II

問1　xの整式

$$x^4+x^3+x^2+ax+b(a, b\text{は実数})$$

がある2次式の2乗になるとき，

$$x^4+x^3+x^2+ax+b=(x^2+px+q)^2$$

と表される。

$$x^4+x^3+x^2+ax+b=x^4+\boxed{\text{A}}px^3+\left(p^2+\boxed{\text{B}}q\right)x^2+\boxed{\text{C}}pqx+q^2$$

これがxについての恒等式であるとき，

$$p=\frac{\boxed{\text{D}}}{\boxed{\text{E}}}, q=\frac{\boxed{\text{F}}}{\boxed{\text{G}}}, a=\frac{\boxed{\text{H}}}{\boxed{\text{I}}}, b=\frac{\boxed{\text{J}}}{\boxed{\text{KL}}}$$

が得られる。

注）実数：Real Number

－計算欄 (memo)－

問 2　単語 mathematics から任意に 4 文字を取って順列を作る。

(1)　同じ文字を 2 個ずつ含む場合

文字の組み合わせは m, a, t から 2 種類選ぶから, 例えば, mmaa に対して, 順列は **M** 通りあり，ゆえに (1) の場合の数は **NO** 通りある。

(2)　同じ文字を 2 個を 1 組だけ含む場合

m, a, t から 1 種類選び，残りの 2 文字は他の 7 種類の文字から 2 つ取るから，例えば，mmat に対して，順列は **PQ** 通りあり，ゆえに (2) の場合の数は **RST** 通りある。

(3)　すべて異なる文字からなる場合

文字の組み合わせは m, a, t, h, e, i, c, s から選ぶ。(3) の場合の数は **UVWX** 通りある。

－ 計算欄 (memo) －

Ⅱ の問題はこれで終わりです。Ⅱ の解答欄 Y ～ Z はマークしないでください。

$-1 \leqq x \leqq 3$ のとき，関数 $y=(x^2-2x)(6-x^2+2x)$ の最大値，最小値を求めよう。

(1)　$x^2-2x=t$ とおくと，

$$t=\left(x-\boxed{\text{A}}\right)^2-\boxed{\text{B}}\quad(-1 \leqq x \leqq 3)$$

$$\boxed{\text{CD}} \leqq t \leqq \boxed{\text{E}}$$

$$y=-t^2+\boxed{\text{F}}\,t$$

である。

(2)　$t=\boxed{\text{G}}$ のとき，最大値 $\boxed{\text{H}}$ を取り，
$t=\boxed{\text{IJ}}$ のとき，最小値 $\boxed{\text{KL}}$ を取る。

－ 計算欄 (memo) －

Ⅲ の問題はこれで終わりです。Ⅲ の解答欄 **M** ～ **Z** はマークしないでください。

半径が1の円に内接する四角形ABCDにおいて，DA＝2AB，∠BAD＝120°であり，AB＝k，対角線BD，ACの交点Eとする。Eは線分BDを3:4に内分する。

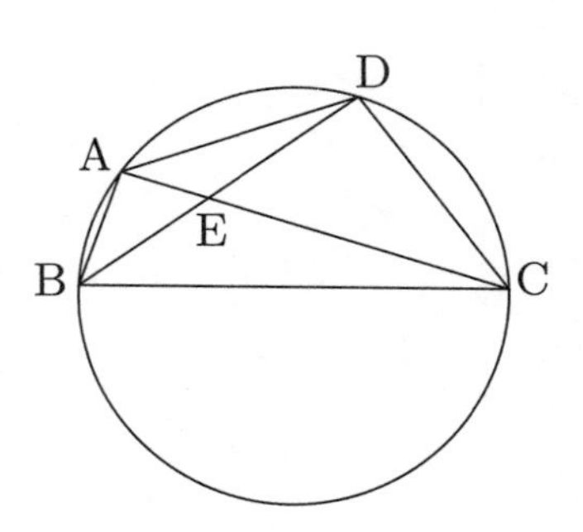

(1)　三角形ABDに余弦定理を適用して，

$$\mathrm{BD}=\sqrt{\boxed{\mathbf{A}}}\,k$$

$$\mathrm{BE}=\frac{\boxed{\mathbf{B}}}{\sqrt{\boxed{\mathbf{A}}}}\,k$$

を得る。また，三角形ABEに余弦定理を適用して，

$$\mathrm{AE}=\frac{\boxed{\mathbf{C}}}{\sqrt{\boxed{\mathbf{A}}}}\,k$$ が得られる。

(2)　三角形AEDと三角形BECにおいて，相似より

$$\mathrm{CE}=\frac{\boxed{\mathbf{D}}}{\sqrt{\boxed{\mathbf{A}}}}\,k$$

$$\mathrm{BC}=\boxed{\mathbf{E}}\,k$$

であり，三角形ABEと三角形DCEにおいて，相似より

$$\mathrm{DC}=\boxed{\mathbf{F}}\,k$$ である。

(3)　三角形ABDに正弦定理を適用して，

$$\mathrm{BD}=\sqrt{\boxed{\mathbf{G}}}$$

$$\mathrm{AB}=\frac{\sqrt{\boxed{\mathbf{HI}}}}{\boxed{\mathbf{J}}}$$

であるので，四角形ABCDの面積は

$$S=\frac{\boxed{\mathbf{K}}\sqrt{\boxed{\mathbf{L}}}}{\boxed{\mathbf{M}}}$$ である。

注）余弦定理：Law of Cosines，正弦定理：Law of Sines

- 計算欄 (memo) -

IV の問題はこれで終わりです。IV の解答欄 **N** ～ **Z** はマークしないでください。

コース 1 の問題はこれですべて終わりです。解答用紙の V はマークしないでください。

解答用紙の解答コース欄に「コース 1」が正しくマークしてあるか，
もう一度確かめてください。

この問題冊子を持ち帰ることはできません。

第3回

実戦問題

解答時間 80分

問1　a を定数とし，$g(x)=x^2-2(3a^2+5a)x+18a^4+30a^3+49a^2+16$ とおく。
2次関数 $y=g(x)$ のグラフの頂点は

$$\left(\boxed{\text{A}}a^2+\boxed{\text{B}}a,\ \boxed{\text{C}}a^4+\boxed{\text{DE}}a^2+\boxed{\text{FG}}\right)$$

である。

a が実数全体を動かすとき，頂点の x 座標の最小値は $\dfrac{\boxed{\text{HIJ}}}{\boxed{\text{KL}}}$ である。

次に，$a^2=t$ とおくと，頂点の y 座標は $\boxed{\text{M}}t^2+\boxed{\text{NO}}t+\boxed{\text{PQ}}$ と表せる。したがって，a が実数全体を動かすとき，頂点の y 座標の最小値は $\boxed{\text{RS}}$ である。

注）2次関数：Quadratic Function，実数：Real Number

- 計算欄 (memo) -

問 2　実数 x に関する 2 つの条件 p，q を

$$p : x = 1$$
$$q : x^2 = 1$$

とする。また，条件 p，q の否定をそれぞれ $\overline{p}$, $\overline{q}$ で表す。

次の [T], [U], [V], [W] に当てはまるものを，下の ⓪ ～ ③ のうちから一つずつ選びなさい。ただし，同じものを繰り返して選んでもよい。

(1)　q は p であるための [T]。

(2)　$\overline{p}$ は q であるための [U]。

(3)　(p または $\overline{q}$) は q であるための [V]。

(4)　($\overline{p}$ かつ q) は q であるための [W]。

⓪　必要十分条件である

①　必要条件であるが，十分条件ではない

②　十分条件であるが，必要条件ではない

③　必要条件でも十分条件でもない

－ 計算欄 (memo) －

Ⅰ の問題はこれで終わりです。Ⅰ の解答欄 X ～ Z はマークしないでください。

問1　Aの袋に赤球4個と白球3個，Bの袋に白球6個と青球4個が入っている。A，Bの袋から，それぞれ1個ずつ球を取り出す。

(1)　取り出した2つの球に青球が含まれている確率は $\dfrac{\boxed{\text{A}}}{\boxed{\text{B}}}$ である。

(2)　取り出した2つの球の色が異なる確率は $\dfrac{\boxed{\text{CD}}}{\boxed{\text{EF}}}$ である。

- 計算欄 (memo) -

問 2　$A=\left\{x \mid x^2-x-12 \leqq 0\right\}, B=\left\{x \mid 2x^2-2x-5 \leqq 0\right\}$ とする。

(1)　$A=\left\{x \mid \boxed{\mathsf{GH}} \leqq x \leqq \boxed{\mathsf{I}}\right\}$

$B=\left\{x \,\middle|\, \dfrac{\boxed{\mathsf{J}}-\sqrt{\boxed{\mathsf{KL}}}}{\boxed{\mathsf{M}}} \leqq x \leqq \dfrac{\boxed{\mathsf{N}}+\sqrt{\boxed{\mathsf{OP}}}}{\boxed{\mathsf{Q}}}\right\}$

(2)　$A \cap \overline{B}$ に属する整数は, $\boxed{\mathsf{R}}$ 個ある。

(3)　$A \cup B$ に属する整数は, $\boxed{\mathsf{S}}$ 個ある。

－ 計算欄 (memo) －

II の問題はこれで終わりです。 II の解答欄 T ～ Z はマークしないでください。

三角形ABCの辺の長さと角の大きさを測ったところ，$AB = 7\sqrt{3}$ および $\angle ACB = 60^\circ$ であった。したがって，三角形ABCの外接円Oの半径は $\boxed{A}$ である。外接円Oの点Cを含み，弧AB上で点Pを動かす。

(1)　$2PA = 3PB$ となるのは $PA = \boxed{B}\sqrt{\boxed{CD}}$ のときである。

(2)　三角形PABの面積が最大となるのは $PA = \boxed{E}\sqrt{\boxed{F}}$ のときである。

(3)　$\sin\angle PBA$ の値が最大となるのは $PA = \boxed{GH}$ のときであり，このとき，三角形PABの面積は $\dfrac{\boxed{IJ}\sqrt{\boxed{K}}}{\boxed{L}}$ である。

－ 計算欄 (memo) －

III の問題はこれで終わりです。III の解答欄 **M** ～ **Z** はマークしないでください。

Ⅳ

a を定数とする θ に関する方程式

$$\sin^2\theta - \cos\theta + a = 0 \qquad \cdots\cdots\cdots \quad ①$$

について考えよう。ただし，$0 \leqq \theta < 2\pi$ とする。

(1)　$\cos\theta = t$ とおくと，① を t に関する方程式に書きかえると，

$$t^2 + t - \boxed{\text{A}} = a$$

この左辺を $f(t)$ とおくと，$0 \leqq \theta < 2\pi$ であるから，

$$\boxed{\text{BC}} \leqq t \leqq \boxed{\text{D}}$$

$$f(t) = \left(t + \frac{\boxed{\text{E}}}{\boxed{\text{F}}}\right)^2 - \frac{\boxed{\text{G}}}{\boxed{\text{H}}}$$

であるから，

$$\frac{\boxed{\text{IJ}}}{\boxed{\text{K}}} \leqq f(t) \leqq \boxed{\text{L}}$$

が得られる。

(2)　方程式 ① の解の個数をの値の範囲について調べると，

$a < \dfrac{\boxed{\text{MN}}}{\boxed{\text{O}}}$ のとき，　$\boxed{\text{P}}$ 個

$a = \dfrac{\boxed{\text{MN}}}{\boxed{\text{O}}}$ のとき，　$\boxed{\text{Q}}$ 個

$\dfrac{\boxed{\text{MN}}}{\boxed{\text{O}}} < a < \boxed{\text{RS}}$ のとき，　$\boxed{\text{T}}$ 個

$a = \boxed{\text{RS}}$ のとき，　$\boxed{\text{U}}$ 個

$\boxed{\text{RS}} < a < \boxed{\text{V}}$ のとき，　$\boxed{\text{W}}$ 個

$a = \boxed{\text{V}}$ のとき，　$\boxed{\text{X}}$ 個

$a > \boxed{\text{V}}$ のとき，　$\boxed{\text{Y}}$ 個

である。

- 計算欄 (memo) -

[IV]の問題はこれで終わりです。[IV]の解答欄 [Z] はマークしないでください。
コース 1 の問題はこれですべて終わりです。解答用紙の [V] はマークしないでください。
解答用紙の解答コース欄に「コース 1」が正しくマークしてあるか，もう一度確かめてください。

この問題冊子を持ち帰ることはできません。

第4回

実戦問題

解答時間 80分

問1　2次関数

$$y = f(x) = bx^2 + 2bx + b^2\,(b \neq 0)$$

を考える。$f(x)$ の頂点 (x_0, y_0) とすると，

$$x_0 = \boxed{\text{AB}}$$
$$y_0 = b\left(b - \boxed{\text{C}}\right)$$

を得る。

(1)　$b > 0$のとき，

$$y_0 \geqq \frac{\boxed{\text{DE}}}{\boxed{\text{F}}}$$

である。

(2)　$b < 0$のとき，

$$y_0 > \boxed{\text{G}}$$

である。

(3)　次に $f(x) = 0$ とすると，x は異なる2つの解をもつなら，

$$b < \boxed{\text{H}}$$

であり，
特に $b = \frac{1}{2}$ のとき，

$$x = \boxed{\text{IJ}} \pm \frac{\sqrt{\boxed{\text{K}}}}{\boxed{\text{L}}}$$

である。

注）2次関数：Quadratic Function

－計算欄 (memo)－

問2　3つの数えでできた数字ボックスを(A,B,C)で表す。ただし, $2 \leqq A \leqq 5$, $1 \leqq B \leqq 4$, $3 \leqq C \leqq 6$, A, B, C は整数である。(A, B, C) は **MN** 通りある。

以下の各事象の確率を求めよう。

$$P_{(A=B=C)} = \frac{\boxed{O}}{\boxed{PQ}}$$

$$P_{(A+B+C<7)} = \frac{\boxed{R}}{\boxed{ST}}$$

$$P_{(A+B+C>7)} = \frac{\boxed{UV}}{\boxed{WX}}$$

注）確率：Probability

－ 計算欄 (memo) －

Ⅰ の問題はこれで終わりです。Ⅰ の解答欄 **Y** ～ **Z** はマークしないでください。

問1　2つの関数

$$y=f(x)=ax^2+bx+c \quad \cdots\cdots\cdots \quad ①$$
$$y=g(x)=x^2-4x+7 \quad \cdots\cdots\cdots \quad ②$$

がある。関数 ① のグラフを以下の3つの移動について考える。
A：グラフを x 軸方向に -1，y 軸方向に2だけ平行移動させる。
B：グラフを座標原点を中心に関して対称移動させる。
C：グラフを直線 $y=1$ に関して対称移動させる。

⑴　関数 ① をA, Bの順番で移動し，関数 ② になるとき，

$$a=\boxed{\text{AB}},\ b=\boxed{\text{CD}},\ c=\boxed{\text{EF}}$$

である。

このa, b, cを使って，関数 ① をA, Cの順番で移動すると，

$$h(x)=x^2+\boxed{\text{G}}x+\boxed{\text{H}} \quad \cdots\cdots\cdots \quad ③$$

を得る。

⑵　関数 ① をB, Cの順番で移動し，関数 ③ になるとき，

$$a=\boxed{\text{I}},\ b=\boxed{\text{JK}},\ c=\boxed{\text{L}}$$

である。

⑶　関数 ① をC, Bの順番で移動し，関数 ③ になるとき，

$$a=\boxed{\text{M}},\ b=\boxed{\text{NO}},\ c=\boxed{\text{PQ}}$$

である。

－計算欄 (memo)－

問 2　x の整式

$$P=(x+2)(x+6)(x^2+8x+10)-15$$

を考える。

(1)　P を因数分解すると，

$$P=\left(x+\boxed{\mathrm{R}}\right)\left(x+\boxed{\mathrm{S}}\right)\left(x+\boxed{\mathrm{T}}\right)\left(x+\boxed{\mathrm{U}}\right)$$

である。

ただし，$\boxed{\mathrm{R}}<\boxed{\mathrm{S}}<\boxed{\mathrm{T}}<\boxed{\mathrm{U}}$ とする。

(2)　$x=\dfrac{2}{2-\sqrt{5}}$ のとき，

$$P=\boxed{\mathrm{VWX}}$$

である。

- 計算欄 (memo) -

Ⅱ の問題はこれで終わりです。Ⅱ の解答欄 Y ～ Z はマークしないでください。

正四角錐 O－ABCD において，底面の一辺の長さは $2a$，高さ OH は a である。M は AB の中点，AE と OB，CE と OB は直交する。

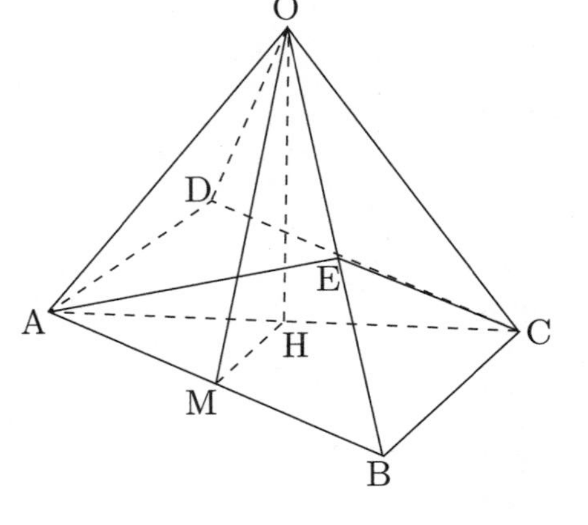

$$\mathrm{HM}=a$$
$$\mathrm{OM}=\sqrt{\boxed{\text{A}}}\,a$$
$$\mathrm{OB}=\sqrt{\boxed{\text{B}}}\,a$$

である。

三角形 AEC の面積を S として，S を求めるよう。

$$\mathrm{AE}=\frac{\boxed{\text{C}}\sqrt{\boxed{\text{D}}}}{\boxed{\text{E}}}\,a$$

であり，$\mathrm{AE}=\mathrm{EC}$, $\mathrm{AC}=\boxed{\text{F}}\sqrt{\boxed{\text{G}}}\,a$ であるから，

$$\cos\angle\mathrm{AEC}=\frac{\boxed{\text{HI}}}{\boxed{\text{J}}}$$

である。ゆえに，

$$\angle\mathrm{AEC}=\boxed{\text{KLM}}^{\circ}$$

$$S=\frac{\boxed{\text{N}}\sqrt{\boxed{\text{O}}}}{\boxed{\text{P}}}\,a^{\boxed{\text{Q}}}$$

が得られる。

注）直交：Orthogonal

－ 計算欄 (memo) －

III の問題はこれで終わりです。 III の解答欄 R ～ Z はマークしないでください。

2次関数

$$x^2-(k+6)x+3k+15=0$$

がある。

(1)　2つの解がともに整数として，それに対応する整数kの値を求めよう。

2つの解を$\alpha,\beta\,(\alpha\leqq\beta)$とすると，

$$\begin{cases}\alpha+\beta=k+\boxed{\text{A}} & \cdots\cdots\cdots\ ①\\ \alpha\beta=\boxed{\text{B}}\,k+\boxed{\text{CD}} & \cdots\cdots\cdots\ ②\end{cases}$$

を得る。① より，

$$k=\alpha+\beta-\boxed{\text{A}}$$

である。これを ② に代入すると，

$$(\alpha-3)(\beta-3)=\boxed{\text{E}}$$

であるので，$(\alpha-3)(\beta-3)$の可能な解は

$$(\boxed{\text{F}},\boxed{\text{G}}),(\boxed{\text{H}},\boxed{\text{I}})$$

である。ただし，$0<\boxed{\text{F}}<\boxed{\text{H}}<\boxed{\text{I}}<\boxed{\text{G}}$ とする。

よって，$k=\boxed{\text{J}}$ または $\boxed{\text{K}}$ が得られる。ただし，$\boxed{\text{J}}<\boxed{\text{K}}$ とする。

(2)　少なくとも1つの解が整数として，それに対応する整数kの値を求めよう。

kについて整理すると，

$$k\left(x-\boxed{\text{L}}\right)=x^2-6x+15$$

を得る。

i）$x=\boxed{\text{L}}$ のとき，左辺は0になるが，右辺は0ではないことより，不適。

ii）$x\neq\boxed{\text{L}}$ のとき，

$$k=x-\boxed{\text{M}}+\frac{\boxed{\text{N}}}{x-\boxed{\text{L}}}$$

である。整数解をαとすると，

$$k=\alpha-\boxed{\text{M}}+\frac{\boxed{\text{N}}}{\alpha-\boxed{\text{L}}}$$

を得る。kは整数であるために，

$$\alpha-\boxed{\text{L}}=\pm\boxed{\text{O}},\ \pm\boxed{\text{P}},\ \pm\boxed{\text{Q}},\ \pm\boxed{\text{R}}$$

が得られる。ただし，$\boxed{\text{O}}<\boxed{\text{P}}<\boxed{\text{Q}}<\boxed{\text{R}}$ とする。

よって，αが求められ，kも求められる。kの最大値は $\boxed{\text{S}}$ である。

- 計算欄 (memo) -

IV の問題はこれで終わりです。IV の解答欄 T ～ Z はマークしないでください。

コース 1 の問題はこれですべて終わりです。解答用紙の V はマークしないでください。

解答用紙の解答コース欄に「コース 1」が正しくマークしてあるか，
もう一度確かめてください。

この問題冊子を持ち帰ることはできません。

第5回

実戦問題

解答時間 80 分

I

問1　2次関数

$$y_1 = x^2 - x - 2$$
$$y_2 = x^2 - (b+a)x + ab$$

を考える。（ **A** は ⓪ ～ ③ の中から一つを選びなさい）

(1)

P：$y_1 > 0$を満たすxの範囲

Q：$y_2 > 0$を満たすxの範囲

$b=-3$のとき，PはQの必要条件であるが，十分条件ではないとき，aの範囲は **A** である。

⓪　$a \geqq 2$　　①　$a \leqq 2$　　②　$a > -2$　　③　$a < -2$

(2)

$$y_1 > 0$$
$$y_2 < 0$$

この2つの条件を同時に満たすxは負の解と正の解をもつが，整数の解をもたないとき，

BC $\leqq a < -1$

$2 < b \leqq$ **D**

である。ただし，ここで$a < b$とする。

注）2次関数：Quadratic Function

－計算欄 (memo)－

問2　1～5の5つの数を一列に並んでできた5桁の正の整数を考える。

⑴　整数は **EFG** 個ある。

⑵　同じ数字を何回も使うことにすれば，整数は **HIJK** 個ある。

⑶　同じ数字を2回以下を使うことにすれば，整数は **LMNO** 個ある。

－ 計算欄 (memo) －

I の問題はこれで終わりです。 I の解答欄 P ～ Z はマークしないでください。

II

次の 2 つの 2 次関数を考える。

$$y = x^2 - 6x + 4 \qquad \cdots\cdots\cdots \quad ①$$
$$y = -x^2 + 2ax - 3b \qquad \cdots\cdots\cdots \quad ②$$

関数 ① と関数 ② の頂点は

$$\left(\boxed{\text{A}}, \boxed{\text{BC}}\right), \left(a, a^{\boxed{\text{D}}} - \boxed{\text{E}}\,b\right)$$

である。

(1) 関数 ① と関数 ② の頂点が一致するとき，

$$a = \boxed{\text{F}}, \; b = \frac{\boxed{\text{GH}}}{\boxed{\text{I}}}$$

である。

(2) 関数 ② が x 軸と接し，さらに，関数 ② の対称軸は関数 ① と同じであるとき，

$$a = \boxed{\text{J}}, \; b = \boxed{\text{K}}$$

である。

－ 計算欄 (memo) －

Ⅱ の問題はこれで終わりです。Ⅱ の解答欄 L ～ Z はマークしないでください。

問1　2つの整式

$$P = 2x^2 - 3xy + y^2 - 5x + 3y + 2$$
$$Q = x^4 - 5x^2 + 4$$

に対して,

$$E = P^2 + 3PQ + 2Q^2 - P - Q$$

を考える。

(1)　E の右辺を因数分解すると,

$$E = (P + Q)\left(P + \boxed{\text{A}}\,Q - \boxed{\text{B}}\right)$$

が得られる。

(2)

$$x = \frac{1}{\sqrt{2} - 1},\ y = \frac{1 + \sqrt{2}}{1 - \sqrt{2}}$$

のとき, P と Q の値は

$$P = \boxed{\text{CD}} + \boxed{\text{EF}}\sqrt{\boxed{\text{G}}}$$
$$Q = \boxed{\text{H}} + \boxed{\text{I}}\sqrt{\boxed{\text{J}}}$$

であり,

$$E = \boxed{\text{KLMN}} + \boxed{\text{OPQR}}\sqrt{\boxed{\text{S}}}$$

が得られる。

- 計算欄 (memo) -

問 2　$\sqrt{56+14\sqrt{7}}$ の整数部分を a，小数部分を b とする。

2 重根号をはずし，整理すると，

$$\sqrt{56+14\sqrt{7}}=\boxed{\text{T}}+\sqrt{\boxed{\text{U}}}$$

を得る。また，

$$\boxed{\text{V}}<\sqrt{56+14\sqrt{7}}<\boxed{\text{V}}+1$$

である。

したがって，

$$a=\boxed{\text{W}},b=\sqrt{\boxed{\text{X}}}-\boxed{\text{Y}}$$

が得られる。

- 計算欄 (memo) -

III の問題はこれで終わりです。III の解答欄 **Z** はマークしないでください。

三角形 DAC は DA＝DC の二等辺三角形である。AB＝8，BC＝4 の四角形 DABC の外接円 O があり，対角線 AC と BD の交点を E とする。点 F は DA の中点であり，FE と DC の交点を G とする。AB が G を通る。（$\boxed{A}$ ～ $\boxed{C}$ は ⓪ ～ ⑤ の中から一つを選びなさい）

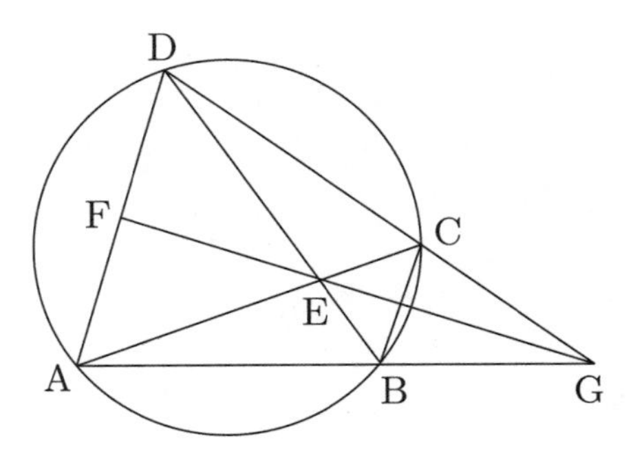

$\angle DAC = \boxed{A} = \boxed{B} = \boxed{C}$（ただし，$\boxed{A} < \boxed{B} < \boxed{C}$ とする。）

より，

$$\frac{EC}{AE} = \frac{\boxed{D}}{\boxed{E}}$$

を得る。

次に，三角形 DAC と直線 FE に着目すると，

$$\frac{DF}{FA} \cdot \frac{AE}{EC} \cdot \frac{GC}{GD} = 1$$

$$\frac{GC}{DG} = \frac{\boxed{F}}{\boxed{G}}$$

が得られる。同じように，三角形 DAG に着目すると，

$$\frac{DF}{FA} \cdot \frac{AB}{BG} \cdot \frac{GC}{CD} = 1$$

$$BG = \boxed{H}$$

である。

⓪　∠DCA　　①　∠ACB　　②　∠DBC

③　∠BEG　　④　∠ADB　　⑤　∠ABD

注）外接円：Circumscribed Circle

－ 計算欄 (memo) －

IV の問題はこれで終わりです。IV の解答欄 **I** ～ **Z** はマークしないでください。

コース 1 の問題はこれですべて終わりです。解答用紙の V はマークしないでください。

解答用紙の解答コース欄に「コース 1」が正しくマークしてあるか，
もう一度確かめてください。

この問題冊子を持ち帰ることはできません。

第6回

実戦問題

解答時間 80分

問1 [A] ～ [F] には，下の ⓪ ～ ⑨ の中から適するものを選びなさい。

次の x についての関数を考える。

$$y=\left|\frac{1}{2}x^2-1\right|$$

P は関数のグラフ上の点であり，点 A を $A(0, a)$，$a>1$ とおき，$|PA|$ の最小値を求めよう。

(1)　$-\sqrt{[A]} \leqq x \leqq \sqrt{[A]}$ のとき，

$$y=1-\frac{1}{2}x^2$$

$|PA|$ の最小値は [B] である。

(2)　$|x|>\sqrt{[A]}$ のとき，

$$y=\frac{1}{2}x^2-1$$

である。点 P を $P(x, y)$ とおくと，

$$|PA|^2=x^2+(y-a)^2 \quad かつ \quad y=\frac{1}{2}x^2-1$$

であるから，

$$|PA|^2=y^2-2[C]y+[D]+2,\ y>0$$

が導かれ，対称軸

$$y=[C]>0$$

より

$$|PA|^2_{\min}=[E],\ |PA|=\sqrt{[E]}$$

$$(a-1)^2-[E]=a^2-[F]a$$

が得られる。

⓪　0	①　1	②　2	③　3	④　4
⑤　$a-1$	⑥　$a+1$	⑦　a	⑧　$2a+1$	⑨　a^2

注）対称軸：Line Symmetry

－計算欄 (memo)－

問2　2つの箱A, Bがある。

箱Aには，次のようなカードが合わせて4枚入っている。
「0」の数字が書かれたカードが1枚
「1」の数字が書かれたカードが1枚
「2」の数字が書かれたカードが2枚

箱Bには，次のようなカードが合わせて7枚入っている。
「0」の数字が書かれたカードが3枚
「1」の数字が書かれたカードが2枚
「2」の数字が書かれたカードが2枚

箱Aから1枚のカードを，Bから2枚のカードを同時に取り出すことを考え，以下の各事象の確率を求めよう。

(1)　3枚のカードに書かれた数字がすべて0である確率は $\frac{\boxed{G}}{\boxed{HI}}$ である。

(2)　3枚のカードに書かれた数字の積が4である確率は $\frac{\boxed{J}}{\boxed{KL}}$ である。

(3)　3枚のカードに書かれた数字の積が0である確率は $\frac{\boxed{MN}}{\boxed{OP}}$ である。

注）確率：Probability

－ 計算欄 (memo) －

I の問題はこれで終わりです。 I の解答欄 **Q** ～ **Z** はマークしないでください。

問1　xについての方程式

$$||x-5|-1|=a$$

が異なる4つの解をもつとき，定数aの値の範囲を求めよう。

$y=||x-5|-1|$について考えると，

(1)　$x \geqq 5$ の場合

$5 \leqq x < \boxed{\text{A}}$ のとき，　　$y=\boxed{\text{B}}x+\boxed{\text{C}}$

$x \geqq \boxed{\text{A}}$ のとき，　　$y=x-\boxed{\text{C}}$

である。

(2)　$x<5$ の場合

$x<\boxed{\text{D}}$ のとき，　　$y=\boxed{\text{E}}x+\boxed{\text{F}}$

$\boxed{\text{D}} \leqq x < 5$ のとき，　　$y=x-\boxed{\text{G}}$

である。

(3)　つまり，aの範囲は

$$\boxed{\text{H}}<a<\boxed{\text{I}}$$

である。

- 計算欄 (memo) -

問2　3以上999以下の奇数を a とし，a^2+a が1000で割り切れるものをすべて求めよう。

$$a^2+a=a(a+1)$$

より，a と $(a+1)$ はお互いに素である。
また，

$$1000=5^{\boxed{J}}\cdot 2^{\boxed{K}}=\boxed{LMN}\cdot\boxed{O}$$

である。ここで，a は奇数であるから，$a+1$ は偶数である。
ゆえに，a^2+a を1000で割り切れるとき，

a は奇数の $\boxed{LMN}$ の倍数
$a+1$ は $\boxed{O}$ の倍数

である。よって，

$a=\boxed{LMN}k$（k は正の奇数）
$a+1=\boxed{O}l$（l は整数）

である。a を消すことより

$$\boxed{LMN}k+1=\boxed{O}l$$

となり，さらに，

$$\boxed{LMN}=\boxed{O}\times\boxed{PQ}+\boxed{R}$$

であるから，

$$\boxed{R}k+1=\boxed{O}\left(l-\boxed{PQ}k\right)=\boxed{O}m$$

である。したがって，

$$a=\boxed{STU}m-\boxed{VW}$$

という条件を満たす a は $\boxed{XYZ}$ だけである。

注）奇数：Odd Number，偶数：Even Number

- 計算欄 (memo) -

II の問題はこれで終わりです。

[A], [B] には，下にある選択肢から一つだけ選び番号を，ほかの空欄に数字を埋めてください。

(1) 「$a>1$」は「$a>\sqrt{a}$」であるための [A]。

(2) 実数 a, b, c に対して，「$a>0$ かつ $b^2-4ac<0$」は「任意の x の不等式に対して，$ax^2+bx+c>0$ が常に成り立つ」であるための [B]。

(3) 「$2a<x\leqq 4$」は「$2\leqq x\leqq 3a+1$」であるための必要条件であるが，十分条件ではないとき，$\frac{\boxed{\text{C}}}{\boxed{\text{D}}}\leqq a<\boxed{\text{E}}$ である。

⓪ 必要十分条件である

① 必要条件であるが，十分条件ではない

② 十分条件であるが，必要条件ではない

③ 必要条件でも十分条件でもない

注）実数：Real Number

－ 計算欄 (memo) －

Ⅲ の問題はこれで終わりです。Ⅲ の解答欄 F ～ Z はマークしないでください。

X には，下にある選択肢から一つだけを選び番号を，ほかの空欄には数字を埋めてください。

点 O を中心とする円 O の円周上に四点 A, B, C, D が順番に時計周りに並んでおり，

$$AB = 3, BC = 6, CD = -2 + \sqrt{15}, DA = 4$$

とする。

(1)　$\angle ABC = \theta, AC = x$ とおくと，三角形 ABC において，

$$x^2 = \boxed{AB} - 36\cos\theta$$

となり，三角形 ACD において，

$$x^2 = 35 - 4\sqrt{15} + \left(\boxed{CDE} + \boxed{F}\sqrt{\boxed{GH}}\right)\cos\theta$$

となる。よって，

$$\cos\theta = \frac{\boxed{I}}{\boxed{J}}, x = \boxed{K}\sqrt{\boxed{L}}$$

となり，円 O の半径は M と，四角形 ABCD の面積は

$$\frac{\boxed{N}\sqrt{\boxed{O}} + \boxed{P}\sqrt{\boxed{Q}}}{\boxed{R}}$$ である。ただし，O < Q とする。

(2)　点 A における円 O の接線と点 D における円 O の接線の交点を E とすると，

$$\angle OAE = \boxed{ST}^\circ$$

である。また，線分 OE と辺 AD の交点を F とすると，

$$\angle AFE = \boxed{UV}^\circ$$

$$OF \cdot OE = \boxed{W}$$

である。さらに，辺 AD の延長線と線分 OC の延長線の交点を G とし，点 E から直線 OG に垂直線を下ろし，OG と H で交わるとする。4 点 E, G, X は同一円周上にあるとわかる。したがって，

$$OH \cdot OG = \boxed{Y}$$

である。

⓪　C, F　　①　H, D　　②　H, F　　③　O, A

－ 計算欄 (memo) －

Ⅳ の問題はこれで終わりです。Ⅳ の解答欄 **Z** はマークしないでください。
コース 1 の問題はこれですべて終わりです。解答用紙の Ⅴ はマークしないでください。
解答用紙の解答コース欄に「コース 1」が正しくマークしてあるか，
もう一度確かめてください。

この問題冊子を持ち帰ることはできません。

第7回

実戦問題

解答時間 80分

I

問1　a は定数とする。$a \leqq x \leqq a+2$ における2次関数

$$f(x) = x^2 - 10x + a$$

について，最大値と最小値を求めよう。

$f(x)$ のグラフの軸は

$$x = \boxed{\text{A}}$$

であり，区間の中央の値は $a+1$ である。

(1)　$a < \boxed{\text{B}}$ のとき，

最小値は $a^2 - \boxed{\text{C}}\,a - \boxed{\text{DE}}$ であり，
最大値は $a^2 - \boxed{\text{F}}\,a$ である。

(2)　$\boxed{\text{B}} \leqq a < \boxed{\text{G}}$ のとき，

最大値は $a^2 - \boxed{\text{F}}\,a$ であり，
最小値は $a - \boxed{\text{HI}}$ である。

(3)　$\boxed{\text{G}} \leqq a < \boxed{\text{J}}$ のとき，

最大値は $a^2 - \boxed{\text{K}}\,a - \boxed{\text{LM}}$ であり，
最小値は $a - \boxed{\text{HI}}$ である。

(4)　$a \geqq \boxed{\text{J}}$ のとき，

最大値は $a^2 - \boxed{\text{K}}\,a - \boxed{\text{LM}}$ であり，
最小値は $a^2 - \boxed{\text{N}}\,a$ である。

注）2次関数：Quadratic Function，区間：Interval

－計算欄 (memo)－

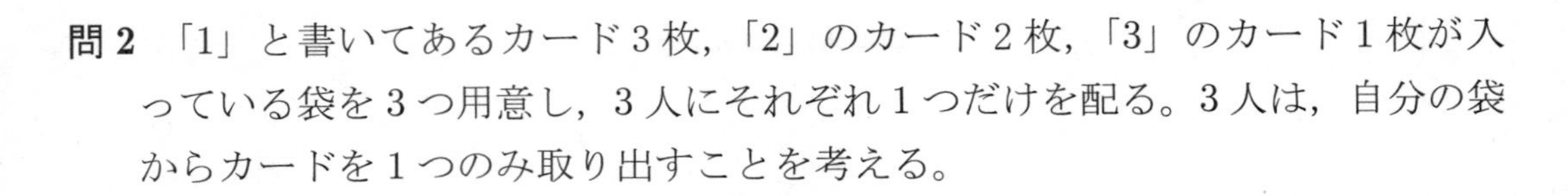

問 2　「1」と書いてあるカード 3 枚，「2」のカード 2 枚，「3」のカード 1 枚が入っている袋を 3 つ用意し，3 人にそれぞれ 1 つだけを配る。3 人は，自分の袋からカードを 1 つのみ取り出すことを考える。

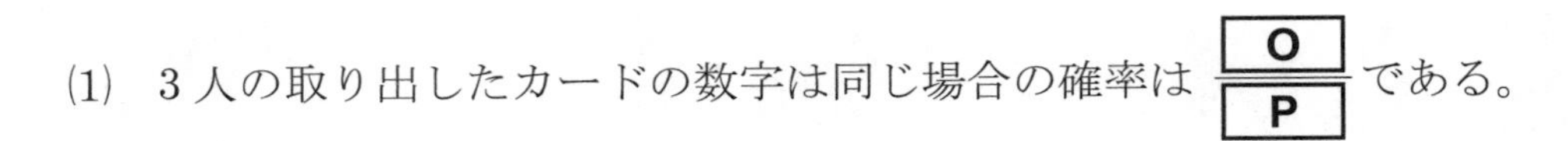

(1)　3 人の取り出したカードの数字は同じ場合の確率は $\frac{\boxed{\text{O}}}{\boxed{\text{P}}}$ である。

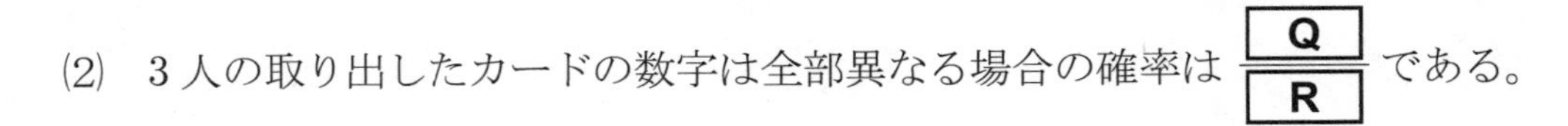

(2)　3 人の取り出したカードの数字は全部異なる場合の確率は $\frac{\boxed{\text{Q}}}{\boxed{\text{R}}}$ である。

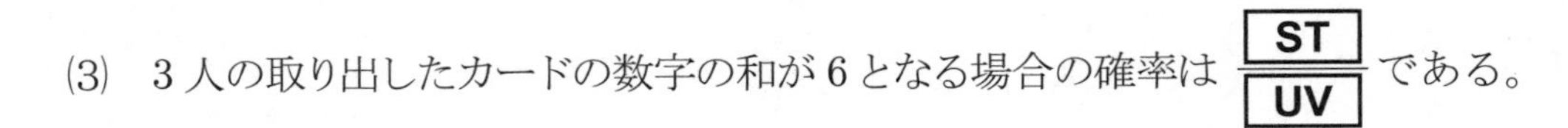

(3)　3 人の取り出したカードの数字の和が 6 となる場合の確率は $\frac{\boxed{\text{ST}}}{\boxed{\text{UV}}}$ である。

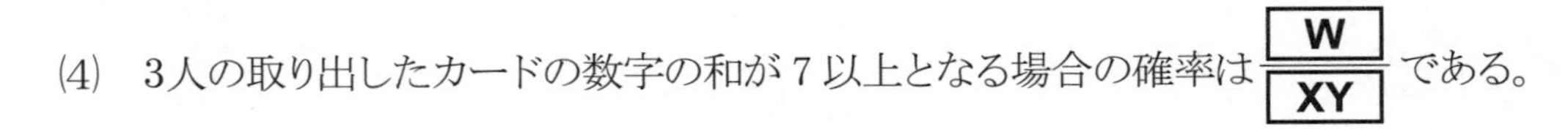

(4)　3人の取り出したカードの数字の和が 7 以上となる場合の確率は $\frac{\boxed{\text{W}}}{\boxed{\text{XY}}}$ である。

注）確率：Probability

－ 計算欄 (memo) －

Ⅰ の問題はこれで終わりです。 Ⅰ の解答欄 **Z** はマークしないでください。

問1　2次方程式

$$x^2-5x-2=0$$

を考える。

(1)　式の両方を x で割ると，

$$x-\frac{2}{x}=\boxed{\textbf{A}}$$

である。

(2)

$$x^2+\frac{4}{x^2}=\left(x-\frac{2}{x}\right)^2+\boxed{\textbf{B}}=\boxed{\textbf{CD}}$$

(3)

$$x^3-\frac{8}{x^3}=\left(x-\frac{2}{x}\right)\left(x^2+\frac{4}{x^2}+\boxed{\textbf{E}}\right)=\boxed{\textbf{FGH}}$$

- 計算欄 (memo) -

問 2

$$A = x^3 + x^2 + 2x + 2$$
$$B = x^3 - x^2 + 2x - 2$$

とする。この時，$A^3 - B^3$ の展開式と x^6 の係数を求めよう。

$x^2 + 2 = X$ とおくと，

$$A = \left(x + \boxed{\text{I}}\right)X$$
$$B = \left(x - \boxed{\text{J}}\right)X$$

であるので，

$$A^3 - B^3 = \left(\boxed{\text{K}}x^2 + \boxed{\text{L}}\right)\left(x^6 + \boxed{\text{M}}x^4 + \boxed{\text{NO}}x^2 + \boxed{\text{P}}\right)$$

を得る。
これを展開するとき，x^6 の係数は $\boxed{\text{QR}}$ である。

－ 計算欄 (memo) －

Ⅱ の問題はこれで終わりです。Ⅱ の解答欄 **S** ～ **Z** はマークしないでください。

三角形ABCは∠BAC＝60°，∠ABC＝30°の直角三角形であり，DはCBの延長線上にあり，AB＝4, BD＝BAとする。

⑴　線分ADの長さを求めよう。

直角三角形ABCにおいて，

$$BC = \boxed{\text{A}}\sqrt{\boxed{\text{B}}}$$

$$AC = \boxed{\text{C}}$$

$$AD^2 = AC^2 + (CB + BD)^2 = \boxed{\text{DE}} + \boxed{\text{FG}}\sqrt{\boxed{\text{H}}}$$

であるので，

$$AD = \boxed{\text{I}}\sqrt{\boxed{\text{J}}} + \boxed{\text{K}}\sqrt{\boxed{\text{L}}}$$

を得る。ただし，$\boxed{\text{J}} < \boxed{\text{L}}$ とする。

⑵　sin 15°, cos 15°の値をそれぞれを求めよう。

BD＝BAであるので，∠ADB＝∠DABよって，∠ADB＝∠DAB＝15°
ゆえに，

$$\sin 15^\circ = \frac{AC}{AD} = \frac{\sqrt{\boxed{\text{M}}} - \sqrt{\boxed{\text{N}}}}{\boxed{\text{O}}}$$

$$\cos 15^\circ = \frac{CD}{AD} = \frac{\sqrt{\boxed{\text{P}}} + \sqrt{\boxed{\text{Q}}}}{\boxed{\text{R}}}$$

が得られる。ただし，$\boxed{\text{P}} < \boxed{\text{Q}}$ とする。

－ 計算欄 (memo) －

III の問題はこれで終わりです。III の解答欄 S ～ Z はマークしないでください。

IV

(1)　$x+y+z=10, x \geqq 0, y \geqq 0, z \geqq 0$ を満たす整数の組 (x, y, z) は **AB** 組ある。

(2)　$x+y+z=15$ を満たす正の整数の組 (x, y, z) について考える。

$$x-1=X, y-1=Y, z-1=Z$$

とおくと，

$$X \geqq 0, Y \geqq 0, Z \geqq 0$$

である。

さらに，

$$x=X+1, y=Y+1, z=Z+1$$

を式に代入すると，

$$(X+1)+(Y+1)+(Z+1)=15$$

よって，

$$X+Y+Z=\boxed{\text{CD}}$$

である。したがって，正の整数の組は **EF** 組あることがわかる。

(3)　$x+y+z \leqq 9$ を満たす負でない整数の組 (x, y, z) について考える。

$$9-(x+y+z)=t(t \geqq 0)$$

とおくことで，

$$t+x+y+z=9$$

に注目し，条件を満たす組数は **GHI** であるとわかる。

- 計算欄 (memo) -

IV の問題はこれで終わりです。IV の解答欄 J ～ Z はマークしないでください。

コース 1 の問題はこれですべて終わりです。解答用紙の V はマークしないでください。

解答用紙の解答コース欄に「コース 1」が正しくマークしてあるか，
もう一度確かめてください。

この問題冊子を持ち帰ることはできません。

第8回

実戦問題

解答時間 80分

問1　2次関数

$$l\colon y = f(x) = x^2 + (2k+2)x + k^2$$

を考える。$f(x)$ の頂点は

$$\left(\boxed{\mathbf{A}}\,k - \boxed{\mathbf{B}},\ \boxed{\mathbf{CD}}\,k - \boxed{\mathbf{E}}\right)$$

であるので，頂点は，1次関数

$$m\colon y = g(x) = \boxed{\mathbf{F}}\,x + \boxed{\mathbf{G}}$$

上にある。l, m の $x=3$ での点をそれぞれ P, Q と置くと，

$$\mathrm{P} = (3, f(3)) = \left(3,\ k^2 + \boxed{\mathbf{H}}\,k + \boxed{\mathbf{IJ}}\right)$$
$$\mathrm{Q} = (3, g(3)) = \left(3,\ \boxed{\mathbf{K}}\right)$$

である。垂直線 PQ の長さ $|\mathrm{PQ}|$ は

$$|\mathrm{PQ}| = \left|k^2 + \boxed{\mathbf{L}}\,k + \boxed{\mathbf{M}}\right| = \left|\left(k + \boxed{\mathbf{N}}\right)\left(k + \boxed{\mathbf{O}}\right)\right|$$

であり，PQ は一点となるときに，

$$k = -\boxed{\mathbf{N}} \text{ または } -\boxed{\mathbf{O}}$$

である。ただし，$\boxed{\mathbf{N}} < \boxed{\mathbf{O}}$ となるように答えなさい。

注）2次関数：Quadratic Function

－計算欄 (memo)－

問 2　サイコロが 3 つある。その中の 2 つは普通のサイコロで（1, 2 番のサイコロとする），もう 1 つは「1, 2, 3, 4, 5」5 つの目しか出せないとする（5 つの目の出る確率は同じであり，このサイコロを 3 番とする）。

3 つのサイコロを 1, 2, 3 という順番で振って，出た数字を (a, b, c) と記録する。以下の確率を求めよう。

$$P_{(a,\, b=3,\, c\geqq 3)} = \frac{1}{\boxed{\mathsf{PQ}}}$$

$$P_{(1\text{個のみが}6)} = \frac{\boxed{\mathsf{R}}}{\boxed{\mathsf{ST}}}$$

$$P_{(a+b+c\geqq 12)} = \frac{\boxed{\mathsf{UV}}}{\boxed{\mathsf{WX}}}$$

注）サイコロ：Dice，確率：Probability

- 計算欄 (memo) -

Ⅱ の問題はこれで終わりです。 Ⅱ の解答欄 Y ～ Z はマークしないでください。

問 1

(1)　不定方程式

$$13x+56y=1$$

を満たす整数 x，y の組の中で，x の絶対値が最小のものを求めよう。
まず，y を用いて x を表せる。

$$x=\boxed{\text{AB}}\,y+\frac{1-\boxed{\text{C}}\,y}{13} \qquad \cdots\cdots\cdots \quad ①$$

したがって，x の絶対値が最小のものがわかる。

$$x=\boxed{\text{DE}},\ y=\boxed{\text{FG}}$$

である。

(2)　不定方程式

$$13x+56y=10$$

を満たす整数 x，y の組の中で，y の絶対値が最小のものを求めよう。
方程式 ① と同じく，x は y を用いて表せるため，

$$x=\boxed{\text{HI}},\ y=\boxed{\text{JK}}$$

である。

注）絶対値：Absolute Value

－計算欄 (memo)－

問2　次の x についての方程式の解の個数を考える。

$$\left|-\frac{1}{2}|x|+2\right|-1=a \quad \cdots\cdots\cdots \text{①}$$

a は実数の定数である。

$f(x)=\left|-\frac{1}{2}|x|+2\right|-1$ を考える。

$x \leqq$ **LM** のとき，$f(x)=-\frac{1}{2}x-$ **N**

LM $< x \leqq$ **O** のとき，$f(x)=\frac{1}{2}x+$ **P**

O $< x \leqq$ **Q** のとき，$f(x)=-\frac{1}{2}x+$ **P**

Q $< x$ のとき，$f(x)=\frac{1}{2}x-$ **N**

したがって，方程式 ① が4つの解をもつとき，

RS $< a <$ **T**

である。

注）実数：Real Number

- 計算欄 (memo) -

II の問題はこれで終わりです。II の解答欄 U ～ Z はマークしないでください。

Ⅲ

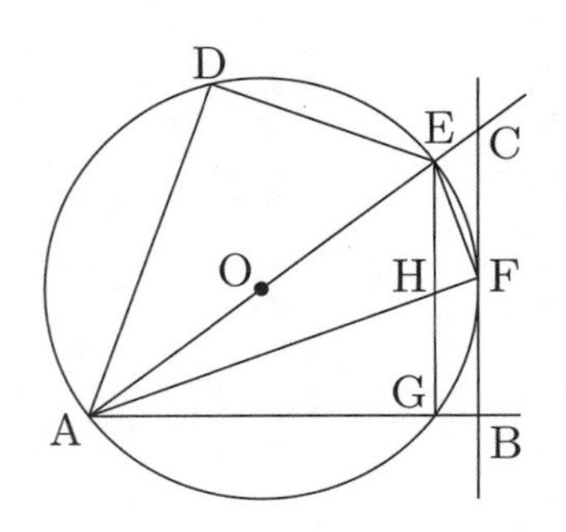

右の図ように，点Oを中心とする半径$\frac{5}{2}$の円があり，AEは直径であり，半直線AEに点Cがある。CB⊥ABで，CBは円に接する。∠BAE＝∠DAE，AD＝3とする。

条件によって，

$$DE = \boxed{\mathbf{A}}$$
$$\angle AGE = \boxed{\mathbf{BC}}^\circ$$

である。三角形AGEと三角形ADE合同より，

$$AG = \boxed{\mathbf{D}}$$

を得る。三角形AGEと三角形ABC相似より，

$$AB = tAG = \boxed{\mathbf{D}}\,t$$
$$BC = \boxed{\mathbf{E}}\,t$$
$$AC = \boxed{\mathbf{F}}\,t$$

と表わせる。

OFをつないで，さらに，AB＝$\boxed{\mathbf{G}}$であり，点OからABへ垂直な線分を作ることより

$$t = \frac{\boxed{\mathbf{H}}}{\boxed{\mathbf{I}}}$$

を得る。ゆえに，

$$BC = \frac{\boxed{\mathbf{JK}}}{\boxed{\mathbf{L}}},\ AC = \frac{\boxed{\mathbf{MN}}}{\boxed{\mathbf{O}}},\ EC = \frac{\boxed{\mathbf{P}}}{\boxed{\mathbf{Q}}}$$

$$BF = \boxed{\mathbf{R}},\ AF = \boxed{\mathbf{S}}\sqrt{\boxed{\mathbf{T}}},\ FE = \sqrt{\boxed{\mathbf{U}}}$$

が得られる。

- 計算欄 (memo) -

Ⅲ の問題はこれで終わりです。Ⅲ の解答欄 V ～ Z はマークしないでください。

$$x=\frac{3+\sqrt{15}}{2},\ y=\frac{3-\sqrt{15}}{2},\ z=k$$

とおく。

$$(y+z)x^2+(x+z)y^2+(x+y)z^2+3xyz$$

の最小値を求めよう。

まず，式の因数分解より，上の多項式は

$$\boxed{\text{A}}\cdot\boxed{\text{B}}$$

となる。ただし，$\boxed{\text{A}}$，$\boxed{\text{B}}$ は下の選択肢から選びなさい。また，$\boxed{\text{A}}$ の次数 $<$ $\boxed{\text{B}}$ の次数とする。

さらに，

$$\boxed{\text{A}}=\boxed{\text{C}}+k$$

$$\boxed{\text{B}}=\boxed{\text{D}}k-\frac{\boxed{\text{E}}}{\boxed{\text{F}}}$$

$$xyz=\frac{\boxed{\text{GH}}}{\boxed{\text{I}}}k$$

より，多項式は

$$y=f(k)=\left(\boxed{\text{C}}+k\right)\left(\boxed{\text{D}}k-\frac{\boxed{\text{E}}}{\boxed{\text{F}}}\right)$$

となる。$f(k)$ の最小値は

$$\frac{\boxed{\text{JKLM}}}{\boxed{\text{NO}}}$$

である。ゆえに，$f(k)$ は最小整数値 $\boxed{\text{PQ}}$ をもつ。

⓪ $(x+y-z)$　① $(x-y-z)$　② $(x-y+z)$　③ $(x+y+z)$

④ $(x^2+y^2+z^2)$　⑤ $(xy+xz+yz)$　⑥ $(2xy+xz-3yz)$

⑦ xyz　⑧ $(xyz)^2$　⑨ $(xy^2+yz^2+zx^2)$

－ 計算欄 (memo) －

IV の問題はこれで終わりです。IV の解答欄 R ～ Z はマークしないでください。

コース 1 の問題はこれですべて終わりです。解答用紙の V はマークしないでください。

解答用紙の解答コース欄に「コース 1」が正しくマークしてあるか，もう一度確かめてください。

この問題冊子を持ち帰ることはできません。

第9回

実戦問題

解答時間 80分

I

問 1 実数 a に対して，2 次不等式

$$4x^2-6x+3a+7 \leqq 0$$

を満たす整数 x の個数を N とする。まず，

$$f(x)=4x^2-6x+3a+7$$

を置くことで，対称軸は

$$x=\frac{\boxed{\text{A}}}{\boxed{\text{B}}}$$

であるとわかる。

(1) N=0 であるとき，対称軸に最も近い整数は

$$x=\boxed{\text{C}}$$

である。よって，N=0 であるための条件は

$$a>\frac{\boxed{\text{DE}}}{\boxed{\text{F}}}$$

である。

(2) N=1 であるとき，

$$x=\boxed{\text{C}}$$

であることにより，

$$\frac{\boxed{\text{GH}}}{\boxed{\text{I}}}<a \leqq \frac{\boxed{\text{JK}}}{\boxed{\text{L}}}$$

が得られる。

注）実数：Real Number，対称軸：Line Symmetry

－計算欄 (memo)－

問 2　袋 A, B, C があり，それぞれに 3 枚のカードが入っている。各袋のカードには，1 から 3 までの数字が付けられている。袋 A, B, C からカードを 1 枚ずつ取り出し，出た数をそれぞれ a, b, c とする。

(1)　a, b, c の最大の数が 2 以下である場合は **M** 通りあり，最大の数が 3 である場合は **NO** 通りある。

(2)　a, b, c について，$a < b < c$ となる場合は **P** 通りある。

(3)　出た数字 a, b, c によって，次のように点数を計算する。

$a \leqq b \leqq c$ のときは，$(c - a + 1)$ 点

他の場合，　　　0 点

点数が 1 点となる確率は $\dfrac{\text{Q}}{\text{R}}$ であり，得点が 3 点となる確率は $\dfrac{\text{S}}{\text{T}}$ である。

注）確率：Probability

– 計算欄 (memo) –

I の問題はこれで終わりです。 I の解答欄 **U** ～ **Z** はマークしないでください。

II

問1　[E] には，下にある選択肢から一つだけを選び番号を，ほかの空欄には数字を埋めてください。

$\sqrt{29}$ の整数部分は [A] である。$\sqrt{29}, \sqrt{31}, \sqrt{39}$ の小数部分をそれぞれ a, b, c とするとき，

$$a - c = \boxed{\text{B}} + \sqrt{29} - \sqrt{39}$$

であり，

$$(\boxed{\text{B}} + \sqrt{29} - \sqrt{39})(\boxed{\text{B}} + \sqrt{29} + \sqrt{39})(9 + 2\sqrt{29}) = \boxed{\text{CD}}$$

となり，[E] が成り立つ。

⓪　$a < b < c$　　①　$b < c < a$　　②　$c < a < b$

③　$a < c < b$　　④　$c < b < a$　　⑤　$b < a < c$

- 計算欄 (memo) -

問 2　$0^\circ \leqq x \leqq 180^\circ$ とする。方程式

$$4\sin^2 x + 4\cos x + 4a + 1 = 0$$

が異なる 2 つの実数解をもつような定数 a の値の範囲を定めよう。

$\cos x = X$ とおくと，上の式は

$$\boxed{\text{F}}X^2 - \boxed{\text{G}}X - \boxed{\text{H}}a - \boxed{\text{I}} = 0$$
$$\boxed{\text{JK}} \leqq X \leqq \boxed{\text{L}}$$

となる。左辺を $f(X)$ とすると，対称軸は

$$X = \frac{\boxed{\text{M}}}{\boxed{\text{N}}}$$

と求められる。

異なる 2 つの実数解をもつことから，

$$\begin{cases} f(\boxed{\text{O}}) \geqq 0 \\ f(\boxed{\text{PQ}}) \geqq 0 \\ f\left(\dfrac{\boxed{\text{M}}}{\boxed{\text{N}}}\right) < 0 \end{cases} \Rightarrow \frac{\boxed{\text{RS}}}{\boxed{\text{T}}} < a \leqq \frac{\boxed{\text{UV}}}{\boxed{\text{W}}}$$

が得られる。

注）実数：Real Number

－ 計算欄 (memo) －

Ⅱ の問題はこれで終わりです。Ⅱ の解答欄 **X** ～ **Z** はマークしないでください。

III

円に内接する四角形ABCDにおいて，AB＝ 5, BC＝ 7, CD＝ 6, DA＝ 4であるとき，四角形ABCDの面積Sを求めよう。

四角形ABCDは円に内接することから，

$$\angle \mathrm{BAD} + \angle \mathrm{BCD} = \boxed{\mathrm{ABC}}^\circ$$

を得る。$\angle \mathrm{BAD} = \theta$ とおき，三角形CBDにおいて，

$$\mathrm{BD}^2 = \boxed{\mathrm{DE}} + \boxed{\mathrm{FG}}\cos\theta$$

となり，三角形ABDにおいて，

$$\mathrm{BD}^2 = \boxed{\mathrm{HI}} - \boxed{\mathrm{JK}}\cos\theta$$

となる。よって，

$$\cos\theta = \frac{\boxed{\mathrm{LMN}}}{\boxed{\mathrm{OP}}}$$

であり，

$$S = \boxed{\mathrm{Q}}\sqrt{\boxed{\mathrm{RST}}}$$

が得られる。

注）内接する：Be Inscribed

\- 計算欄 (memo) -

III の問題はこれで終わりです。III の解答欄 U ～ Z はマークしないでください。

6 個の文字 $a_1, a_2, a_3, a_4, a_5, a_6$ は 0 ～ 9 の整数のいずれかであり，

$$a_1 + a_3 + a_5 = a_2 + a_4 + a_6$$

を満たしている。

$\overline{a_6 a_5 a_4 a_3 a_2 a_1}$ は 6 桁の整数を表すことにする。

(1)　等式より

$$\overline{a_6 a_5 a_4 a_3 a_2 a_1} = 11\left(\boxed{\text{ABCD}}\,a_6 + \boxed{\text{EFG}}\,a_5 + \boxed{\text{HI}}\,a_4 + \boxed{\text{J}}\,a_3 + a_2\right)$$

と表せる。また，900900 を素因数分解すると，

$$900900 = \boxed{\text{K}}^2 \times \boxed{\text{L}}^2 \times \boxed{\text{M}}^2 \times \boxed{\text{N}} \times 11 \times \boxed{\text{OP}}$$

となる。(ただし，$\boxed{\text{K}} < \boxed{\text{L}} < \boxed{\text{M}}$ とする。)

(2)　6 桁の整数 $\overline{x8462y}$ を 11 の倍数とする。

$$m = x + y$$

とおいたときの m の最大値を考える。

$$\overline{x8462y} = 11\left(\boxed{\text{ABCD}}\,x + \boxed{\text{QRST}}\right) + y - x + 8$$

より

$$x - y = \boxed{\text{U}} \quad \text{または} \quad y - x = \boxed{\text{V}}$$

となることから，m の最大値は $\boxed{\text{WX}}$ とわかる。

注）素因数：Prime Factor

－ 計算欄 (memo) －

Ⅳ の問題はこれで終わりです。Ⅳ の解答欄 **Y** ～ **Z** はマークしないでください。

コース 1 の問題はこれですべて終わりです。解答用紙の Ⅴ はマークしないでください。

解答用紙の解答コース欄に「コース 1」が正しくマークしてあるか，
もう一度確かめてください。

この問題冊子を持ち帰ることはできません。

第10回

実戦問題

解答時間 80分

問 1　方程式

$$|x+3|+|x-2|=-x^2+23 \qquad \cdots\cdots\cdots \quad ①$$

を考える。

方程式 ① は，絶対値の記号を使わないで表すと，

$$x < \boxed{\textbf{AB}} \text{ のとき，} \qquad x^2-2x-\boxed{\textbf{CD}}=0$$

$$\boxed{\textbf{AB}} \leqq x \leqq \boxed{\textbf{E}} \text{ のとき，} \qquad x^2-18=0$$

$$x > \boxed{\textbf{E}} \text{ のとき，} \qquad x^2+2x-\boxed{\textbf{FG}}=0$$

となるため，方程式 ① の解は

$$x=\boxed{\textbf{HI}},\ -\boxed{\textbf{J}}+\sqrt{\boxed{\textbf{KL}}}$$

である。

注）絶対値：Absolute Value

－計算欄 (memo)－

問 2　袋の中に，0, 1, 2, 3, 4, 5, 6 と番号がつけられた同じ大きさの 7 個の球が入っている。この袋の中から 3 個の球を同時に取り出して，出た数の組合せについて考える。

(1)　この組合せは全部 **MN** 通りある。このうち，連続する 2 つの数を含まないような組合せは **OP** 通りある。

(2)　出た数の組合せにより，次のように得点を与えるゲームを考える。出た数の中に 0 が含まれる場合の得点は 0 とする。その他の場合は，出た数のうち最大のものを得点とする。

i）　得点が 0 点となる確率は $\dfrac{\boxed{\mathrm{Q}}}{7}$ である。

ii）　得点が 4 点となる確率は $\dfrac{\boxed{\mathrm{R}}}{\boxed{\mathrm{ST}}}$ であり, 5 点となる確率は $\dfrac{\boxed{\mathrm{U}}}{\boxed{\mathrm{ST}}}$ である。

iii）　このゲームを 2 回続けて行う。ただし，1 回目のゲームで取り出した球を袋に戻してから 2 回目を行う。このとき，1 回目と 2 回目の得点の和が 11 点以上となる確率は $\dfrac{\boxed{\mathrm{VW}}}{\boxed{\mathrm{XYZ}}}$ である。

注）確率：Probability

－ 計算欄 (memo) －

I の問題はこれで終わりです。

問 1　次の問題文中の A ～ D に対して，それぞれ選択肢の中から当てはまるものを一つ選びなさい。

⑴　$a+b<ab+1$は「$a \geqq 2$かつ$b \geqq 2$」であるための A 。

⑵　実数 a，b について $a=b$ は $a^2+ab+b^2=0$ であるための B 。

⑶　整数 n について「n^2 が 12 で割り切れる」は「n が 12 で割り切れる」であるための C 。

⑷　三角形 ABC の 3 つの角を A, B, C とすると,「$\cos A \cos B \cos C>0$」は「三角形 ABC が鋭角三角形」であるための D 。

⓪　必要十分条件である
①　必要条件であるが，十分条件ではない
②　十分条件であるが，必要条件ではない
③　必要条件でも，十分条件でもない

－計算欄 (memo)－

問 2　a を定数とし，x の 2 次関数

$$y = x^2 + 2(a-2)x + 2a^2 - 7a + 5 \qquad \cdots\cdots\cdots \quad ①$$

のグラフを G とする。

(1)　グラフ G を表す放物線の頂点の座標は

$$(\boxed{\text{E}}\,a + \boxed{\text{F}},\ a^2 - \boxed{\text{G}}\,a + \boxed{\text{H}})$$

である。グラフ G が x 軸と異なる 2 点で交わるのは

$$\frac{\boxed{\text{I}} - \sqrt{\boxed{\text{J}}}}{\boxed{\text{K}}} < a < \frac{\boxed{\text{I}} + \sqrt{\boxed{\text{J}}}}{\boxed{\text{K}}}$$

のときである。

(2)　グラフ G が表す放物線の頂点の x 座標が $-3 \leqq x \leqq 1$ の範囲にあるとする。このとき，a の値の範囲は $\boxed{\text{L}} \leqq a \leqq \boxed{\text{M}}$ であり，2 次関数 ① の $-3 \leqq x \leqq 1$ における最大値 M は

$\boxed{\text{N}} \leqq a < \boxed{\text{O}}$ のとき，　$M = 2a^2 - \boxed{\text{PQ}}\,a + \boxed{\text{RS}}$

$\boxed{\text{O}} \leqq a \leqq \boxed{\text{T}}$ のとき，　$M = 2a^2 - \boxed{\text{U}}\,a + \boxed{\text{V}}$

である。(ただし，$\boxed{\text{N}} \leqq \boxed{\text{T}}$ とする。)

したがって，2 次関数 ① は $-3 \leqq x \leqq 1$ における最小値が 5 であるならば，$a = \boxed{\text{W}}$ であり，最大値 M は $\boxed{\text{XY}}$ である。

注）2 次関数：Quadratic Function

－ 計算欄 (memo) －

Ⅱ の問題はこれで終わりです。 Ⅱ の解答欄 **Z** はマークしないでください。

和が 612，最小公倍数が 4554 である 2 つの自然数 $a, b\,(a>b)$ がある。a，b の最大公約数を g とし，$a=a'g$, $b=b'g$ とすると，a' と b' の最大公約数は $\boxed{\text{A}}$ である。また，$a'g+b'g=612$，$a'b'g=4554$である。

ここで，612，4554 をそれぞれ素因数分解すると，

$$612=2^2\times3^2\times17$$

$$4554=\boxed{\text{B}}\times3^{\boxed{\text{C}}}\times11\times23$$

であるから，$g=\boxed{\text{DE}}$ である。したがって，$a=\boxed{\text{FGH}}$, $b=\boxed{\text{IJK}}$ である。このとき，$g=ma+nb$ を満たす整数 m, n のうち，m の値が正で最小であるものは $m=\boxed{\text{L}}$, $n=\boxed{\text{MN}}$ である。

注）自然数：Natural Number，素因数：Prime Factor

－ 計算欄 (memo) －

III の問題はこれで終わりです。III の解答欄 O ～ Z はマークしないでください。

平面上2点O，Pがあり，$\mathrm{OP}=2+2\sqrt{3}$ である。点Oを中心とする円Oと点Pと中心とする円Pが2点A，Bで交わっている。円Pの半径は4であり，$\angle\mathrm{AOP}=45^\circ$ である。このとき，円Oの半径は

$$\boxed{\mathbf{A}}\sqrt{\boxed{\mathbf{B}}}\quad\text{または}\quad\boxed{\mathbf{C}}\sqrt{\boxed{\mathbf{D}}}$$

である。ただし，$\boxed{\mathbf{B}}<\boxed{\mathbf{D}}$ とする。

以下，円Oの半径が $\boxed{\mathbf{A}}\sqrt{\boxed{\mathbf{B}}}$ のときを考える。

このとき，$\mathrm{AB}=\boxed{\mathbf{E}}$ である。よって，四角形AOBPの面積は

$$\boxed{\mathbf{F}}+\boxed{\mathbf{G}}\sqrt{\boxed{\mathbf{H}}}$$

である。

$$\cos\angle\mathrm{APB}=\frac{\boxed{\mathbf{I}}}{\boxed{\mathbf{J}}}$$

であるから，

$$\angle\mathrm{APB}=\boxed{\mathbf{KL}}^\circ$$

である。

扇形PAB，扇形OABの面積を計算することにより，円Oの内部と円Pの内部の共通部分の面積は

$$\frac{\boxed{\mathbf{MN}}}{\boxed{\mathbf{O}}}\pi-\left(\boxed{\mathbf{P}}\sqrt{\boxed{\mathbf{Q}}}+\boxed{\mathbf{R}}\right)$$

であることがわかる。

- 計算欄 (memo) -

IV の問題はこれで終わりです。IV の解答欄 **S** ～ **Z** はマークしないでください。

コース 1 の問題はこれですべて終わりです。解答用紙の V はマークしないでください。

解答用紙の解答コース欄に「コース 1」が正しくマークしてあるか，もう一度確かめてください。

この問題冊子を持ち帰ることはできません。

Answer Sheet

解答用纸

日本留学試験模擬試験
EJU Simulation Test for International Students

数学　解答用紙　MATHEMATICS ANSWER SHEET

受験番号 Examinee Registration Number		名前 Name	

⬆ あなたの受験票と同じかどうか確かめてください。 Check that these are the same as your Examination Voucher. ⬆

解答コース Course	
コース1 Course 1	コース2 Course 2
○	○

この解答用紙に解答するコースを、1つ○で囲み、その下のマーク欄をマークしてください。
Circle the name of the course you are taking and fill in the oval under it.

I

解答番号	-	0	1	2	3	4	5	6	7	8	9
A	⊖	⓪	①	②	③	④	⑤	⑥	⑦	⑧	⑨
B	⊖	⓪	①	②	③	④	⑤	⑥	⑦	⑧	⑨
C	⊖	⓪	①	②	③	④	⑤	⑥	⑦	⑧	⑨
D	⊖	⓪	①	②	③	④	⑤	⑥	⑦	⑧	⑨
E	⊖	⓪	①	②	③	④	⑤	⑥	⑦	⑧	⑨
F	⊖	⓪	①	②	③	④	⑤	⑥	⑦	⑧	⑨
G	⊖	⓪	①	②	③	④	⑤	⑥	⑦	⑧	⑨
H	⊖	⓪	①	②	③	④	⑤	⑥	⑦	⑧	⑨
I	⊖	⓪	①	②	③	④	⑤	⑥	⑦	⑧	⑨
J	⊖	⓪	①	②	③	④	⑤	⑥	⑦	⑧	⑨
K	⊖	⓪	①	②	③	④	⑤	⑥	⑦	⑧	⑨
L	⊖	⓪	①	②	③	④	⑤	⑥	⑦	⑧	⑨
M	⊖	⓪	①	②	③	④	⑤	⑥	⑦	⑧	⑨
N	⊖	⓪	①	②	③	④	⑤	⑥	⑦	⑧	⑨
O	⊖	⓪	①	②	③	④	⑤	⑥	⑦	⑧	⑨
P	⊖	⓪	①	②	③	④	⑤	⑥	⑦	⑧	⑨
Q	⊖	⓪	①	②	③	④	⑤	⑥	⑦	⑧	⑨
R	⊖	⓪	①	②	③	④	⑤	⑥	⑦	⑧	⑨
S	⊖	⓪	①	②	③	④	⑤	⑥	⑦	⑧	⑨
T	⊖	⓪	①	②	③	④	⑤	⑥	⑦	⑧	⑨
U	⊖	⓪	①	②	③	④	⑤	⑥	⑦	⑧	⑨
V	⊖	⓪	①	②	③	④	⑤	⑥	⑦	⑧	⑨
W	⊖	⓪	①	②	③	④	⑤	⑥	⑦	⑧	⑨
X	⊖	⓪	①	②	③	④	⑤	⑥	⑦	⑧	⑨
Y	⊖	⓪	①	②	③	④	⑤	⑥	⑦	⑧	⑨
Z	⊖	⓪	①	②	③	④	⑤	⑥	⑦	⑧	⑨

解答欄 Answer

II

解答番号	-	0	1	2	3	4	5	6	7	8	9
A	⊖	⓪	①	②	③	④	⑤	⑥	⑦	⑧	⑨
B	⊖	⓪	①	②	③	④	⑤	⑥	⑦	⑧	⑨
C	⊖	⓪	①	②	③	④	⑤	⑥	⑦	⑧	⑨
D	⊖	⓪	①	②	③	④	⑤	⑥	⑦	⑧	⑨
E	⊖	⓪	①	②	③	④	⑤	⑥	⑦	⑧	⑨
F	⊖	⓪	①	②	③	④	⑤	⑥	⑦	⑧	⑨
G	⊖	⓪	①	②	③	④	⑤	⑥	⑦	⑧	⑨
H	⊖	⓪	①	②	③	④	⑤	⑥	⑦	⑧	⑨
I	⊖	⓪	①	②	③	④	⑤	⑥	⑦	⑧	⑨
J	⊖	⓪	①	②	③	④	⑤	⑥	⑦	⑧	⑨
K	⊖	⓪	①	②	③	④	⑤	⑥	⑦	⑧	⑨
L	⊖	⓪	①	②	③	④	⑤	⑥	⑦	⑧	⑨
M	⊖	⓪	①	②	③	④	⑤	⑥	⑦	⑧	⑨
N	⊖	⓪	①	②	③	④	⑤	⑥	⑦	⑧	⑨
O	⊖	⓪	①	②	③	④	⑤	⑥	⑦	⑧	⑨
P	⊖	⓪	①	②	③	④	⑤	⑥	⑦	⑧	⑨
Q	⊖	⓪	①	②	③	④	⑤	⑥	⑦	⑧	⑨
R	⊖	⓪	①	②	③	④	⑤	⑥	⑦	⑧	⑨
S	⊖	⓪	①	②	③	④	⑤	⑥	⑦	⑧	⑨
T	⊖	⓪	①	②	③	④	⑤	⑥	⑦	⑧	⑨
U	⊖	⓪	①	②	③	④	⑤	⑥	⑦	⑧	⑨
V	⊖	⓪	①	②	③	④	⑤	⑥	⑦	⑧	⑨
W	⊖	⓪	①	②	③	④	⑤	⑥	⑦	⑧	⑨
X	⊖	⓪	①	②	③	④	⑤	⑥	⑦	⑧	⑨
Y	⊖	⓪	①	②	③	④	⑤	⑥	⑦	⑧	⑨
Z	⊖	⓪	①	②	③	④	⑤	⑥	⑦	⑧	⑨

解答欄 Answer

【悪い例 Incorrect Example】

解答コース Course	
コース1 Course 1	コース2 Course 2
○	○

解答コース Course	
コース1 Course 1	コース2 Course 2
●	●

注意事項　Note

1. 必ず鉛筆(HB)で記入してください。
2. この解答用紙を汚したり折ったりしてはいけません。
3. マークは下のよい例のように、○わく内を完全にぬりつぶしてください。

Marking Examples.

よい例 Correct	悪い例 Incorrect
●	⊗ ⦸ ◎ ◐ ○

4. 訂正する場合はプラスチック消しゴムで完全に消し、消しくずを残してはいけません。
5. 解答番号はAからZまでありますが、問題のあるところまで答えて、あとはマークしないでください。
6. 所定の欄以外には何も書いてはいけません。
7. Ⅲ、Ⅳ、Ⅴの解答欄は裏面にあります。
8. この解答用紙はすべて機械で処理しますので、以上の1から7までが守られていないと採点されません。

数学　MATHEMATICS

【裏　REVERSE SIDE】

日本留学試験模擬試験
EJU Simulation Test for International Students

数学　解答用紙　MATHEMATICS ANSWER SHEET

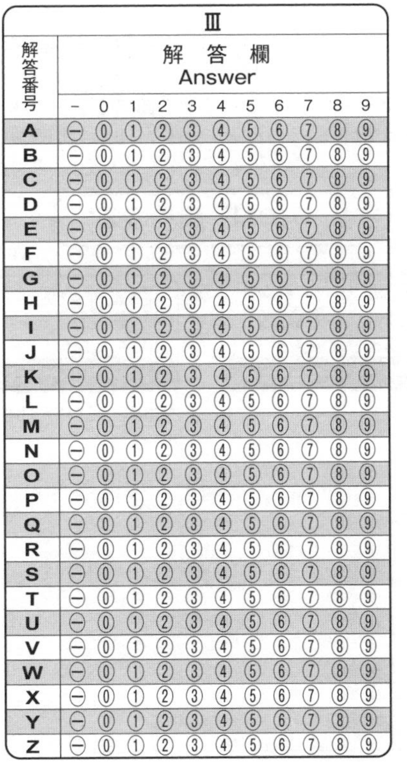

Ⅲ

解答番号	解答欄 Answer										
	–	0	1	2	3	4	5	6	7	8	9
A	–	0	1	2	3	4	5	6	7	8	9
B	–	0	1	2	3	4	5	6	7	8	9
C	–	0	1	2	3	4	5	6	7	8	9
D	–	0	1	2	3	4	5	6	7	8	9
E	–	0	1	2	3	4	5	6	7	8	9
F	–	0	1	2	3	4	5	6	7	8	9
G	–	0	1	2	3	4	5	6	7	8	9
H	–	0	1	2	3	4	5	6	7	8	9
I	–	0	1	2	3	4	5	6	7	8	9
J	–	0	1	2	3	4	5	6	7	8	9
K	–	0	1	2	3	4	5	6	7	8	9
L	–	0	1	2	3	4	5	6	7	8	9
M	–	0	1	2	3	4	5	6	7	8	9
N	–	0	1	2	3	4	5	6	7	8	9
O	–	0	1	2	3	4	5	6	7	8	9
P	–	0	1	2	3	4	5	6	7	8	9
Q	–	0	1	2	3	4	5	6	7	8	9
R	–	0	1	2	3	4	5	6	7	8	9
S	–	0	1	2	3	4	5	6	7	8	9
T	–	0	1	2	3	4	5	6	7	8	9
U	–	0	1	2	3	4	5	6	7	8	9
V	–	0	1	2	3	4	5	6	7	8	9
W	–	0	1	2	3	4	5	6	7	8	9
X	–	0	1	2	3	4	5	6	7	8	9
Y	–	0	1	2	3	4	5	6	7	8	9
Z	–	0	1	2	3	4	5	6	7	8	9

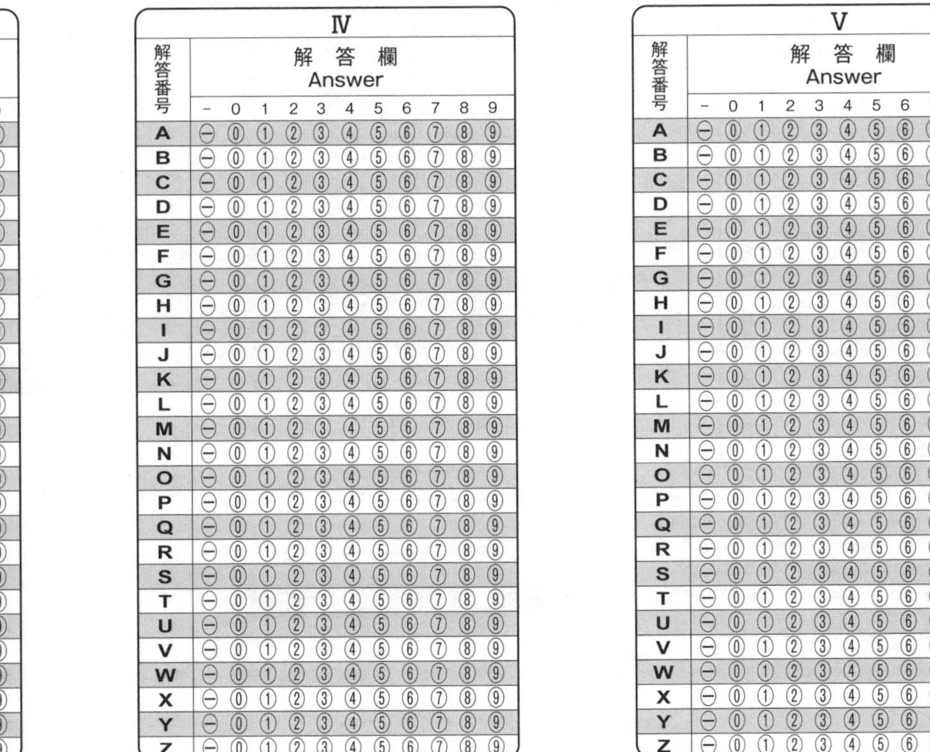

Ⅳ

解答番号	解答欄 Answer										
	–	0	1	2	3	4	5	6	7	8	9
A	–	0	1	2	3	4	5	6	7	8	9
B	–	0	1	2	3	4	5	6	7	8	9
C	–	0	1	2	3	4	5	6	7	8	9
D	–	0	1	2	3	4	5	6	7	8	9
E	–	0	1	2	3	4	5	6	7	8	9
F	–	0	1	2	3	4	5	6	7	8	9
G	–	0	1	2	3	4	5	6	7	8	9
H	–	0	1	2	3	4	5	6	7	8	9
I	–	0	1	2	3	4	5	6	7	8	9
J	–	0	1	2	3	4	5	6	7	8	9
K	–	0	1	2	3	4	5	6	7	8	9
L	–	0	1	2	3	4	5	6	7	8	9
M	–	0	1	2	3	4	5	6	7	8	9
N	–	0	1	2	3	4	5	6	7	8	9
O	–	0	1	2	3	4	5	6	7	8	9
P	–	0	1	2	3	4	5	6	7	8	9
Q	–	0	1	2	3	4	5	6	7	8	9
R	–	0	1	2	3	4	5	6	7	8	9
S	–	0	1	2	3	4	5	6	7	8	9
T	–	0	1	2	3	4	5	6	7	8	9
U	–	0	1	2	3	4	5	6	7	8	9
V	–	0	1	2	3	4	5	6	7	8	9
W	–	0	1	2	3	4	5	6	7	8	9
X	–	0	1	2	3	4	5	6	7	8	9
Y	–	0	1	2	3	4	5	6	7	8	9
Z	–	0	1	2	3	4	5	6	7	8	9

Ⅴ

解答番号	解答欄 Answer										
	–	0	1	2	3	4	5	6	7	8	9
A	–	0	1	2	3	4	5	6	7	8	9
B	–	0	1	2	3	4	5	6	7	8	9
C	–	0	1	2	3	4	5	6	7	8	9
D	–	0	1	2	3	4	5	6	7	8	9
E	–	0	1	2	3	4	5	6	7	8	9
F	–	0	1	2	3	4	5	6	7	8	9
G	–	0	1	2	3	4	5	6	7	8	9
H	–	0	1	2	3	4	5	6	7	8	9
I	–	0	1	2	3	4	5	6	7	8	9
J	–	0	1	2	3	4	5	6	7	8	9
K	–	0	1	2	3	4	5	6	7	8	9
L	–	0	1	2	3	4	5	6	7	8	9
M	–	0	1	2	3	4	5	6	7	8	9
N	–	0	1	2	3	4	5	6	7	8	9
O	–	0	1	2	3	4	5	6	7	8	9
P	–	0	1	2	3	4	5	6	7	8	9
Q	–	0	1	2	3	4	5	6	7	8	9
R	–	0	1	2	3	4	5	6	7	8	9
S	–	0	1	2	3	4	5	6	7	8	9
T	–	0	1	2	3	4	5	6	7	8	9
U	–	0	1	2	3	4	5	6	7	8	9
V	–	0	1	2	3	4	5	6	7	8	9
W	–	0	1	2	3	4	5	6	7	8	9
X	–	0	1	2	3	4	5	6	7	8	9
Y	–	0	1	2	3	4	5	6	7	8	9
Z	–	0	1	2	3	4	5	6	7	8	9

The Correct Answer

正解表

第１回

問 Q.		問題番号 row	正解 A.
I	問1	A	4
		B	2
		C	3
		DEF	423
		G	0
		H	8
	問2	IJ	16
		KLMN	1427
		OPQRS	11108
II	問1	A	3
		B	2
		C	1
		DE	−2
	問2	FG	−8
		HI	−3
		J	0
		K	1
		L	2
III		A	2
		B	1
		C	2
		D	3
		E	7
IV		ABC	411
		DE	51
		FG	14
		HI	54
		JK	14
		LM	53

第2回

問 Q.		問題番号 row	正解 A.
I	問1	A	1
		B	4
		C	3
		DE	−5
		F	2
		G	4
		HI	−5
		J	3
		KL	−2
	問2	M	2
		N	1
		O	0
		PQ	27
		RS	15
II	問1	A	2
		B	2
		C	2
		DE	12
		FG	38
		HI	38
		JKL	964
	問2	M	6
		NO	18
		PQ	12
		RST	756
		UVWX	1680

問 Q.		問題番号 row	正解 A.
III		A	1
		B	1
		CD	−1
		E	3
		F	6
		G	3
		H	9
		IJ	−1
		KL	−7
IV		A	7
		B	3
		C	2
		D	6
		E	3
		F	2
		G	3
		HI	21
		J	7
		KLM	637

第3回

問 Q.		問題番号 row	正解 A.
I	問1	A	3
		B	5
		C	9
		DE	24
		FG	16
		HIJKL	−2512
		M	9
		NO	24
		PQ	16
		RS	16
	問2	T	1
		U	3
		V	3
		W	2
II	問1	AB	25
		CDEF	2635
	問2	GH	−3
		I	4
		JKLM	1112
		NOPQ	1112
		R	4
		S	8

問 Q.		問題番号 row	正解 A.
III		A	7
		BCD	321
		EF	73
		GH	14
		IJKL	4932
IV		A	1
		BC	−1
		D	1
		EF	12
		GH	54
		IJK	−54
		L	1
		MNO	−54
		P	0
		Q	2
		RS	−1
		T	4
		U	3
		V	1
		W	2
		X	1
		Y	0

第4回

問 Q.		問題番号 row	正解 A.
I	問1	AB	−1
		C	1
		DEF	−14
		G	0
		H	1
		IJ	−1
		KL	22
	問2	MN	64
		OPQ	132
		RST	164
		UVWX	1516
II	問1	AB	−1
		CD	−2
		EF	−6
		G	4
		H	9
		I	1
		JK	−4
		L	7
		M	1
		NO	−4
		PQ	11
	問2	R	1
		S	3
		T	5
		U	7
		VWX	209

問 Q.		問題番号 row	正解 A.
III		A	2
		B	3
		CDE	263
		FG	22
		HIJ	−12
		KLM	120
		NOPQ	2332
IV		A	6
		B	3
		CD	15
		E	6
		FGHI	1623
		JK	57
		L	3
		MN	36
		OPQR	1236
		S	7

第5回

問 Q.		問題番号 row	正解 A.
I	問1	A	0
		BC	−2
		D	3
	問2	EFG	120
		HIJK	3125
		LMNO	2220
II		A	3
		BC	−5
		D	2
		E	3
		F	3
		GHI	143
		J	3
		K	3
III	問1	A	2
		B	1
		CD	32
		EFG	202
		H	6
		IJ	22
		KLMN	2690
		OPQRS	18582
	問2	T	7
		U	7
		V	9
		W	9
		X	7
		Y	2
IV		A	0
		B	2
		C	5
		DE	12
		FG	12
		H	8

第6回

問 Q.		問題番号 row	正解 A.
I	問1	A	2
		B	5
		C	5
		D	9
		E	8
		F	4
	問2	GHI	128
		JKL	328
		MNOP	1114
II	問1	A	6
		B	−
		C	6
		D	4
		E	−
		F	4
		G	4
		HI	01
	問2	JK	33
		LMN	125
		O	8
		PQ	15
		R	5
		STU	200
		VW	25
		XYZ	375

問 Q.		問題番号 row	正解 A.
III		A	0
		B	2
		CD	13
		E	1
IV		AB	45
		CDE	−16
		FGH	815
		IJ	12
		KL	33
		M	3
		NOPQR	53652
		ST	90
		UV	90
		W	9
		X	2
		Y	9

第７回

問 Q.		問題番号 row	正解 A.
I	問1	A	5
		B	3
		C	5
		DE	16
		F	9
		G	4
		HI	25
		J	5
		K	5
		LM	16
		N	9
	問2	OP	16
		QR	16
		STUV	1154
		WXY	754
II	問1	A	5
		B	4
		CD	29
		E	2
		FGH	155
	問2	I	1
		J	1
		K	6
		L	2
		M	6
		NO	12
		P	8
		QR	38

問 Q.		問題番号 row	正解 A.
III		AB	23
		C	2
		DE	32
		FGH	163
		IJ	22
		KL	26
		MNO	624
		PQR	264
IV		AB	66
		CD	12
		EF	91
		GHI	220

第8回

問 Q.		問題番号 row	正解 A.
I	問1	A	−
		B	1
		CD	−2
		E	1
		F	2
		G	1
		H	6
		IJ	15
		K	7
		L	6
		M	8
		N	2
		O	4
	問2	PQ	60
		RST	518
		UVWX	1136
II	問1	AB	−4
		C	4
		DE	13
		FG	−3
		HI	18
		JK	−4
	問2	LM	−4
		N	3
		O	0
		P	1
		Q	4
		RS	−1
		T	1

問 Q.		問題番号 row	正解 A.
III		A	4
		BC	90
		D	3
		E	4
		F	5
		G	4
		HI	43
		JKL	163
		MNO	203
		PQ	53
		R	2
		ST	25
		U	5
IV		A	3
		B	5
		C	3
		D	3
		EF	32
		GHI	−32
		JKLM	−147
		NO	16
		PQ	−9

第9回

問 Q.		問題番号 row	正解 A.
I	問1	AB	34
		C	1
		DEF	−53
		GHI	−73
		JKL	−53
	問2	M	8
		NO	19
		P	1
		QR	19
		ST	19
II	問1	A	5
		B	1
		CD	35
		E	2
	問2	F	4
		G	4
		H	4
		I	5
		JK	−1
		L	1
		MN	12
		O	1
		PQ	−1
		RST	−32
		UVW	−54

問 Q.		問題番号 row	正解 A.
III		ABC	180
		DE	85
		FG	84
		HI	41
		JK	40
		LMNOP	−1131
		QRST	2210
IV		ABCD	9091
		EFG	909
		HI	91
		J	9
		K	2
		L	3
		M	5
		N	7
		OP	13
		QRST	7692
		U	8
		V	3
		WX	15

第10回

問 Q.		問題番号 row	正解 A.
I	問1	AB	−3
		CD	24
		E	2
		FG	22
		HI	−4
		J	1
		KL	23
	問2	MN	35
		OP	10
		Q	3
		RST	335
		U	6
		VWXYZ	44245
II	問1	A	1
		B	1
		C	1
		D	0
	問2	EF	−2
		GH	31
		IJK	352
		LM	15
		NO	13
		PQ	13
		RS	26
		T	5
		U	5
		V	2
		W	4
		XY	14

問 Q.		問題番号 row	正解 A.
III		A	1
		B	2
		C	2
		DE	18
		FGH	414
		IJK	198
		L	1
		MN	−2
IV		AB	22
		CD	26
		E	4
		FGH	443
		IJ	12
		KL	60
		MNO	143
		PQR	434

合格者体验记、入学考试信息、应试对策等

为您介绍名校志向塾的最新信息　微信公众号：名校志向塾 Insights

学部文系

课程　东京大学面试小论文课程

合格大学　东京大学

刘 同学

突破小论文难关 东大文科三类合格

喜欢刀剑文化的我，志愿在东京大学学习社会科学。东大的小论文话题广泛，学术性的内容非常复杂难懂，多亏了名校志向塾的面试对策班和小论文补习班，使我顺利地通过了考试，成功考取了心仪的大学。

学部文系

课程　关西校文科周年纪念套餐课程

合格大学　东京大学　东北大学　一桥大学　早稻田大学

许 同学

日本留学试验得分全国第一 东京大学文科三类合格

最初，虽然在留考中取得了全国第一的成绩，但我还是很不擅长面试。即便面对的是模拟面试，我仍旧会紧张。后来有幸地遇到了名校志向塾的老师们。他们把我的问题点一一整理出来，帮助我改进，最终正式面试时我以很高的完成度顺利通过了面试。

学部理系

课程　CENTER考试对策班

合格大学　东京大学　东京工业大学　早稻田大学

朱 同学

通过CENTER考试 考取东京大学理科一类

作为一名留学生，我曾对备考CENTER考试感到不安。在留学生升学类私塾中唯一开设CENTER考试辅导课的名校志向塾中学习，使我受益匪浅。

大学院艺术

课程　VIP套餐课程

合格大学　东京艺术大学

朱 同学

为梦远航赴日

东艺大考学之路漫漫，曾经孤军奋战的各位都知道那种安全感匮乏的感觉。所以，我选择了名校志向塾VIP套餐课程，期间老师们无微不至的陪伴与指导使我重新找回了最佳状态，并在作品集、面试、小作文的备考中斩获了很多不俗的灵感。

大学院理系

课程　大学院理科全年套餐课程

合格大学　早稻田大学

吴 同学

通过AO考试 考取早稻田大学

决定踏上留学道路的我一直面临着面试不得法的困局。不知是因为怯场，还是缺乏面试技巧，那时的我一直都在原地兜兜转转，前行无望。后来我进入名校志向塾开始学习，和老师们锲而不舍地进行面试演练。最终即使面对7名教授的提问，也做到了始终从容、对答如流。

大学院文系

课程　大学院文科经济学保证套餐课程

合格大学　一桥大学　横浜国立大学

朱 同学

通过细致指导 实力得到强有力的提升

名校志向塾老师的指导认真细致，课程深入浅出，尤其是课堂中的详细总结在复习时多次起到了醍醐灌顶的作用。所以后来就算是遇到难题也能迎难而上、切实高效率地提高自身实力。

学部理系

课程　理科全年套餐&东京大学面试小论文课程

合格大学　东京大学　东京工业大学　东京理科大学　庆应义塾大学

董 同学

目标脑科学研究 一年内考上四所一流大学

起初我对如何学习脑科学有很多疑惑，总是不能短时内掌握真正有效的学习方法。直到遇到了认真负责的名校志向塾教师团队，他们高效的授课内容让我更有效地掌握了很多高难度的专业知识，抓住了小论文和面试的核心，最终助我实现了考学梦想。

学部文系

课程　文科全年套餐课程

合格大学　东京大学　庆应义塾大学　明治大学

刘 同学

只用半年 东大文科一类合格

刚来日本的时候，和日本人仅仅是交谈都感觉到吃力的我，深觉上塾很有必要，所以报名参加了名校志向塾的补习课程，其后仅仅用了半年时间就考上了东京大学。这都要归功于名校志向塾课程指导的计划性和授课的针对性。

学部文系

课程　东京大学面试小论文课程

合格大学　东京大学　北海道大学　庆应义塾大学　上智大学

宋 同学

迈好每一步 抓住辉煌的未来

初来日本的我，希望最大限度地发挥自身实力，考入东大，所以报名进入了名校志向塾东大特训班。在那里，我不仅系统学习了专业科目的知识，在面试上也得到了非常关键的指点，最终顺利合格了东大。感谢这个班上所有中国和日本老师耐心亲切的指导。

TOKYO

名校志向塾　高田馬場本部

〒169-0075
東京都新宿区高田馬場3-3-3 三優ビル
TEL.03-5332-7836

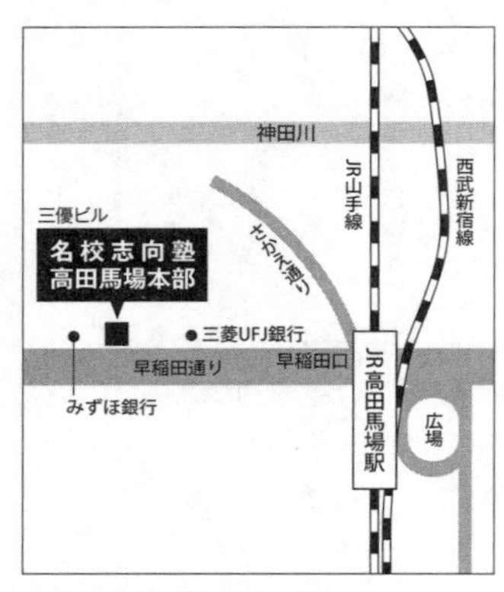

■高田馬場駅早稲田口より徒歩2分

名校志向塾　大久保第2本部

〒169-0074
東京都新宿区北新宿4-4-1
第3山広ビル2F
TEL.03-6279-3708

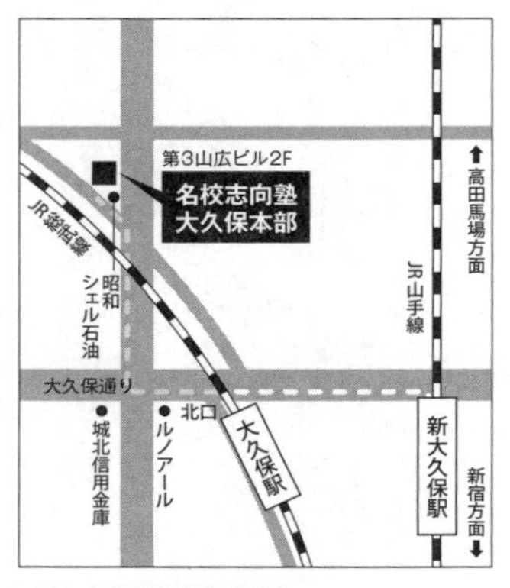

■新大久保駅より徒歩5分
■大久保駅北口より徒歩4分

名 校 教 育　日本語学校
名校志向塾　上野校

〒110-0015
東京都台東区東上野5-15-2 TSSビル
TEL.03-5338-3135

■上野駅より徒歩5分

OSAKA & KYOTO

名校志向塾　大阪旗艦校（難波）

〒556-0016
大阪府大阪市浪速区元町2-3-19
TCAビル8F
TEL.06-6648-8759

■難波駅より徒歩7分

名校志向塾　大阪梅田校

〒530-0015
大阪府大阪市北区中崎西4-3-32
タカ・大阪梅田ビル501
TEL.080-4421-4555

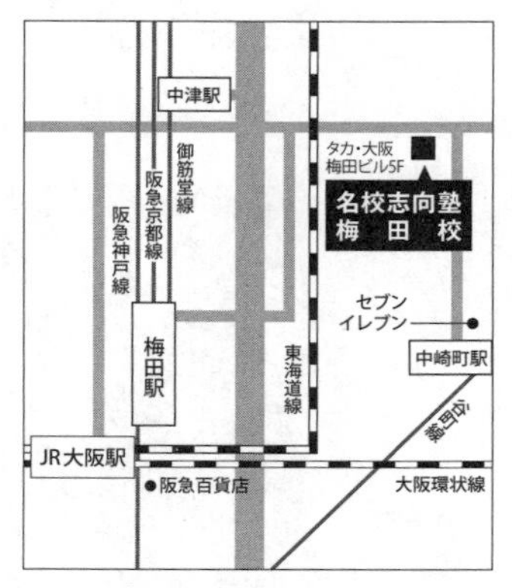

■梅田駅より徒歩6分

名校志向塾　京都校

〒612-8401
京都府京都市伏見区深草下川原町31-1
大和観光開発ビル
TEL.080-9424-6555

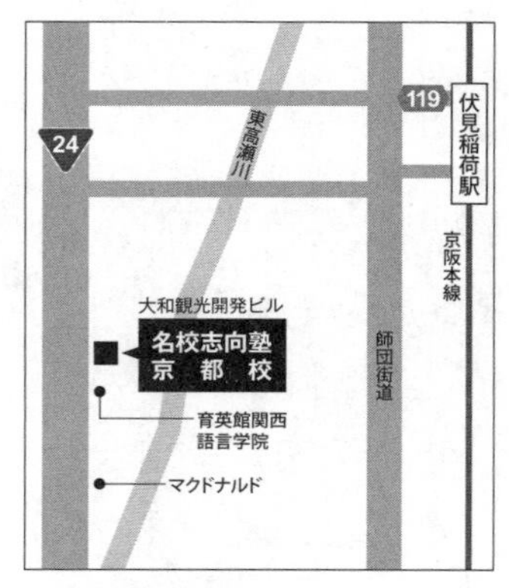

■伏見稲荷駅より徒歩7分

OVERSEAS

名校志向塾　北京朝阳事務所

〒100022
北京市朝阳区东三环中路39号院
建外soho西区14号楼0805室
TEL 010-5900-1663

名校志向塾　北京海淀事務所

〒100085
北京市海淀区金域国际中心
A座15层1510室
TEL 010-8639-3685

名校志向塾　南京事務所

〒210000
南京市秦淮区中山东路18号
TEL 025-5264-6269

名校志向塾　鄭州事務所

〒450046
郑州市金水区未来路和金水路
交叉口东北角-升龙大厦704室
TEL 0371-5857-8578

名校志向塾　瀋陽事務所

〒110013
沈阳市沈河区团结路7-1号
华府天地1号楼27层2703室
TEL 180-4006-0455

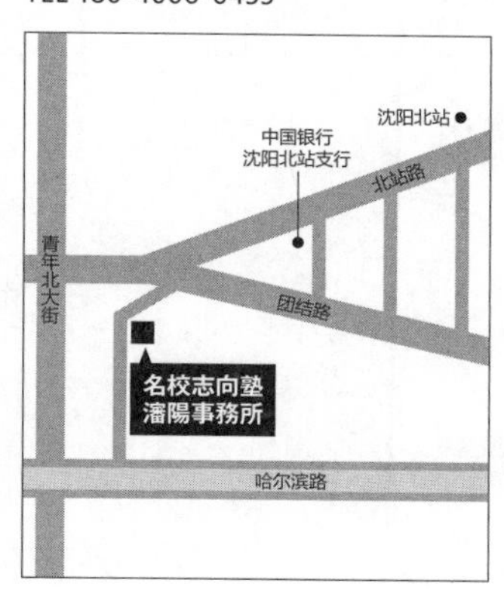

名校志向塾　ハルビン事務所

〒151800
哈尔滨市道里区上海街8号
爱建滨江写字楼530室
TEL 131-6344-1817